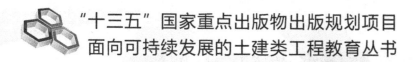

"十三五"国家重点出版物出版规划项目
面向可持续发展的土建类工程教育丛书

SUSTAINABLE
DEVELOPMENT

建设工程监理

◎ 主编　廖奇云　李兴苏
◎ 参编　谷　雨　詹晓通　陆　凯　廖于乐

机械工业出版社
CHINA MACHINE PRESS

本书依据我国现行建设工程法律法规以及行业标准，系统阐述了建设工程监理所涉及的相关知识。本书主要内容包括建设工程监理概述、建设工程监理相关法律制度、建设工程监理组织、建设监理文件资料管理、建设工程投资控制、建设工程进度控制、建设工程质量控制、建设工程安全生产管理、建设工程合同管理、建设工程组织协调、设备采购与设备监造、建设工程监理招标投标、全过程工程咨询服务，以及综合楼工程监理规划示例等。

本书具有较强的理论性、实用性和可操作性，每章的学习内容均由本章概要、学习要求和案例导读引入，内容深入浅出，丰富而翔实；为使读者能够更好地掌握建设工程监理知识，本书在各章配有各种典型案例和思考练习题，并在书中单独设置"综合楼工程监理规划示例"的章节，介绍了来自实际工程的详细案例分析。

本书主要作为普通高等学校土建类、工程管理类相关专业的本科教材，也可作为建设工程监理从业人员和有关工程技术人员的业务参考书。

图书在版编目（CIP）数据

建设工程监理/廖奇云，李兴苏主编. —北京：机械工业出版社，2021.2（2024.2重印）

（面向可持续发展的土建类工程教育丛书）

"十三五"国家重点出版物出版规划项目

ISBN 978-7-111-67547-1

Ⅰ.①建… Ⅱ.①廖…②李… Ⅲ.①建筑工程-施工监理-高等学校-教材 Ⅳ.①TU712.2

中国版本图书馆 CIP 数据核字（2021）第 030561 号

机械工业出版社（北京市百万庄大街22号 邮政编码100037）
策划编辑：冷 彬 责任编辑：冷 彬 舒 宜
责任校对：王 延 封面设计：张 静
责任印制：单爱军
北京虎彩文化传播有限公司印刷
2024年2月第1版第6次印刷
184mm×260mm・21印张・519千字
标准书号：ISBN 978-7-111-67547-1
定价：59.80元

电话服务　　　　　　　　　　网络服务
客服电话：010-88361066　　　机　工　官　网：www.cmpbook.com
　　　　　010-88379833　　　机　工　官　博：weibo.com/cmp1952
　　　　　010-68326294　　　金　书　网：www.golden-book.com
封底无防伪标均为盗版　　机工教育服务网：www.cmpedu.com

前　言

自我国推行建设工程监理制度试点工作至今，我国建设工程监理制度已走过三十余载，随着监理制度的逐步完善，我国建设工程质量、安全、文明施工的管理逐步走向正规化、标准化。本书以建设工程监理实践为导向，根据建设工程监理相关法律法规、标准规范、合同文件，介绍了建设工程监理的主要工作内容和实施流程。

本书内容翔实，系统地介绍了建设工程监理的基本概念、理论和方法，建设工程监理实施的程序及应用，以及建设工程监理的工程实践知识和案例。在内容编排上，本书注重理论的系统性与法律法规的时效性，强调专业课程内容与执业标准、工程实践的紧密结合。在结构体系编排上，本书采用模块化的编写体系，各章配有本章概要、学习要求、案例导读、思考题及练习题。

本书旨在让更多的建设工程监理的学习者和实践者理解建设工程监理的概念、制度与具体操作，对建设工程监理制度推动建筑业高效、有序发展的积极作用有深入的了解。

本书由重庆大学廖奇云和李兴苏主编。具体的编写分工为：第1、9、10、11章由廖奇云编写；第2、3、4、5章由李兴苏编写；第6、12章由重庆市建设工程施工安全管理总站詹晓通编写；第7、8章由重庆市梁平区住房和城乡建设委员会谷雨编写；第13章由上海中建东孚投资发展有限公司陆凯编写；第14章由南昌工程学院廖于乐和廖奇云共同编写。

本书的顺利出版得到了众多专家学者的支持与帮助。在编写过程中，参考了一些同仁的教材及资料，谨表谢意，同时也要感谢重庆康盛监理咨询有限公司提供的大力支持和帮助，最后向机械工业出版社及提供帮助的相关专业人士表示衷心的感谢！

由于编者水平有限，书中不妥之处在所难免，欢迎广大读者同行批评指正。

编　者
2021年3月

目 录

前言

第 1 章　建设工程监理概述　/　1
1.1　建设工程监理的概念和性质　/　2
1.2　工程监理单位　/　6
1.3　工程监理人员及其职业发展与能力要求　/　14
1.4　建设工程监理的工作内容和工作方式　/　18
1.5　建设工程监理费用构成与计算　/　22
思考题　/　26

第 2 章　建设工程监理相关法律制度　/　27
2.1　概述　/　28
2.2　建设工程监理相关法律　/　32
2.3　建设工程监理相关行政法规　/　40
2.4　建设工程监理规范及收费标准　/　50
思考题　/　52
练习题　/　53

第 3 章　建设工程监理组织　/　54
3.1　建设工程监理组织形式　/　55
3.2　工程项目承发包模式与监理委托模式　/　61
3.3　工程项目监理实施程序及人员配备　/　65
思考题　/　71
练习题　/　71

第 4 章　建设监理文件资料管理　/　74
4.1　建设监理文件资料管理概述　/　75
4.2　监理规划　/　77
4.3　监理实施细则　/　84
4.4　其他主要监理文件　/　86

思考题 / 89

第5章 建设工程投资控制 / 90
5.1 建设工程投资控制概述 / 91
5.2 设计阶段投资控制 / 102
5.3 施工阶段投资控制 / 106
思考题 / 114
练习题 / 114

第6章 建设工程进度控制 / 116
6.1 建设工程进度控制概述 / 117
6.2 建设工程设计阶段进度控制 / 122
6.3 建设工程施工阶段进度控制 / 124
思考题 / 132
练习题 / 132

第7章 建设工程质量控制 / 134
7.1 建设工程质量控制概述 / 135
7.2 设计阶段的质量控制 / 139
7.3 施工阶段的质量控制 / 140
7.4 工程质量缺陷与质量事故 / 162
思考题 / 166
练习题 / 166

第8章 建设工程安全生产管理 / 170
8.1 安全生产管理制度 / 171
8.2 施工安全监理主要工作内容 / 177
8.3 危险性较大的分部分项工程安全监理 / 180
8.4 危险源辨识与安全事故处理 / 189
思考题 / 195
练习题 / 195

第9章 建设工程合同管理 / 199
9.1 合同概述 / 200
9.2 建设工程勘察合同与设计合同管理 / 202
9.3 建设工程施工合同管理 / 205
9.4 建设工程材料设备采购合同管理 / 212
9.5 建设工程监理合同管理 / 217

思考题 / 221
练习题 / 221

第10章 建设工程组织协调 / 224

10.1 建设工程监理组织协调概述 / 225
10.2 建设工程监理组织协调的工作内容 / 226
10.3 建设工程监理组织协调的方法 / 229
思考题 / 232
练习题 / 232

第11章 设备采购与设备监造 / 233

11.1 设备采购 / 234
11.2 设备监造 / 237
思考题 / 243
练习题 / 243

第12章 建设工程监理招标投标 / 245

12.1 建设工程监理招标投标概述 / 246
12.2 建设工程监理开标、评标和中标 / 249
思考题 / 253

第13章 全过程工程咨询服务 / 254

13.1 全过程工程咨询服务概述 / 255
13.2 监理与项目勘察设计咨询服务 / 257
13.3 监理与项目保修阶段咨询服务 / 264
13.4 监理与PPP咨询服务 / 265
思考题 / 267
练习题 / 267

第14章 综合楼工程监理规划示例 / 269

14.1 综合楼工程项目监理规划 / 269
14.2 综合楼工程安全监理规划 / 299

参考文献 / 329

第1章

建设工程监理概述

本章概要

学习工程建设监理，是从事建设工程监理工作的需要，也是更好地开展工程项目管理、建设施工和勘察设计等工作的需要。本章对建设工程监理工作的概念和性质、工程监理单位的组织形式与资质管理、工程监理专业技术人员的种类、建设监理的主要工作内容和方式、建设监理费用的构成、建设项目监理招标投标等内容进行介绍，旨在构建关于建设工程监理工作的基本认知，帮助读者能够对建设工程监理工作有基本的了解。

学习要求

1. 了解工程监理的基本概念和性质、建设工程监理费用的构成。
2. 熟悉工程监理单位的组织形式、资质管理、工程监理专业技术人员的种类。
3. 掌握工程监理的主要工作内容和工作方式。

◆【案例导读】

我国的工程监理是通过世界银行贷款项目的实施而引入的。改革开放以来，世界银行（简称"世行"）在我国贷款建设了一系列大型项目，包括鲁布革水电站工程、小浪底水利枢纽工程和二滩水电站工程等。世行贷款项目国际招标合同大多以FIDIC合同为蓝本，而FIDIC合同对业主、咨询工程师和承包商关系的要求决定了实行监理制度是世行贷款的必备条件。为了赢得外资，我国在世行贷款项目上适时引入了建设工程监理制度。最早实行这一制度的是1984年开工的云南鲁布革水电站引水隧道工程。

1981年，水电部决定在鲁布革水电站工程建设中采用世界银行贷款，贷款总额为1.454亿美元。这也是我国第一个利用世界银行贷款的基本建设项目。根据与世界银行的协议，鲁布革水电站工程中的引水隧道工程施工必须按照FIDIC组织推荐的程序进行国际公开招标。

先进的项目管理模式和工程监理模式的引入，使得鲁布革水电站引水隧道工程取得了显著的效果。鲁布革水电站引水隧道工程的隧洞开挖时间为23个月，单头月平均进尺222.5m，在开挖直径8.8m的圆形发电隧洞中，创造了单头进尺373.7m的国际先进纪录，项目的实际工期比合同计划工期提前了5个月。鲁布革水电站引水隧道工程的质量综合评价为优良。包括除汇率风险以外的设计变更、物价涨落、索赔及附加工程量等增加费用在内的工程结算为9100万元，仅为标底（14958万元）的60.8%。

鲁布革水电站工程完成后，我国开始在工程项目建设领域全面引入建设项目招标投标、建设项目工程监理以及工程总承包等新的管理模式。国务院以及原建设部、原国家计委等先后出台了一系列深化建筑业和基本建设管理体制改革的政策措施。《中华人民共和国建筑法》（以下简称《建筑法》）、《中华人民共和国招标投标法》（以下简称《招标投标法》）、《建设工程监理规范》《建设工程项目管理规范》等一系列法律、法规的颁布和实施，奠定了我国推行建设工程监理的制度基础。

1.1 建设工程监理的概念和性质

1.1.1 建设工程监理的概念

建设工程监理是指工程监理单位受建设单位的委托，根据法律法规、工程建设标准、勘察设计文件及合同，在施工阶段对建设工程投资、进度、质量进行控制，对合同、信息进行管理，对工程建设各相关方的关系进行协调，并履行建设工程安全生产管理法定职责的服务活动。

建设工程监理活动的实施，使建筑市场参与方由建设单位、勘察单位、设计单位、施工单位等主要责任主体转变为建设单位、监理单位、勘察单位、设计单位、施工单位等组成的责任主体结构模式（图1-1）。随着全社会对工程监理基本工作内涵认识的不断深入，监理工作的服务范围和内容也不断扩大。在五大责任主体结构模式中，监理单位以其专业化及社会化的工作方式强化了建设单位的监督管理职能，并以独立的地位，按照工程合同的约定行使有关的权利和义务，维护建设单位和承包单位的合法权益，形成多方制衡的建设格局。

围绕着建设工程监理的主要服务内容，相关的法律、法规及规章对工程监理的行为主体、前提、依据、实施范围和阶段做出如下规定：

1. 建设工程监理的行为主体

《中华人民共和国建筑法》（以下简称《建筑法》）第三十一条规定：实行监理的建筑工程，由建设单位委托具有相应资质条件的工程监理单位监理。建设工程项目监理的行为主体是具有相应资质条件的工程监理企业，客体是建设工程项目。工程监理单位应依照法律、行政法规及有关的技术标准、设计文件和建筑工程承包合同，对承包单位在施工质量、建设

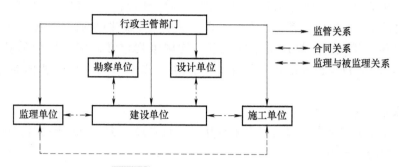

图 1-1 建设工程主体关系示意图

工期和建设资金使用等方面,代表建设单位实施监督。在建设工程监理工作范围内,建设单位与承包单位之间涉及施工合同的联系活动,应通过工程监理单位进行。

2. 建设工程监理实施的前提

建设工程监理行为得以实施的前提是签订建设工程委托监理合同,并取得建设单位的委托和授权。《建筑法》规定:建设单位与其委托的工程监理单位应当订立书面委托监理合同。《建设工程监理规范》(GB/T 50319—2013)规定:实施建设工程监理前,建设单位应委托具有相应资质的工程监理单位,并以书面形式与工程监理单位订立建设工程监理合同,合同中应包括监理工作的范围、内容、服务期限和酬金,以及双方的义务、违约责任等相关条款。在订立建设工程监理合同时,建设单位将勘察、设计、保修阶段等相关服务一并委托的,应在合同中明确相关服务的工作范围、内容、服务期限和酬金等相关条款。《建设工程质量管理条例》第十二条规定:实行监理的建设工程,建设单位应当委托具有相应资质等级的工程监理单位进行监理,也可以委托具有工程监理相应资质等级并与被监理工程的施工承包单位没有隶属关系或者其他利害关系的该工程的设计单位进行监理。

3. 建设工程监理实施的依据

建设工程监理实施应遵循的依据包括:法律法规及工程建设标准、建设工程前期决策及勘察设计文件、建设工程监理合同及其他合同文件。

1)法律法规及工程建设标准。包括与建设工程有关的各项法律、行政法规、部门规章和地方性法规、自治条例、单行条例和地方政府规章,以及有关的工程技术标准、规范和规程等。

2)建设工程前期决策及勘察设计文件。包括批准的可行性研究报告、建设项目选址意见书、建设用地规划许可证、建设工程规划许可证,批准的施工图设计文件、施工许可证等。

3)建设工程监理合同及其他合同文件。它是指拟实施项目签署的其他各项工程建设合同,包括项目业主和参与各方签订的建设工程监理合同、勘察合同、设计合同、施工合同以及设备采购合同等。

4. 建设工程监理实施的工程范围

建设工程包括土木工程、建筑工程、线路管道工程、设备安装工程和装饰装修工程。建设工程监理是对上述各类建设工程的新建、扩建或改建实施监督管理和其他相关服务。

《建筑法》规定:国家推行建筑工程监理制度。国务院可以规定实行强制监理的建筑工程的范围。在此基础上,《建设工程质量管理条例》规定:下列建设工程必须实行监理:①国家重点建设工程;②大中型公用事业工程;③成片开发建设的住宅小区工程;④利用外国政府或者国际组织贷款、援助资金的工程;⑤国家规定必须实行监理的其他工程。在《建设工程监理范围和规模标准规定》中,国家实行强制监理的范围和标准进一步明确,包括:

(1) 国家重点建设工程

国家重点建设工程是指依据《国家重点建设项目管理办法》所确定的对国民经济和社会发展有重大影响的骨干项目。

(2) 大中型公用事业工程

大中型公用事业工程是指项目总投资额在3000万元以上的下列工程项目:①供水、供电、供气、供热等市政工程项目;②科技、教育、文化等项目;③体育、旅游、商业等项目;④卫生、社会福利等项目;⑤其他公用事业项目。

(3) 成片开发建设的住宅小区工程

成片开发建设的住宅小区工程,建筑面积在5万m^2以上的住宅建设工程必须实行监理;5万m^2以下的住宅建设工程,可以实行监理,具体范围和规模标准,由省、自治区、直辖市人民政府建设行政主管部门规定。为了保证住宅质量,对高层住宅及地基、结构复杂的多层住宅应实行监理。

(4) 利用外国政府或者国际组织贷款、援助资金的工程

利用外国政府或者国际组织贷款、援助资金的工程范围包括:①使用世界银行、亚洲开发银行等国际组织贷款资金的项目;②使用国外政府及其机构贷款资金的项目;③使用国际组织或者国外政府援助资金的项目。

(5) 国家规定必须实行监理的其他工程

学校、影剧院、体育场馆项目和基础设施项目属于国家规定的必须实行监理的工程项目。其中,基础设施项目是指项目总投资额在3000万元以上的、关系社会公共利益和公众安全的项目,包括:①煤炭、石油、化工、天然气、电力、新能源等项目;②铁路、公路、管道、水运、民航以及其他交通运输业等项目;③邮政、电信枢纽、通信、信息网络等项目;④防洪、灌溉、排涝、发电、引(供)水、滩涂治理、水资源保护、水土保持等水利建设项目;⑤道路、桥梁、地铁和轻轨交通、污水排放及处理、垃圾处理、地下管道、公共停车场等城市基础设施项目;⑥生态环境保护项目;⑦其他基础设施项目。

5. 建设工程监理实施的阶段范围

工程监理单位为建设单位提供的工程项目管理服务包括建设工程监理、设备采购与设备监造以及相关服务等业务范围。

(1) 建设工程监理

建设工程监理是工程建设施工阶段实施的监督管理施工单位的建设行为。在施工阶段委托监理,其目的是为了更有效地发挥监理的规划、控制和协调作用,为在计划目标内建成工程提供最好的管理。

(2) 设备采购与设备监造

在施工阶段,如果建设单位涉及设备采购与设备监造工作内容的,监理单位可提供有关服务。根据建设单位采购方式的不同,监理单位可协助建设单位编制设备采购方案,或协助

建设单位组织设备采购招标，或协助建设单位进行询价，并协助签订设备采购合同。设备监造则是指工程监理单位按照监理合同和设备采购合同的约定，对工程设备制造过程进行的监督检查活动。

(3) 相关服务

相关服务是指工程监理单位受建设单位委托，按照监理合同约定，在建设工程勘察、设计、工程质量缺陷责任期等施工过程以外的建设阶段提供的服务活动。

1.1.2 建设工程监理的性质

1. 服务性

建设工程监理的服务性是由其业务性质决定的。工程监理的服务对象是建设单位，工程监理单位不能完全取代建设单位的管理活动，只能在建设单位授权范围内代表建设单位进行管理，不具有工程建设重大问题的决策权。按照监理合同的规定提供相关的监理服务，受法律约束和保护。建设工程监理的基本任务是协助建设单位控制建设工程的质量、造价和进度，履行建设工程安全生产管理的法定职责；基本目标是协助建设单位实现其建设目的，力求在计划目标内完成工程建设任务。

建设工程监理的服务性是指工程监理人员利用相关的知识技能、经验、信息以及必要的试验、检测手段，为建设单位提供必要的工程建设监控管理和技术服务。工程监理单位不对工程建设进行直接投资，不进行直接的工程设计和施工活动，不提供造价服务，不参与施工单位的利润分成。

2. 科学性

科学性是由建设工程监理的基本任务决定的。由于工程建设规模日趋庞大，建设环境日益复杂，建筑功能需求越来越多以及建设标准越来越高，新技术、新工艺、新材料、新设备不断涌现，工程建设参与单位越来越多，工程风险日渐增加，工程监理单位只有采用科学的思想理论、方法和手段，才能有效监控工程建设活动，具体来说工程监理单位要做到以下几点：

1）应配有组织管理能力强、工程经验丰富的人员。
2）应由足够数量的、具有丰富管理经验和应变能力的注册监理工程师组成骨干队伍。
3）应有健全的管理制度、科学的管理方法和手段。
4）应积累丰富的技术、经济资料和数据。
5）应具备科学的工作态度和严谨的工作作风，能够创造性地开展工作。

3. 独立性

独立性是工程监理单位公平地实施监理的基本前提。《建筑法》第三十四条规定：工程监理单位应当根据建设单位的委托，客观、公正地执行监理任务。工程监理单位与被监理工程的承包单位以及建筑材料、建筑构配件和设备供应单位不得有隶属关系或者其他利害关系。工程监理单位应严格按照法律、法规、工程建设标准、勘察设计文件、建设工程监理合同及有关的建设工程合同实施监理。项目监理机构在建设工程的监理过程中，应按照自己的工作计划和程序，采用科学的方法和手段，独立地开展工作。

4. 公平性

公平性是社会公认的职业道德准则，是建设工程监理行业能够长期生存和发展的基本职业道德准则。《建设工程监理规范》规定：工程监理单位应公平、独立、诚信、科学地开展建设工程监理与相关服务活动。1999年，国际咨询工程师联合会（FIDIC）发布的《土木工程施工合同条件》（红皮书）要求咨询工程师遵循"公平"（Fair）的原则，指出咨询工程师只是接受业主报酬负责进行施工合同管理的受托人。

在公平性原则的指导下，工程监理单位在监理工作中，特别是当建设单位与施工单位发生利益冲突或者矛盾时，应以事实为依据，以法律法规和有关合同为准绳，处理出现的工作问题，在维护建设单位合法权益的同时，不损害施工单位的合法权益。在调解建设单位与施工单位的争议、处理费用索赔和工期延期、进行工程款支付控制及结算时，应尽量客观、公平地对待建设单位和施工单位。

1.2 工程监理单位

工程监理单位是指依法成立并取得建设主管部门颁发的工程监理企业资质证书，从事建设工程监理与相关服务活动的服务机构。

1.2.1 工程监理单位组织形式

我国工程监理制度实行之初，许多工程监理单位是由国有企业或教学、科研、勘察设计单位按照传统的国有企业模式设立的。这些工程监理单位普遍存在着产权不明晰、管理体制不健全、分配制度不合理等一系列阻碍工程监理单位和行业发展的问题。通过逐步建立现代企业制度，进行公司制改制，工程监理单位逐步成为自主经营、自负盈亏的法人实体和市场主体。按照有关规定，我国工程监理单位的组织形式包括公司制监理企业、合伙制监理企业、中外合资经营工程监理企业和中外合作经营工程监理企业。

1. 公司制监理企业

《中华人民共和国公司法》（以下简称《公司法》）规定，公司是企业法人，有独立的法人财产，享有法人财产权。公司以其全部财产依法自主经营，自负盈亏，依法享有民事权利，承担民事责任。

公司制监理企业包括工程监理有限责任公司和工程监理股份有限公司两种。

2. 合伙制监理企业

《中华人民共和国合伙企业法》（以下简称《合伙企业法》）规定，合伙企业是指自然人、法人和其他组织依照该法在中国境内设立的普通合伙企业和有限合伙企业。合伙企业是契约式组织，不具有法人资格。订立合伙协议，设立合伙企业，应当遵循自愿、平等、公平、诚实的信用原则。

监理单位根据合伙人对合伙企业债务所承担的责任不同，可以设立普通合伙监理企业、有限普通合伙监理企业。

3. 中外合资经营工程监理企业

《中华人民共和国中外合资经营企业法》规定，我国允许外国公司、企业和其他经济组织或个人，按照平等互利的原则，经中国政府批准，在中国境内同中国的公司、企业或其他经济组织共同举办合营企业。中外合资经营工程监理企业是有限责任公司形式的合营企业。

4. 中外合作经营工程监理企业

《中华人民共和国中外合作经营企业法》规定，我国允许外国的企业和其他经济组织或者个人，按照平等互利的原则，同中国的企业或者其他经济组织在中国境内共同举办中外合作经营企业。中外合作经营工程监理企业以合作企业合同为基础，是契约式的合营企业。其组织形式可以是企业法人，也可以是非企业法人。

1.2.2 工程监理企业资质管理

工程监理企业资质是企业技术能力、管理水平、业务经验、经营规模、社会信誉等综合性实力指标的集中体现。通过对其资质的审核与批准，可以从制度上保证工程监理行业的有关从业企业的业务能力。对工程监理企业实行资质管理的制度是我国政府实行市场准入控制的有效手段。

工程监理企业按照所拥有的注册资本、专业技术人员数量和工程监理业绩等资质条件申请资质，经建设行政主管部门审查批准，取得相应的资质证书后，在其资质等级许可的范围内从事工程监理活动。根据《工程监理企业资质管理规定》，工程监理企业资质管理的内容包括工程监理企业的资质等级、业务范围、资质申请和审批以及监督管理等。

1. 工程监理企业资质等级标准

工程监理企业资质分为综合资质、专业资质和事务所资质三种。

专业资质按照工程性质和技术特点划分为若干个工程类别，包括房屋建筑工程、冶炼工程、矿山工程、化工石油工程、水利水电工程、电力工程、林业及生态工程、铁路工程、公路工程、港口与航道工程、航天航空工程、通信工程、市政公用工程、机电安装工程十四个专业工程类别。工程监理单位专业资质可分为甲级、乙级；其中房屋建筑、水利水电、公路和市政公用专业资质还可设立丙级。综合资质和事务所资质不分级别。

（1）综合资质标准

1）具有独立法人资格且注册资本不少于 600 万元。

2）企业技术负责人应为注册监理工程师，并具有 15 年以上从事工程建设工作的或者具有工程类高级职称。

3）具有 5 个以上工程类别的专业甲级工程监理资质。

4）注册监理工程师不少于 60 人，注册造价工程师不少于 5 人，一级注册建造师、一级注册建筑师、一级注册结构工程师或者其他勘察设计注册工程师合计不少于 15 人次。

5）企业具有完善的组织结构和质量管理体系，有健全的技术、档案等管理制度。

6）企业具有必要的工程试验检测设备。

7）申请工程监理资质之日前一年内没有发生违反法律法规的行为。

8）申请工程监理资质之日前一年内没有因本企业监理责任造成重大质量事故。

9）申请工程监理资质之日前一年内没有因本企业监理责任发生三级以上工程建设重大安全事故或者发生两起以上四级工程建设安全事故⊖。

（2）专业资质标准

1）甲级专业资质标准。

① 具有独立法人资格且注册资本不少于 300 万元。

⊖ 工程建设重大安全事故等级参考 2007 年 6 月 1 日实施的《生产安全事故报告和调查处理条例》，下同。

②企业技术负责人应为注册监理工程师,并具有15年以上从事工程建设工作的经历或者具有工程类高级职称。

③注册监理工程师、注册造价工程师、一级注册建造师、一级注册建筑师、一级注册结构工程师或者其他勘察设计注册工程师合计不少于25人次。其中,相应专业注册监理工程师不少于专业资质注册监理工程师人数配备表(表1-1)中要求配备的人数,注册造价工程师不少于2人。

④企业近2年内独立监理过3个以上相应专业的二级工程项目。具有甲级设计资质或一级及以上施工总承包资质的企业申请本专业工程类别甲级资质的除外。

⑤企业具有完善的组织结构和质量管理体系,有健全的技术、档案等管理制度。

⑥企业具有必要的工程试验检测设备。

⑦申请工程监理资质之日前一年内没有发生违反法律法规的行为。

⑧申请工程监理资质之日前一年内没有因本企业监理责任造成重大质量事故。

⑨申请工程监理资质之日前一年内没有因本企业监理责任发生三级以上工程建设重大安全事故或者发生两起以上四级工程建设安全事故。

2)乙级专业资质标准。

①具有独立法人资格且注册资本不少于100万元。

②企业技术负责人应为注册监理工程师,并具有10年以上从事工程建设工作的经历。

③注册监理工程师、注册造价工程师、一级注册建造师、一级注册建筑师、一级注册结构工程师或者其他勘察设计注册工程师合计不少于15人次。其中,相应专业注册监理工程师不少于专业资质注册监理工程师人数配备表(表1-1)中要求配备的人数,注册造价工程师不少于1人。

④有较完善的组织结构和质量管理体系,有技术、档案等管理制度。

⑤有必要的工程试验检测设备。

⑥申请工程监理资质之日前一年内没有发生违反法律法规的行为。

⑦申请工程监理资质之日前一年内没有因本企业监理责任造成重大质量事故。

⑧申请工程监理资质之日前一年内没有因本企业监理责任发生三级以上工程建设重大安全事故或者发生两起以上四级工程建设安全事故。

3)丙级专业资质标准。

①具有独立法人资格且注册资本不少于50万元。

②企业技术负责人应为注册监理工程师,并具有8年以上从事工程建设工作的经历。

③相应专业的注册监理工程师不少于专业资质注册监理工程师人数配备表(表1-1)中要求配备的人数。

④有必要的质量管理体系和规章制度。

⑤有必要的工程试验检测设备。

表1-1 专业资质注册监理工程师人数配备表 (单位:人)

序号	工程类别	甲级	乙级	丙级
1	房屋建筑工程	15	10	5
2	冶炼工程	15	10	

（续）

序 号	工程类别	甲 级	乙 级	丙 级
3	矿山工程	20	12	
4	化工石油工程	15	10	
5	水利水电工程	20	12	5
6	电力工程	15	10	
7	农林工程	15	10	
8	铁路工程	23	14	
9	公路工程	20	12	5
10	港口与航道工程	20	12	
11	航天航空工程	20	12	
12	通信工程	20	12	
13	市政公用工程	15	10	5
14	机电安装工程	15	10	

注：表中各专业资质注册监理工程师人数配备是指企业内本专业工程类别已注册的注册监理工程师人数。

工程监理企业专业甲、乙、丙级资质标准见表1-2。

表1-2 工程监理企业专业甲、乙、丙级资质标准

有关要求	甲 级	乙 级	丙 级
注册资本	不少于300万元	不少于100万元	不少于50万元
企业技术负责人（注册监理工程师）	15年以上从事工程建设工作的经历或者具有工程类高级职称	10年以上从事工程建设工作的经历	8年以上从事工程建设工作的经历
注册监理工程师、注册造价工程师、一级注册建造师、一级注册建筑师、一级注册结构工程师或者其他勘察设计注册工程师累计人次数	不少于25人次。其中，相应专业注册监理工程师不少于专业资质注册监理工程师人数配备表中要求配备的人数	不少于15人次。其中，相应专业注册监理工程师不少于专业资质注册监理工程师人数配备表中要求配备的人数	不少于专业资质注册监理工程师人数配备表数目
其中：注册造价工程师数	不少于2人	不少于1人	—
工程业绩	企业近2年内独立监理过3个以上相应专业的二级工程项目	—	—
必要的工程试验检测设备，组织结构和质量管理体系，技术、档案等管理制度	完善	较完善	较完善
禁止行为	申请工程监理资质之日起1年内没有规定禁止的行为		
质量事故	申请工程监理资质之日起1年内没有因本企业监理责任造成质量事故		
安全事故	申请工程监理资质之日起1年内没有因本企业监理责任发生三级以上工程建设重大安全事故或者发生1起四级工程建设安全事故		

(3) 事务所资质标准

1) 取得合伙企业营业执照，具有书面合作协议书。

2) 合伙人中有 3 名以上注册监理工程师，合伙人均有 5 年以上从事建设工程监理的工作经历。

3) 有固定的工作场所。

4) 有必要的质量管理体系和规章制度。

5) 有必要的工程试验检测设备。

2. 各种资质的工程监理企业业务范围

(1) 综合资质

可以承担所有专业工程类别建设工程项目的工程监理业务。

(2) 专业资质

1) 专业甲级资质。可承担相应专业工程类别建设工程项目的工程监理业务。

2) 专业乙级资质。可承担相应专业工程类别二级以下（含二级）建设工程项目的工程监理业务。

3) 专业丙级资质。可承担相应专业工程类别三级建设工程项目的工程监理业务。

(3) 事务所资质

可承担三级建设工程项目的工程监理业务，但国家规定必须实行强制监理的工程除外。

3. 工程监理企业资质申请和审批管理

(1) 资质申请

工程监理企业可以向企业工商注册所在地的省、自治区、直辖市人民政府建设行政主管部门提交申请材料。

新设立的工程监理企业申请资质，应在工商行政管理部门办理登记注册并取得企业法人营业执照后，方可到建设行政主管部门办理资质申请手续，并向建设行政主管部门提供下列资料：

1) 工程监理企业资质申请表及相关电子文档。

2) 企业法人、合伙企业营业执照。

3) 企业章程或合伙人协议。

4) 企业法定代表人、企业负责人和技术负责人的身份证明、工作简历及任命（聘用）文件。

5) 工程监理企业资质申请表中所列注册监理工程师及其他注册执业人员的注册执业证书。

6) 有关企业质量管理体系、技术和档案等管理制度的证明材料。

7) 有关工程试验检测设备的证明材料。

取得专业资质的企业申请晋升专业资质等级或者取得专业甲级资质的企业申请综合资质，除前款规定的材料外，还应提交原工程监理企业资质证书正、副本复印件，企业监理业务手册及近两年已完成的代表工程的监理合同、监理规划、工程竣工验收报告和监理工作总结等。

(2) 资质审批

1) 申请综合资质、专业甲级资质的，可以向企业工商注册所在地的省、自治区、直辖市人民政府住房城乡建设主管部门提交申请材料。

省、自治区、直辖市人民政府住房城乡建设主管部门收到申请材料后，应在5日内将全部申请材料报审批部门。

国务院住房城乡建设主管部门在收到申请材料后，应依法做出是否受理的决定，并出具凭证；申请材料不齐全或者不符合法定形式的，应在5日内一次性告知申请人需要补正的全部内容。逾期不告知的，自收到申请材料之日起即为受理。

国务院住房城乡建设主管部门应自受理之日起20日内做出审批决定。自做出决定之日起10日内公告审批结果。其中，涉及铁路、交通、水利、通信、民航等专业工程监理资质的，由国务院住房城乡建设主管部门送国务院有关部门审核。国务院有关部门应在15日内审核完毕，并将审核意见报国务院住房城乡建设主管部门。

2）专业乙级、丙级资质和事务所资质由企业所在地省、自治区、直辖市人民政府住房城乡建设主管部门审批。

专业乙级、丙级资质和事务所资质的许可、延续的实施程序由省、自治区、直辖市人民政府住房城乡建设主管部门依法确定。

省、自治区、直辖市人民政府住房城乡建设主管部门应自做出决定之日起10日内，将准予资质许可的决定报国务院住房城乡建设主管部门备案。

（3）资质续期及增补审批

工程监理单位资质证书分为正本和副本，每套资质证书包括一本正本，四本副本。正、副本具有同等法律效力。

工程监理企业资质证书的有效期为5年。资质有效期届满，工程监理企业需要继续从事工程监理活动的，应在资质证书有效期届满60日前，向原资质许可机关申请办理延续手续。对在资质有效期内遵守有关法律、法规、规章、技术标准，信用档案中无不良记录，且专业技术人员满足资质标准要求的企业，经资质许可机关同意，有效期延续5年。

工程监理企业因增加、更换或遗失补办等原因需要增补工程监理企业资质证书的，资质许可机关应自受理申请之日起3日内予以办理。

（4）资质变更审批

1）工程监理企业在资质证书有效期内变更名称、地址、注册资本、法定代表人的，应在工商行政管理部门办理变更手续后30日内办理工程监理企业资质证书变更手续。

2）涉及综合资质、专业甲级资质证书中企业名称变更的，由国务院住房城乡建设主管部门负责办理，并自受理申请之日起3日内办理变更手续。

3）其他资质证书的变更手续，由省、自治区、直辖市人民政府住房城乡建设主管部门负责办理。省、自治区、直辖市人民政府住房城乡建设主管部门应当自受理申请之日起3日内办理变更手续，并在办理资质证书变更手续后15日内将变更结果报国务院住房城乡建设主管部门备案。

（5）资质申请不予审批的行为

工程监理企业在资质申请中有以下严禁行为的，资质申请不予审批：

1）与建设单位串通投标或者与其他工程监理企业串通投标，以行贿手段谋取中标。

2）与建设单位或者施工单位串通弄虚作假，降低工程质量。

3）将不合格的建设工程、建筑材料、建筑构配件和设备按照合格签字。

4）超越本企业资质等级或以其他企业名义承揽监理业务。

5）允许其他单位或个人以本企业的名义承揽工程。

6）将承揽的监理业务转包。

7）在监理过程中实施商业贿赂。

8）涂改、伪造、出借、转让工程监理企业资质证书。

9）其他违反法律法规的行为。

4. 对工程监理企业的监督管理

县级以上人民政府住房城乡建设主管部门和其他有关部门应依照有关法律、法规和《工程监理企业资质管理规定》，加强对工程监理企业资质的监督管理。

（1）监督检查的措施

1）要求被检查单位提供工程监理企业资质证书、注册监理工程师注册执业证书，有关工程监理业务的文档，有关质量管理、安全生产管理、档案管理等企业内部管理制度的文件。

2）进入被检查单位进行检查，查阅相关资料。

3）纠正违反有关法律、法规和本规定及有关规范和标准的行为。

（2）撤销工程监理企业资质的情形

1）资质许可机关工作人员滥用职权、玩忽职守做出准予工程监理企业资质许可的。

2）超越法定职权做出准予工程监理企业资质许可的。

3）违反资质审批程序做出准予工程监理企业资质许可的。

4）对不符合许可条件的申请人做出准予工程监理企业资质许可的。

5）依法可以撤销资质证书的其他情形。

以欺骗、贿赂等不正当手段取得工程监理企业资质证书的，应予以撤销。

（3）注销工程监理企业资质的情形

有下列情形之一的，工程监理企业应及时向资质许可机关提出注销资质的申请，交回资质证书，国务院住房城乡建设主管部门应办理注销手续，公告其资质证书作废。

1）资质证书有效期届满，未依法申请延续的。

2）工程监理企业依法终止的。

3）工程监理企业资质依法被撤销、撤回或吊销的。

4）法律、法规规定的应当注销资质的其他情形。

（4）工程监理企业的信用管理

工程监理企业的信用档案应包括基本情况、业绩、工程质量和安全、合同违约等情况。被投诉举报和处理、行政处罚等情况应作为不良行为记入其信用档案。

工程监理企业的信用档案信息按照有关规定向社会公示。公众有权查阅。

1.2.3 工程监理单位职责和法律责任

1. 工程监理单位职责

《建筑法》《建设工程质量管理条例》以及《建设工程安全生产管理条例》对工程监理单位应该履行的职责做出了相应的规定。

《建筑法》第三十四条规定："工程监理单位应当在其资质等级许可的监理范围内，承担工程监理业务"。《建设工程质量管理条例》第三十七条规定："工程监理单位应当选派具备相应资格的总监理工程师和监理工程师进驻施工现场"。未经监理工程师签字，建筑材料、建筑构配件和设备不得在工程上使用或者安装，施工单位不得进行下一道工序的施工。未经总监理工程师签字，建设单位不拨付工程款，不进行竣工验收。《建设工程安全生产管理条例》第十四条规定，工程监理单位应审查施工组织设计中的安全技术措施或者专项施工方案是否符合工程建设强制性标准，还规定"工程监理单位在实施监理过程中，发现存在安全事故隐患的，应要求施工单位整改；情况严重的，应要求施工单位暂时停止施工，并及时报告建设单位。施工单位拒不整改或者不停止施工的，工程监理单位应及时向有关主管部门报告"。

2. 工程监理单位的法律责任

在《建筑法》《建设工程质量管理条例》《建设工程安全生产管理条例》以及《刑法》中都明确规定了工程监理单位的有关法律责任。

（1）《建筑法》中关于工程监理单位法律责任的有关规定

《建筑法》第三十五条规定，工程监理单位不按照委托监理合同的约定履行监理义务，对应监督检查的项目不检查或者不按照规定检查，给建设单位造成损失的，应承担相应的赔偿责任。

《建筑法》第六十九条规定，工程监理单位与建设单位或者建筑施工企业串通，弄虚作假、降低工程质量的，责令改正，处以罚款，降低资质等级或者吊销资质证书；有违法所得的，予以没收；造成损失的，承担连带赔偿责任；构成犯罪的，依法追究刑事责任。工程监理单位转让监理业务的，责令改正，没收违法所得，可以责令停业整顿，降低资质等级；情节严重的，吊销资质证书。

《建设工程质量管理条例》第六十条规定，工程监理单位有下列行为的，责令停止违法行为或改正，处合同约定的监理酬金1倍以上2倍以下的罚款；情节严重的，吊销资质证书。这些违法行为包括：①超越本单位资质等级承揽工程；②允许其他单位或者个人以本单位名义承揽工程。

（2）《建设工程质量管理条例》中关于工程监理单位法律责任的有关规定

《建设工程质量管理条例》第六十二条规定，工程监理单位转让工程监理业务的，责令改正，没收违法所得，处合同约定的监理酬金25%以上50%以下的罚款；可以责令停业整顿，降低资质等级；情节严重的，吊销资质证书。

《建设工程质量管理条例》第六十七条规定，工程监理单位有下列行为之一的，责令改正，处50万元以上100万元以下的罚款，降低资质等级或者吊销资质证书；有违法所得的，予以没收；造成损失的，承担连带赔偿责任：①与建设单位或者施工单位串通，弄虚作假、降低工程质量；②将不合格的建设工程、建筑材料、建筑构配件和设备按照合格签字。

《建设工程质量管理条例》第六十八条规定，工程监理单位与被监理工程的施工承包单位以及建筑材料、建筑构配件和设备供应单位有隶属关系或者其他利害关系承担该项建设工程的监理业务的，责令改正，处5万元以上10万元以下的罚款，降低资质等级或者吊销资质证书；有违法所得的，予以没收。

（3）《建设工程安全生产管理条例》中关于工程监理单位的法律责任的规定

《建设工程安全生产管理条例》第五十七条规定，工程监理单位有下列行为之一的，责令限期改正；逾期未改正的，责令停业整顿，并处10万元以上30万元以下的罚款；情节严重的，降低资质等级，直至吊销资质证书；造成重大安全事故，构成犯罪的，对直接责任人

员,依照刑法有关规定追究刑事责任;造成损失的,依法担赔偿责任:

1) 未对施工组织设计中的安全技术措施或者专项施工方案进行审查。
2) 发现安全事故隐患未及时要求施工单位整改或者暂时停止施工。
3) 施工单位拒不整改或者不停止施工,未及时向有关主管部门报告。
4) 未依照法律、法规和工程建设强制性标准实施监理。

(4)《刑法》中关于工程监理单位的法律责任的规定

《刑法》第一百三十七条规定:"工程监理单位违反国家规定,降低工程质量标准,造成重大安全事故的,对直接责任人员,处五年以下有期徒刑或者拘役,并处罚金;后果特别严重的,处五年以上十年以下有期徒刑,并处罚金"。

1.3 工程监理人员及其职业发展与能力要求

1.3.1 注册监理工程师

注册监理工程师是指经国务院人事主管部门和建设主管部门统一组织的监理工程师执业资格统一考试成绩合格,并取得国务院建设主管部颁发的《中华人民共和国注册监理工程师注册执业证书》和执业印章,从事建设工程监理与相关服务等活动的专业技术人员。取得工程管理及相关工程技术与经济学专业大专以上学历,具有一定的设计、施工与管理工作经历年限的工程建设人员,具备注册监理工程师资格考试的报名要求。

1. 监理工程师资格制度的建立和发展

注册监理工程师是实施工程监理制的核心和基础。1990年,建设部和人事部在工程建设领域制定监理工程师执业资格制度,以考核形式确认了100名监理工程师。随后,又认定了两批监理工程师执业资格,共1059人。1992年6月,建设部发布《监理工程师资格考试和注册试行办法》(建设部第18号令),明确了监理工程师考试、注册的实施方式和管理程序,我国从此开始实施监理工程师执业资格考试制度。1993年,建设部、人事部印发《关于〈监理工程师资格考试和注册试行办法〉实施意见的通知》(建监〔1993〕415号),提出加强对监理工程师资格考试和注册工作的统一领导与管理,并提出了实施意见。1994年,建设部与人事部在北京、天津、上海、山东、广东五省市组织了监理工程师执业资格试点考试。

1996年8月,建设部、人事部发布《建设部、人事部关于全国监理工程师执业资格考试工作的通知》(建监〔1996〕462号),要求从1997年开始,监理工程师执业资格考试实行全国统一管理、统一考纲、统一命题、统一时间、统一标准的办法,考试工作由建设部、人事部共同负责。监理工程师执业资格考试合格者,由各省、自治区、直辖市人事(职改)部门颁发人事部统印制的人事部与建设部共同用印的《中华人民共和国监理工程师执业资格证书》,该证书在全国范围有效。

为了加强内地监理工程师和香港建筑测量师的交流与合作,促进两地共同发展,根据《关于建立更紧密经贸关系的安排》(CEPA协议),2006年中国建设监理协会与香港测量师学会就内地监理工程师和香港建筑测量师资格互认工作进行了考察评估,双方对资格互认工作的必要性及可行性取得了共识,同意在互惠、互利、对等、总量与户籍控制等原则下,实施内地监理工程师与香港建筑测量师资格互认。

2. 注册监理工程师的权利和义务

注册监理工程师可以从事建设工程监理、工程经济与技术咨询、工程招标与采购咨询、工程项目管理服务以及国务院有关部门规定的其他业务。

建设工程监理活动中形成的监理文件由注册监理工程师按照规定签字盖章后方可生效。修改经注册监理工程师签字盖章的建设工程监理文件，应由该注册监理工程师进行修改。因特殊情况，该注册监理工程师不能进行修改的，应由其他注册监理工程师修改，并签字、加盖执业印章，对修改部分承担相应责任。工程监理单位和监理工程师应当按照法律、法规和工程建设强制性标准实施监理，并对建设工程安全生产承担监理责任。

（1）注册监理工程师权利
1）使用注册监理工程师称谓。
2）在规定范围内从事执业活动。
3）依据本人能力从事相应的执业活动。
4）保管和使用本人的注册证书和执业印章。
5）对本人执业活动进行解释和辩护。
6）接受继续教育。
7）获得相应的劳动报酬。
8）对侵犯本人权利的行为进行申诉。

（2）注册监理工程师义务
注册监理工程师应履行下列义务：
1）遵守法律、法规和有关管理规定。
2）履行管理职责，执行技术标准、规范和规程。
3）保证执业活动成果的质量，并承担相应责任。
4）接受继续教育，努力提高执业水准。
5）在本人执业活动所形成的建设工程监理文件上签字、加盖执业印章。
6）保守在执业中知悉的国家秘密和他人的商业、技术秘密。
7）不得涂改、倒卖、出租、出借或者以其他形式非法转让注册证书或者执业印章。
8）不得同时在两个或者两个以上单位受聘或者执业。
9）在规定的执业范围和聘用单位业务范围内从事执业活动。
10）协助注册管理机构完成相关工作。

3. 注册监理工程师职业道德

国际咨询工程师联合会（FIDIC）等组织都规定了职业道德准则，FDIC 的道德准则要求咨询工程师具有正直、公平、诚信、服务等工作态度和敬业精神，充分体现了 FIDIC 对咨询工程师要求的精髓。

注册监理工程师应严格遵守如下职业道德守则：
1）维护国家的荣誉和利益，按照"守法、诚信、公平、科学"的经营活动准则执业。
2）执行有关工程建设法律、法规、标准和制度，履行建设工程监理合同规定的义务。
3）努力学习专业技术和建设工程监理知识，不断提高业务能力和监理水平。
4）不以个人名义承揽监理业务。
5）不同时在两个或两个以上工程监理单位注册和从事监理活动，不在政府部门和施工、材料设备的生产供应等单位兼职。

6）不为所监理的工程项目指定承包商、建筑构配件、设备、材料生产厂家和施工方法。

7）不收受施工单位的任何礼金、有价证券等。

8）不泄露所监理的工程各方认为需要保密的事项。

9）坚持独立自主地开展工作。

1.3.2 监理专业技术人员

根据岗位职责的不同，可将监理机构的相关从业人员分为四类，分别是：总监理工程师、总监理工程师代表、专业监理工程师以及监理员。

1. 总监理工程师

总监理工程师（Chief Project Management Engineer）是由工程监理单位法定代表人书面任命，负责履行建设工程监理合同、主持项目监理机构工作的注册监理工程师。总监理工程师必须由注册监理工程师担任。

我国的建设工程监理实行总监理工程师负责制。在项目监理机构中，总监理工程师对外代表工程监理单位，对内负责项目监理机构的日常工作。一名总监理工程师只宜担任一项委托监理合同的项目总监理工程师工作。当项目总监理工程师需要同时担任多项委托监理合同工作时，须经建设单位书面同意，且最多不得超过三项。开展监理工作时，若需要调整总监理工程师，工程监理单位应征得建设单位的同意。

2. 总监理工程师代表

总监理工程师代表（Representative of Project Management Engineer）是经工程监理单位法定代表人同意，由总监理工程师书面授权，代表总监理工程师行使其部分职责和权力，具有工程类注册职业资格或具有中级及以上专业技术职称、3年及以上工程实践经验并经过监理业务培训的人员。

3. 专业监理工程师

专业监理工程师（Specialty Project Management Engineer）是由总监理工程师授权，负责实施某一专业或某一岗位的监理工作，有相应监理文件签发权，具有工程类注册执业资格或具有中级及以上专业技术职称、2年及以上工程实践经验并经监理业务培训的人员。

监理工程师在注册时，注册证书上即注明了专业工程类别。专业监理工程师是项目监理机构中的一种岗位设置，可按工程项目的专业设置，也可按部门或某一方面的业务设置。工程项目如涉及特殊行业（如爆破工程），从事此类项目监理工作的专业监理工程师还应符合国家有关对专业人员资格的规定。开展监理工作时，若需要调整专业监理工程师，总监理工程师应书面通知建设单位和施工单位。

4. 监理员

监理员（Site Supervisor）是指从事具体监理工作，具有中专及以上学历并经过监理业务培训的人员。监理员与专业监理工程师的区别主要在于专业监理工程师具有相应岗位责任的签字权，监理员则没有相应岗位责任的签字权。

1.3.3 监理工程师的职业发展与能力要求

近年来，我国大力推行工程总承包模式，监理工程师可参与建设项目全寿命周期各个阶段的项目监理工作,不仅仅局限于传统的施工阶段监理。

参与建设全寿命周期各阶段项目管理,将对监理工程师的职业能力提出更高的要求。以英国的国家职业资格标准(NVQs)为例英国建立了一套基于业绩评判的国家职业资格标准,该标准将监理工程师设定为职业资格的最高级,能力要求类似于总承包项目经理,要求具有从事建设项目全寿命周期项目管理的能力。

英国国家监理工程师职业资格标准(Standard)由大项(Unit)、小项(Element)和业绩评判标准(Criterion)等组成,从知识体系、个人职业业绩(Performance)等方面由第三方进行评估,通过者获得相应资格。

英国国家监理工程师职业资格标准主要框架和内容如下:

1. 评估施工方法、资源和系统以满足项目要求
1)评价并选择施工方法。
2)计划项目活动及资源以满足项目要求。
3)选择并组成项目部。
4)建立并维护项目的组织和交流系统。

2. 确认危险,评估并减小风险
1)确认危险和评估风险。
2)说明并实施减小风险的方法和程序。

3. 控制施工、健康和安全系统,以满足项目要求
1)确保作好现场准备工作的协调。
2)协调项目控制。
3)建立、实施和维护管理项目健康、安全和福利的系统。

4. 控制项目质量、进度、成本和信息
1)按照认可的质量标准控制项目。
2)现场放线控制。
3)按照认可的计划控制项目进度。
4)按照认可的预算控制项目成本。
5)评价反馈意见并提出改进意见。

5. 管理项目部和成员的工作
1)为项目部和成员分配工作。
2)与项目部和成员就工作目标和计划达成一致。
3)评价项目部和成员的工作。
4)对项目部和成员的工作提出反馈意见。

6. 主持和参与会议
1)主持会议。
2)参与会议。

7. 发展卓有成效的工作关系
1)增强同事之间的信任和支持。
2)增强上级的信任和支持。
3)增强并维持与项目相关方之间的关系。

8. 促进自我和其他人的发展
1) 承担并衡量自我发展。
2) 促进相互学习经验，从中受益。

9. 管理现场的材料、设施和设备
1) 为达到项目要求，监督、维护并改进材料的供应。
2) 与项目部和成员就工作目标和计划达成一致。
3) 监督现场设施和设备的使用。

10. 拟订并签订建设工程承包合同
1) 准备并提交合同大纲。
2) 修改合同大纲，并就内容达成一致。

11. 管理并参与估价、招标投标价的准备、处理和选择工作
1) 对评估和选择潜在的投标者的管理。
2) 对获得估价、招标投标价工作的管理。
3) 对估价、招标价和投标价评估与选择的管理。
4) 参与估价、招标价和投标价的准备工作。

12. 采购管理
1) 采购管理计划的制订和发展。
2) 采购管理的实施。

13. 顾客需求管理
1) 确认、评估和贯彻顾客的需求和要求。
2) 维护以顾客为焦点的企业政策。
3) 为建立市场战略和树立企业形象做出贡献。

14. 设计管理
1) 确认和评估设计因素。
2) 选择并评价原有的设计方案。
3) 提交设计建议。
4) 向顾客提出设计建议。

15. 项目后期管理
1) 向顾客提出项目的试运行计划。
2) 实施项目试运行。
3) 向顾客提出项目竣工验收建议。
4) 主持、参与工程项目的竣工验收。

申请者经行业协会对照上述标准评估合格后获得监理工程师资格。

1.4 建设工程监理的工作内容和工作方式

1.4.1 建设工程监理的工作内容

建设工程监理的主要工作内容是有效控制工程建设项目的投资、进度和质量，进行工程建设合同管理、信息管理、安全生产管理，并协调有关单位之间的协作关系。

1. 投资控制

投资控制贯穿于项目建设的全过程，各阶段的投资控制主体和内容不尽相同。根据建设单位的委托，监理单位对投资进行控制的主要工作内容包括：项目建设前期协助业主估算投资总额，设计阶段进行设计概算和概（预）算审查，施工准备阶段协助业主确定标底及合同造价，施工阶段审核设计变更、核实已完工程量、进行工程进度款签证、控制索赔，竣工阶段审核工程结算等。

2. 进度控制

进度控制是为了保证项目按照施工合同约定的工期完成，并通过竣工验收交付使用而进行的有关监督管理活动。监理对施工进度进行控制的工作贯穿施工准备阶段、施工阶段及竣工验收阶段，其对应的工作内容包括：对施工总进度计划和阶段性施工进度计划进行审批、发布开工令，对施工阶段进度计划执行监督检查、提出阶段性施工进度计划滞后调整的要求，对施工单位报送的工程延期报告进行审批，对施工单位逾期竣工的责任进行追究处理等。

3. 质量控制

建设工程项目的目标质量是质量控制的综合体现。建设单位委托监理单位在施工阶段或设计阶段进行质量控制，工作内容包括组织设计方案比选，进行设计方案磋商及设计图审核，控制设计变更；审查承包人资质、检查建筑物所用材料、构配件、设备质量，审查施工组织设计；进行重要技术复核，工序操作检查，隐蔽工程验收和工序成果检查；确认监督标准、规范的贯彻；进行各阶段验收和竣工验收，把好工程质量关。

4. 合同管理

合同管理是进行投资控制、工期控制和质量控制的手段。合同是项目监理单位站在公正立场上，采取各种控制、协调与监督措施，履行纠纷调解职责的依据，是实施目标控制的出发点和归宿。项目监理单位依据合同约定进行施工合同管理，处理工程变更、索赔、施工合同争议以及施工合同终止事宜。

5. 信息管理

信息管理是对工程项目建设过程中形成的信息进行收集、加工、整理、存储、传递和应用等工作的总称。有效的工程项目管理需要依靠信息系统的结构和维护。监理单位应加强信息管理，把信息管理工作作为实现监理目标的手段。

6. 安全生产管理

安全生产管理是工程建设以人为本、对建设人员安全与健康负责的具体表现。《建设工程安全生产管理条例》中将监理单位作为安全生产责任体系的一方，规定：工程监理单位和监理工程师应按照法律、法规和工程建设强制性标准实施监理，并对建设工程安全生产承担监理责任。

7. 组织协调

作为一个复杂的系统工程，完成一个项目的建设目标涉及建设单位、施工单位、设计单位、设备及材料供应单位、金融部门、政府有关的行政管理部门等各个方面。监理单位在实施监理的过程中，应对各个参与单位的关系进行协调管理，使其相互之间加强合作，减少矛盾，共同完成项目的预期目标。

通过规范化的监理工作流程及对应工作内容，工程监理机构和监理人员按照流程逐步展开各项工作。规范化的监理工作流程如图 1-2 所示。

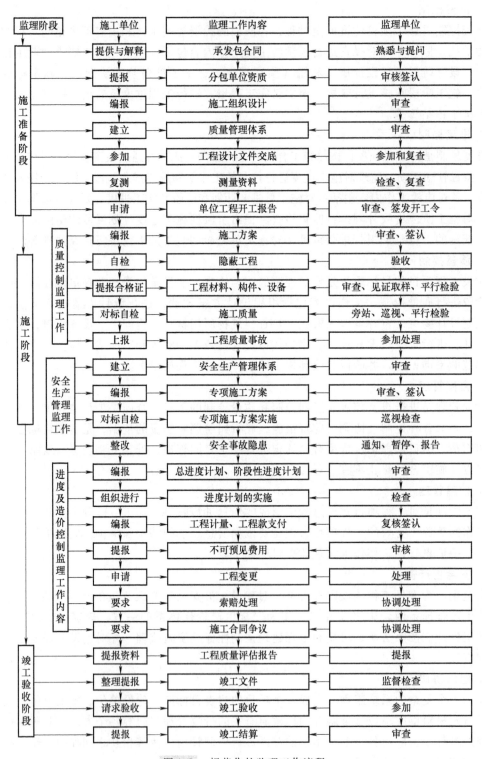

图 1-2 规范化的监理工作流程

1.4.2 建设工程监理的工作方式

巡视、平行检验、旁站、见证取样是建设工程监理的主要工作方式。

1. 巡视

现场进行定期或不定期的检查活动。巡视检查是项目监理机构实施建设工程监理的重要方式之一,是监理人员针对施工现场进行的日常检查。巡视对实现建设工程目标、加强安全生产管理等起着重要作用。

项目监理机构应在监理规划以及监理实施细则中明确巡视的相关工作内容,包括巡视的要点、频率和措施等。监理人员通过巡视检查,及时发现施工过程中出现的现场施工质量和施工单位安全生产管理问题,对不符合要求的情况应要求施工单位及时进行纠正并督促整改。

监理单位和相关专业技术人员进行巡视检查的主要工作包括以下两项:

(1) 总监理工程师的巡视检查工作

总监理工程师根据经审核批准的监理规划和监理实施细则对现场监理人员进行交底,合理安排监理人员进行巡视检查工作,督促监理人员按照监理规划及监理实施细则的要求开展现场巡视工作。总监理工程师应检查监理人员巡视的工作成果,对发现的问题及时采取处理措施。

(2) 监理人员的巡视检查工作

监理人员应按照监理规划及监理实施细则的要求开展巡视检查工作。在监理过程中,监理人员应按照监理规划及监理实施细则中规定的频次进行现场巡视。巡视检查以现场施工质量和生产安全事故隐患为主,且不限于工程质量、安全生产方面的内容。对巡视检查中发现的施工质量和生产安全事故隐患等问题以及所采取的相应处理措施,应及时、准确地记录在巡视检查记录表中。在巡视检查中发现的问题,应及时处理;对已采取相应处理措施的质量问题、生产安全事故隐患,应检查施工单位的整改落实情况,并进行记录。巡视监理人员认为发现的问题无法解决或无法判断能否解决时,应立即向总监理工程师汇报。

监理文件资料管理人员应妥善保管各项巡视检查记录资料。

2. 平行检验

平行检验是项目监理机构在施工单位自检的同时,按有关规定对同一检验项目进行的检测试验活动。平行检验是项目监理机构在施工阶段进行质量控制的重要工作方式之一,是工程质量预验收和工程竣工验收的重要依据。

监理单位和相关专业技术人员进行平行检验的主要工作包括以下几项:

1) 项目监理机构应依据建设工程监理合同编制符合工程特点的平行检验方案,明确平行检验的方法、范围、内容和频率。

2) 实施平行检验的监理人员应根据平行检验方案对工程实体、原材料等进行平行检验,记录相关数据,分析平行检验结果、检测报告结论,并提出相应的建议和措施。

3) 监理文件资料管理人员应将平行检验的文件资料进行整理和归档。

3. 旁站

旁站是项目监理机构对工程的关键部位或关键工序的施工质量进行的监督活动。

监理单位和相关专业技术人员进行平行检验的主要工作包括以下几项:

1）项目监理机构应制定旁站监理方案，明确旁站监理的范围、内容、程序和旁站监理人员的职责。施工企业根据监理企业制定的旁站监理方案，在需要实施旁站监理的关键部位、关键工序施工前24小时，书面通知项目监理机构。项目监理机构应根据旁站方案和相关的施工验收规范，对旁站人员进行技术交底。

2）旁站应在总监理工程师的指导下，由现场监理人员负责具体实施。监理人员实施旁站时，发现施工单位有违反工程建设强制性标准行为的，应责令施工单位立即整改；发现其施工活动已经或者可能危及工程质量的，应及时向监理工程师或者总监理工程师报告，由总监理工程师下达局部暂停施工指令或者采取其他应急措施。

监理文件资料管理人员应妥善保管旁站方案、旁站监理记录等相关资料。

4. 见证取样

见证取样是指项目监理机构对施工单位进行的涉及结构安全的试块、试件及工程材料现场取样、封样、送检工作的监督活动。

监理专业技术人员进行见证取样的主要工作包括以下几项：

1）总监理工程师应督促专业（材料）监理工程师制定见证取样实施细则；通过现场检查和资料检查落实监理人员见证取样工作的实施情况；积极听取监理人员的汇报，发现问题应立即要求施工单位采取相应措施。

2）见证取样监理人员应根据见证取样实施细则的要求，按程序实施见证取样工作。监理人员的见证取样工作包括：在现场进行见证，监督施工单位取样人员按随机取样方法和试件制作方法进行取样；对试样进行监护及封样加锁；在检验委托单上签字，并出示"见证员证书"；协助建立见证取样档案。

监理文件资料管理人员应妥善保管记录试块、试件及工程材料的见证取样档案资料。

1.5 建设工程监理费用构成与计算

建设工程监理与相关服务收费根据建设项目性质的不同情况，分别实行政府指导价或市场调节价。依法必须实行监理的建设工程施工阶段的监理收费实行政府指导价；其他建设工程施工阶段的监理收费、其他阶段的监理与相关服务收费实行市场调节价。

1.5.1 建设工程监理费的构成

建设工程监理费是指建设单位委托工程监理单位实施建设工程监理所支付的费用。建设工程监理费根据委托监理的工作范围和深度在监理合同中约定或按工程项目所在地或所属行业部门的有关规定计算。工程监理费构成工程概算的一部分，在"工程建设其他费用"中"与项目建设有关的其他费用"下的"建设管理费"中单独列支。

工程监理费由监理直接成本、间接成本、税金和利润等组成。

1. 直接成本

直接成本是指监理企业履行委托监理合同时所发生的成本，包括以下几项：

1）监理人员和监理辅助人员的工资、奖金、津贴、补助、附加工资等。

2）用于监理工作的常规检测工器具、计算机等办公设施的购置费和其他仪器、机械的租赁费。

3）用于监理人员和辅助人员的其他专项开支，包括办公费、通信费、差旅费、书报费、文印费、会议费、医疗费、劳保费、保险费、休假探亲费等。
4）其他费用。

2. 间接成本

间接成本是指全部业务经营开支及非工程监理的特定开支，包括以下几项：
1）管理人员、行政人员以及后勤人员的工资、奖金、补助和津贴。
2）经营性业务开支，包括为招揽监理业务而发生的广告费、宣传费、有关合同的公证费。
3）办公费，包括办公用品、报刊、会议、文印、上下班交通费等。
4）公用设施使用费，包括办公图书、资料购置费；水、电、气、环卫、保安等费用。
5）业务培训费、图书、资料购置费。
6）附加费，包括劳动统筹、医疗统筹、福利基金、工会经费、人身保险、住房公积金、特殊补助等。
7）其他费用。

3. 税金

税金是指按照国家相关规定，工程监理单位应该交纳的各种税金的总额，包括企业所得税、增值税、印花税等。

4. 利润

利润是指工程监理单位的监理活动收入扣除直接成本、间接成本和各种税金之后的余额。

1.5.2 建设工程监理费的计算

根据 2007 年 5 月 1 日起施行的《建设工程监理与相关服务收费管理规定》（发改价格〔2007〕670 号），建设工程监理与相关服务收费根据建设项目性质不同情况，分别实行政府指导价或市场调节价。

依法必须实行监理的建设工程施工阶段的监理收费实行政府指导价；其他建设工程施工阶段的监理收费和其他阶段的监理与相关服务收费实行市场调节价。

实行市场调节价的建设工程监理与相关服务收费，由发包人和监理人协商确定收费额。

1. 施工监理服务收费

施工监理服务收费是工程监理单位完成施工阶段监理基本服务内容所收取的费用。铁路、水运、公路、水电、水库工程的施工监理服务收费按建筑安装工程费分档定额计费方式计算收费；其他工程的施工监理服务收费按照建设项目工程概算投资额分档定额计费方式计算收费。

（1）施工监理服务收费的计算

依法必须实行政府指导价的建设工程施工阶段监理收费，其基准价根据《建设工程监理与相关服务收费标准》计算，浮动幅度为上下 20%。发包人和监理人应当根据建设项目的实际情况在规定的浮动幅度内协商确定收费额，即

施工监理服务收费 = 施工监理服务收费基准价 × (1 ± 浮动幅度值)

施工监理服务收费基准价 = 施工监理服务收费基价 × 专业调整系数 × 工程复杂程度调整系数 × 高程调整系数

(2) 施工监理服务收费基价

施工监理服务收费基价按施工监理服务收费基价表确定(表1-3),计费额在两个数值区间的,采用直线内插法确定施工监理服务收费基价。

表1-3 施工监理服务收费基价表　　　　　　　　　　(单位:万元)

序　号	计　费　额	收费基价	序　号	计　费　额	收费基价
1	500	16.5	9	60000	991.4
2	1000	30.1	10	80000	1255.8
3	3000	78.1	11	100000	1507.0
4	5000	120.8	12	200000	2712.5
5	8000	181.0	13	400000	4882.6
6	10000	218.6	14	600000	6835.6
7	20000	393.4	15	800000	8658.4
8	40000	708.2	16	1000000	10390.1

注:计费额大于100000万元的,以计费额乘以1.039%的收费率计算收费基价。其他未包含的,其收费由双方协商议定。

(3) 施工监理服务收费基准价

施工监理服务收费基准价是按照《建设工程监理与相关服务收费管理规定》的标准计算出的施工监理服务基准收费额。发包人与监理人根据项目的实际情况,在规定的浮动幅度范围内协商确定施工监理服务收费合同额。

1) 专业调整系数。专业调整系数是对不同专业建设工程的施工监理工作复杂程度和工作量差异进行调整的系数。计算施工监理服务收费时,专业调整系数在《建设工程监理与相关服务收费管理规定》的施工监理服务收费专业调整系数表(表1-4)中查找确定即可。房屋建筑工程的专业调整系数为1。

表1-4 施工监理服务收费专业调整系数表

工 程 类 型	专业调整系数	工 程 类 型	专业调整系数
1. 矿山采选工程 黑色、有色、黄金、化学、非金属及其他矿采选工程 选煤及其他煤炭工程 矿井工程、铀矿采选工程	0.9 1.0 1.1	3. 石油化工工程 石油工程 化工、石化、化纤、医药工程 核化工工程	0.9 1.0 1.2
2. 加工冶炼工程 冶炼工程 船舶水工工程 各类加工 核加工工程	0.9 1.0 1.0 1.2	4. 水利电力工程 风力发电、其他水利工程 水电工程、送变电工程 核能、水电、水库工程	0.9 1.0 1.2

(续)

工程类型	专业调整系数	工程类型	专业调整系数
5. 交通运输工程		7. 农业林业工程	
机场道路、助航灯光工程	0.9	农业工程	0.9
铁路、公路、城市道路、轻轨及机场空管工程	1.0	林业工程	0.9
水运、地铁、桥梁、隧道、索道工程	1.1		
6. 建筑市政工程			
园林绿化工程	0.8	—	—
建筑、人防、市政公用工程	1.0		
邮政、电信、广电电视工程	1.0		

2）工程复杂程度调整系数。工程复杂程度调整系数是对同一专业建设工程的施工监理复杂程度和工作量差异进行调整的系数。

工程复杂程度分为一般、较复杂和复杂三个等级，其调整系数分别为：

一般（Ⅰ级）　　　　0.85
较复杂（Ⅱ级）　　　1.0
复杂（Ⅲ级）　　　　1.15

具体的工程复杂程度可在《建设工程监理与相关服务收费管理规定》中提及的各类工程复杂程度表中进行查找。

3）高程调整系数。

高程2001m以下的为　　　1
高程2001~3000m为　　　1.1
高程3001~3500m为　　　1.2
高程3501~4000m为　　　1.3

高程4001m以上的，高程调整系数由发包人和监理人协商确定。

（4）施工监理服务收费

施工监理服务收费的计算公式如下：

施工监理服务收费 = 施工监理服务收费基准价 × (1 ± 浮动幅度值)

实行政府指导价的建设工程施工阶段监理收费，其基准价根据《建设工程监理与相关服务收费标准》计算，浮动幅度为上下20%。发包人和监理人应根据建设项目的实际情况在规定的浮动幅度内协商确定收费额。实行市场调节价的建设工程监理与相关服务收费，由发包人和监理人协商确定收费额。

2011年，国家发展和改革委员会（以下简称国家发展改革委）发布《国家发展改革委关于降低部分建设项目收费标准规范收费行为等有关问题的通知》（发改价格〔2011〕534号），进一步明确：工程监理收费，对依法必须实行监理的计费额在1000万元及以上的建设工程施工阶段的收费实行政府指导价，收费标准按国家发展改革委、建设部《关于印发〈建设工程监理与相关服务收费管理规定〉的通知》（发改价格〔2007〕670号）规定执行；其他工程施工阶段的监理收费和其他阶段的监理与相关服务收费实行市场调节价。

《建设工程监理与相关服务收费管理规定》中要求：发包人将施工监理服务中的某一部分工作单独发包给监理人，按照其占施工监理服务工作量的比例计算施工监理服务收费，其中质量控制和安全生产监督管理服务收费不宜低于施工监理服务收费额的70%。

建设工程项目施工监理服务由两个或者两个以上监理人承担的，各监理人按照其占施工监理服务工作量的比例计算施工监理服务收费。发包人委托其中一个监理人对建设工程项目施工监理服务总负责的，该监理人按照各监理人合计监理服务收费的4%~6%向发包人加收总体协调费。

2. 勘察、设计、保修等阶段的相关服务收费

项目监理企业针对勘察、设计、保修等阶段开展的相关服务收费一般按照相关的服务工作所需工日以及建设工程监理与相关服务人员人工日费用标准（表1-5）制定的相关费用标准进行收费。

表1-5 建设工程监理与相关服务人员人工日费用标准

建设工程监理与相关服务人员职级	工程费用标准（元）
高级专家	1000~1200
高级专业技术职称的监理与相关服务人员	800~1000
中级专业技术职称的监理与相关服务人员	600~800
初级及以下专业技术职称的监理与相关服务人员	300~600

注：本表适用于提供短期服务的人工费用标准。

思 考 题

1. 简述建设工程监理程序。
2. 简述实行工程项目监理制度对我国建筑业的发展的意义和作用。
3. 简述我国工程监理单位的组织形式。
4. 简述建设工程监理企业的资质等级标准及相关要求。
5. 《建筑法》《建设工程质量管理条例》《建设工程安全生产管理条例》以及《刑法》对工程监理单位的相关法律责任有哪些规定？
6. 项目监理机构中按岗位职责不同分为哪几类监理人员？
7. 简述监理工程师的职业发展与能力要求。
8. 简述建设工程监理的主要工作内容。
9. 简述建设工程监理的主要工作方式。

第 2 章

建设工程监理相关法律制度

本章概要

为了抑制和避免建设工作中存在的随意性，有效控制投资、严格实施国家建设计划和履行工程建设相关合同、开拓国际建设市场，20世纪80年代我国开始参照国际惯例实行建设工程监理制度。我国建设工程监理法规体系的主导思想是从全局考虑，构建完整的法律法规系统，多层次相互协调，借鉴国际立法经验，在结合国情的基础上，向国际标准靠拢。本章对我国建设工程监理立法的发展沿革和主导思想进行了简单梳理，系统介绍了与建设工程监理有关的法律、法规、规章及规范。

学习要求

1. 了解我国建筑工程监理立法的发展沿革和主导思想。
2. 熟悉建设工程监理相关法律及规定。
3. 掌握建设工程监理相关法规、规章及规范的内容。

◆【案例导读】

2012年9月13日13时10分许，武汉市东湖生态旅游风景区东湖景园C区7-1号楼建筑工地，发生了一起施工升降机坠落造成19人死亡的重大建筑施工事故。当日11时30分许，升降机司机将东湖景园C区7-1号楼施工升降机左侧吊笼停在下终端站，锁上电锁，拔出钥匙，关上护栏门后下班。13时10分许，司机正常午休期间，提前到该楼顶楼施工的19名工人擅自将停在下终端站的C7-1号楼施工升降机左侧吊笼打开，携带施工物件进入左侧吊笼,操作施工升降机上升。该吊笼运行至33层顶楼平台附近时突然倾翻,连同导轨架及顶部4节标准节一起坠落地面,造成吊笼内19人当场死亡。

事故发生后,有关职能部门对业主单位、建设单位、电梯设备供应商、项目监理机构等多方进行调查和责任追溯。其中,对该项目监理单位在执行监理任务中的责任认定如下:

监理公司安全生产主体责任并未落实,未与监理分公司以及项目监理部签订安全生产责任书,安全生产管理制度不健全,落实不到位。公司内部管理混乱,对分公司管理、指导不到位,监理公司对所监理项目的监理规划和监理细则审查不到位。

东湖景园项目监理部负责人(总监代表)和部分监理人员不具备岗位执业资格,监理公司使用非公司人员的资格证书,在投标时将该非公司人员作为东湖景园项目总监,但实际未安排其参与实际的监理活动。

监理分公司在该项目的安全管理制度不健全、不落实,在项目无《建设工程规划许可证》《建筑工程施工许可证》和未取得《中标通知书》的情况下,违规进场。

监理单位未依照《武汉市建筑起重机械备案登记与监督管理实施办法》规定督促相关单位对施工升降机进行验收;对项目施工和施工升降机安装使用安全生产检查和隐患排查流于形式;未能及时发现和督促整改事故施工升降机存在的重大安全隐患。对该监理单位采取的处罚如下:①监理单位的监理部总监代表被移送司法机关,依法追究刑事责任;②监理单位被罚款120万元;③其他相关责任人采取罚款处罚。

2.1 概述

2.1.1 建筑工程监理立法的发展沿革

建设工程监理制度最早起源于欧洲。16世纪前的欧洲,建筑师是项目的总营造师,帮助业主做设计、采购材料、雇佣工匠,并组织和管理工程的施工。16世纪后,随着建设项目复杂程度和建筑技术难度的不断提高,为适应社会的需要,建筑师队伍出现了专业分工,一部分建筑师专门从事设计,一部分专门从事施工,还有一部分建筑师专门向社会传授技艺,为业主提供建筑咨询,或者受聘于业主,专门监督、管理项目施工,由此形成建设工程监理的萌芽。

1830年,英国政府以法律形式颁布了总承包合同制度,要求每个建设项目都由一个承包商总包。这项制度的执行,进一步明确各参与方的责任界限,工程招标交易方式得以出现,也促进了建设工程监理制度的发展。20世纪70年代以来,西方发达国家的监理制度逐步向法制化、程序化,这些国家颁布了许多与之相关的法律、法规,对监理的内容、方法以及从事监理的社会组织都做了详尽的规定,而咨询监理制度逐步成为工程建设组织体系的一个重要部分。在工程建设活动中,形成了业主、承包商和监理企业"三足鼎立"的基本格局。20世纪80年代以后,监理制度在国际上得到了很大的发展。成立于1913年的国际咨询工程师联合会（FIDIC），拥有了102个国家和地区的协会会员，建设工程监理业已成为国际惯例。

新中国从成立以后，我国的基本建设活动一直是按照计划经济模式进行，即由国家统一安排项目计划，国家统一财政拨款。这一建设模式为构建我国的工业体系和国民经济体系起到了积极作用。20世纪80年代以后，我国从计划经济体制逐渐向社会主义市场经济体制过渡。

鲁布革水电站工程的建设是我国开始在工程建设领域引入监理制度的重要转折点。该工程利用世界银行贷款，引进项目管理制度，有效解决了"投资三超"（概算超估算、预算超概算、结算超预算）、工期拖延以及质量和缺陷问题等，达成了项目建设的预期目标。这是中国第一个按照国际惯例进行项目管理的工程，也是引入建设工程监理制度的成功范例。随着鲁布革水电站工程建设经验被广泛推广，为了抑制和避免以往建设工作中出现的随意性，有效控制投资、严格实施国家建设计划和履行工程建设相关合同、开拓国际建设市场，我国开始参照国际惯例实行建设工程监理制度。

1988年，建设部印发了《关于开展建设监理工作的通知》，提出建立适宜我国建筑业市场发展的建设监理制度。1988年11月，建设部印发了《关于开展建设监理试点工作的若干意见》的通知，在北京、上海、天津、南京、宁波、沈阳、哈尔滨、深圳八城市和能源、交通两部门的水电和公路系统等试点地区和部门率先组建监理单位，开始推广工程监理制度。

1992年到1996年间，建设部、国家工商行政管理局等部门陆续单独或联合发布了《工程建设监理单位资质管理试行办法》（部门规章，现已失效）、《关于进一步开展建设监理工作的通知》《监理工程师资格考试和注册试行办法》（现已失效）、《工程建设监理费有关规定》（现已失效）、《工程建设监理合同（示范文本）》（现已失效）、《工程建设监理规定》等部门规章、规定和通知，标志着我国的建设工程监理工作在社会主义市场经济背景下，进入稳步发展的阶段。

1998年3月1日起施行的《中华人民共和国建筑法》（以下简称《建筑法》）以法律的形式做出规定，国家推行建设工程监理制度，使监理制度在全国范围内的正式推广得到法律的支持。《建筑法》第三十条明确指出：国家推行建筑工程监理制度。国务院可以规定实行强制监理的建筑工程的范围。建设工程监理制度上升为法律制度。

2000年，《建设工程监理规范》等有关的规定办法相继出台。2000年1月30日起实施的《建设工程质量管理条例》对监理执业责任重点进行深化规范。随后，住房和城乡建设部陆续发布了《建设工程监理范围和规模标准规定》（2001年1月）、《房屋建筑工程施工旁站监理管理办法（试行）》（2002年7月）、《关于建设行政主管部对工程监理企业履行质量责任加强监督的若干意见》（2003年8月）、《注册监理工程师管理规定》（2006年4月）、《工程监理企业资质管理规定》（2007年8月）等部门规章。2012年，住房和城乡建设部、国家工商行政管理总局发布了《关于印发〈建设工程监理合同（示范文本)〉的通知》，进一步加强建设工程监理合同管理工作。2015年，住房和城乡建设部印发了关于《建筑工程项目总监理工程师质量安全责任六项规定（试行）》的通知，明确了总监理工程师的相关职责。

2.1.2 建筑工程监理法规体系的主导思想

建设工程监理立法伴随着监理制度的产生、演变和发展而逐步完善。建设工程监理制度的经济法律关系，实质上是委托协作性的经济法律关系和管理性经济法律关系的统一。委托是一种契约关系，即建设单位委托监理单位监督项目的投资、质量、进度等各项建设任务，是业主委托监理工程师去监督承包商与其形成的契约。在这种委托关系中，如果由于各个参与方之间的经济利益不同，导致违反契约的情况出现，则需要一个独立于各方之外的公正角色来协调各方行为，建设工程监理的相关立法由此逐渐形成。

政府对工程建设的监督管理属于国家机器社会管理职能的范畴。为了维护建设秩序乃至整个社会的秩序，必须对属于社会活动的建设行为进行有效的监督管理。政府的相关职能管理部门需对建设单位和承建单位的行为进行管理，也需对承担监理工程师角色的人员进行资格认证和注册管理，制定有关法律、法规和规范。

建设监理法规，按其调整对象和主要作用分为管理性法规和依据性法规。以监理行为作为对象，明确监理者与被监理者的行为准则，主要规定监理的性质、目的、对象、范围、各方责权利以及有关人员和单位的资质条件、处罚原则等法规属于建设监理的管理性法规。以建设工程作为对象，明确监理工作的依据，包含各种技术规范、标准、有关建设行为的管理法令以及各有关方面确认的合同等法规属于建设监理的依据性法规。

1988年7月25日，建设部发出了我国第一份建设监理工作文件，明确提出"谨慎起步，法规先导，健康发展"的指导思想。自此我国建设监理制度不断完善，初步形成了国家性的综合管理法规、部门管理法规和地方管理法规相结合的建设监理管理性法规体系。

我国建设监理法规体系的主导思想包括以下几点：

（1）全局考虑

建设监理法规体系必须服从国家法律体系及建设法律体系的要求，适应现行立法体制及工作实际，特别要注意处理好建设监理法规体系在建设法律体系中的地位和作用。

（2）体系完整

建设监理法规只有做到尽量覆盖建设监理全部工作才能成为体系，应完整、科学、系统，使每一项工作都有法可依。

（3）相互协调

建设监理每个层次的立法都要有特定的立法目的和调整内容，尤其要注意避免重复和矛盾。基本原则是下一层次的法规要服从上一层次的法规，所有法规都要服从国家法律，不能有所抵触。

（4）借鉴经验

在结合国情的基础上，应借鉴国际立法经验，尽量向国际标准靠拢。

2.1.3 建设工程监理法律法规体系

1. 建设工程法律法规体系的构成

建设工程法律法规体系是按照《中华人民共和国立法法》的规定，制定和公布施行的有关建设工程的各项法律、行政法规、地方性法规、自治条例、单行条例、部门规章和地方政府规章的总称。根据法制统一原则，建设工程法律法规体系是各种建设法律法规的框架和结构，其必须服从国家法律体系的总要求。建设方面的法律必须与宪法和相关的法律保持一致，建设行政法规、部门规章和地方性法规规章不得与宪法、法律以及上一层次的法规相抵触。

建设工程法律法规体系包括以下几点：

（1）建设工程法律

建设工程法律是指由全国人民代表大会及其常务委员会通过的规范工程建设活动的法律规范，由国家主席签署主席令予以公布，是建设法律体系的核心，如《中华人民共和国建筑法》《中华人民共和国城市规划法》等。

其中，建设工程行政法规是指由国务院根据宪法和法律制定的规范工程建设活动的各项法规，由国务院总理签署国务院令予以公布。建设工程部门规章是建设工程相关职能管理部门（住房和城乡建设部）按照国务院规定的职权范围，独立或同国务院有关部门联合根据法律和国务院的行政法规、决定、命令，制定的规范工程建设活动的各项规章。

（2）建设工程行政法规

建设工程行政法规是指由国务院根据宪法和法律制定的规范工程建设活动的各项法规，由国务院总理签署国务院令予以公布，如《建设工程质量管理条例》《建设工程勘察设计管理条例》等。

（3）建设工程部门规章

建设工程部门规章是建设工程相关职能管理部门（住房和城乡建设部）按照国务院规定的职权范围，独立或同国务院有关部门联合根据法律和国务院的行政法规、决定、命令，制定的规范工程建设活动的各项规章，如《监理工程师资考试和注册试行办法》等。

（4）地方性建设工程法规

地方性建设工程法规是指在不与宪法、法律、行政法规相抵触的前提下，由省、自治区、直辖市人大及其常委会制定并发布的建设工程方面的法规。

（5）地方性建设工程规章

地方性建设工程规章是指省、自治区、直辖市以及省会城市和经国务院批准的较大的市的人民政府，根据法律和国务院的行政法规制定并颁布的建设工程方面的规章。

2. 建筑工程监理相关的法律、法规和规章

监理工程师应熟悉我国建设工程法律法规规章体系，并掌握其中与监理工作关系密切的法律法规规章，以便依法开展监理活动并规范其监理行为。我国建设监理法规体系的构成包括：①建设监理相关法律，包括《中华人民共和国建筑法》（以下简称《建筑法》）、《中华人民共和国招标投标法》（以下简称《招标投标法》）和《中华人民共和国民法典》（以下简称《民法典》），其他层次的建设监理法规均据此制定，不得与之相抵触；②建设监理相关行政法规，包括《建设工程质量管理条例》《建设工程安全生产管理条例》《生产安全事故报告和调查处理条例》和《中华人民共和国招标投标法实施条例》；③建设工程监理标准，包括《建设工程监理规范》（GB/T 50319—2013）和《建设工程监理与相关服务收费管理规定》。此外，建设监理部门规章和规范性文件，以及地方性法规、地方政府规章及规范性文件、行业标准和地方标准等也是指导建设工程监理工作的法律依据和工作指南。与建设工程监理相关的主要法律、法规、规章和标准如图2-1所示。

法律的效力高于行政法规，行政法规的效力高于部门规范性文件和标准。

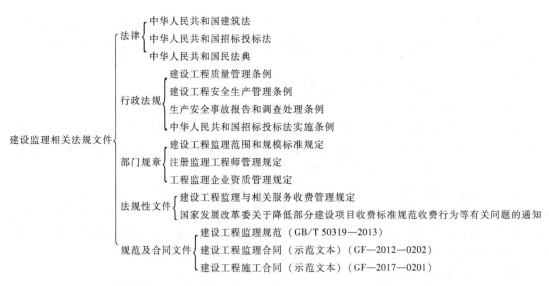

图 2-1　与建设工程监理相关的主要法律、法规、规章和标准

2.2 建设工程监理相关法律

与建筑工程监理密切相关的法律包括《建筑法》《招标投标法》和《民法典》。

2.2.1 建筑法

《建筑法》是我国工程建设领域的大法。《建筑法》于 1997 年 11 月 1 日第八届全国人大常委会第 28 次会议通过并颁布,自 1998 年 3 月 1 日起施行。2011 年及 2019 年《建筑法》两次进行修正。《建筑法》的内容以建筑市场管理为中心、以建筑工程质量和安全为重点、以建筑活动监督管理为主线,包括总则、建筑许可、建筑工程发包与承包、建筑工程监理、建筑安全生产管理、建筑工程质量管理、法律责任、附则,总计 8 章 85 条。

1. 建筑许可

建筑许可包括建筑工程施工许可和从业资格两方面内容。

(1) 建筑工程施工许可制度

建筑工程开工前,建设单位应按照国家有关规定向工程所在地县级以上人民政府建设行政主管部门申请领取施工许可证,国务院建设行政主管部门确定的限额以下的小型工程除外。按照国务院规定的权限和程序批准开工报告的建筑工程,不再领取施工许可证。

建设单位申请领取施工许可证,应具备下列条件:

1) 已经办理该建筑工程用地批准手续。
2) 依法应当办理建设工程规划许可证的,已经取得规划许可证。
3) 需要拆迁的,其拆迁进度符合施工要求。
4) 已经确定建筑施工企业。
5) 有满足施工需要的资金安排、施工图及技术资料。
6) 有保证工程质量和安全的具体措施。

建设单位应自领取施工许可证之日起三个月内开工,因故不能按期开工的,应当向发证机关申请延期。延期以两次为限,每次不超过三个月。既不开工又不申请延期或者超过延期时限的,施工许可证自行废止。

按照国务院有关规定批准开工报告的建筑工程,因故不能按期开工或者中止施工的,应及时向批准机关报告情况。因故不能按期开工超过六个月的,应重新办理开工报告的批准手续。

（2）单位及个人的建筑从业资格制度

1）从事建筑活动的单位资质管理规定。从事建筑活动的建筑施工企业、勘察单位、设计单位和工程监理单位,应具备以下条件:

① 有符合国家规定的注册资本。
② 有与其从事的建筑活动相适应的具有法定执业资格的专业技术人员。
③ 有从事相关建筑活动所应有的技术装备。
④ 法律、行政法规规定的其他条件。

从事建筑活动的建筑施工企业、勘察单位、设计单位和工程监理单位,按照其拥有的注册资本、专业技术人员、技术装备和已完成的建筑工程业绩等资质条件,划分为不同的资质等级,经资质审查合格,取得相应等级的资质证书后,方可在其资质等级许可的范围内从事建筑活动。

2）从事建筑活动的专业技术人员执业资格规定。从事建筑活动的专业技术人员,应依法取得相应的执业资格证书,并在执业资格证书许可的范围内从事建筑活动。

2. 建筑工程的发包与承包

（1）建筑工程发包

《建筑法》明确了建筑工程的发包方式、公开招标程序和要求、建筑工程招标的行为主体和监督主体。

《建筑法》规定:建筑工程实行招标发包的,发包单位应将建筑工程发包给依法中标的承包单位。建筑工程实行直接发包的,发包单位应将建筑工程发包给具有相应资质条件的承包单位。提倡对建筑工程实行总承包,禁止将建筑工程肢解发包。建筑工程的发包单位可以将建筑工程的勘察、设计、施工、设备采购一并发包给一个工程总承包单位,也可以将建筑工程勘察、设计、施工、设备采购的一项或者多项发包给一个工程总承包单位。但是,不得将应由一个承包单位完成的建筑工程肢解成若干部分发包给几个承包单位。

《建筑法》规定:按照合同约定,建筑材料、建筑构配件和设备由工程承包单位采购的,发包单位不得指定承包单位购入用于工程的建筑材料、建筑构配件和设备或者指定生产厂、供应商。

（2）建筑工程承包

《建筑法》制定了关于建筑承包单位的资质管理规定、联合承包方式的规定、转包以及分包的规定。

1）联合体承包。大型建筑工程或者结构复杂的建筑工程,可以由两个以上的承包单位联合共同承包。共同承包的各方对承包合同的履行承担连带责任。两个以上不同资质等级的单位实行联合共同承包的,应按照资质等级低的单位的业务许可范围承揽工程。

2）禁止转包。禁止承包单位将其承包的全部建筑工程转包给他人,禁止承包单位将其承包的全部建筑工程肢解以后以分包的名义分别转包给他人。

3）分包。建筑工程总承包单位可以将承包工程中的部分工程发包给具有相应资质条件的分包单位；但是，除总承包合同中约定的分包外，必须经建设单位认可。施工总承包的，建筑工程主体结构的施工必须由总承包单位自行完成。建筑工程总承包单位按照总承包合同的约定对建设单位负责；分包单位按照分包合同的约定对总承包单位负责。总承包单位和分包单位就分包工程对建设单位承担连带责任。禁止总承包单位将工程分包给不具备相应资质条件的单位，禁止分包单位将其承包的工程再分包。

3. 建筑工程监理

实行监理的建筑工程，由建设单位委托具有相应资质条件的工程监理单位实施监理。建设单位与其委托的工程监理单位应当订立书面委托监理合同。建筑工程监理应当依据法律、行政法规及有关技术标准、设计文件和工程承包合同，对承包单位在施工质量、建设工期和建设资金使用等方面，代表建设单位实施监督。

工程监理人员认为工程施工不符合工程设计要求、施工技术标准和合同约定的，有权要求建筑施工企业改正。工程监理人员发现工程设计不符合建筑工程质量标准或者合同约定的质量要求的，应报告建设单位要求设计单位改正。

实施建筑工程监理前，建设单位应将委托的工程监理单位、监理的内容及监理权限，书面通知被监理的建筑施工企业。

工程监理单位应在其资质等级许可的监理范围内，承担工程监理业务。工程监理单位应根据建设单位的委托，客观、公正地执行监理任务。工程监理单位不得转让工程监理业务。工程监理单位不按照委托监理合同的约定履行监理义务，对应当监督检查的项目不检查或者不按照规定检查，给建设单位造成损失的，应当承担相应的赔偿责任。工程监理单位与承包单位串通，为承包单位谋取非法利益，给建设单位造成损失的，应当与承包单位承担连带赔偿责任。

4. 建筑安全生产管理

建设行政主管部门负责建筑安全生产的管理，并依法接受劳动行政主管部门对建筑安全生产的指导和监督。建筑安全生产管理应由建设单位和建筑施工企业采取措施进行维护。

（1）建设单位的安全生产管理

建设单位应向建筑施工企业提供与施工现场相关的地下管线资料，建筑施工企业应采取措施加以保护。有下列情形之一的，建设单位应当按照规定办理申请批准手续：

1）需要临时占用规划批准范围以外场地的。
2）可能损坏道路、管线、电力、邮电通信等公共设施的。
3）需要临时停水、停电、中断道路交通的。
4）需要进行爆破作业的。
5）法律、法规规定需要办理报批手续的其他情形。

（2）建筑施工企业的安全生产管理

建筑施工企业必须依法加强对建筑安全生产的管理，执行安全生产责任制度，采取有效措施，防止伤亡和其他安全生产事故的发生。

施工现场安全由建筑施工企业负责。实行施工总承包的，由总承包单位负责。分包单位向总承包单位负责，服从总承包单位对施工现场的安全生产管理。

建筑施工企业应当建立健全劳动安全生产教育培训制度，加强对职工安全生产的教育培训；未经安全生产教育培训的人员，不得上岗作业。

建筑施工企业和作业人员在施工过程中，应当遵守有关安全生产的法律、法规和建筑行业安全规章、规程，不得违章指挥或者违章作业。作业人员有权对影响人身健康的作业程序和作业条件提出改进意见，有权获得安全生产所需的防护用品。作业人员对危及生命安全和人身健康的行为有权提出批评、检举和控告。

建筑施工企业应依法为职工参加工伤保险缴纳工伤保险费。鼓励企业为从事危险作业的职工办理意外伤害保险，支付保险费。

涉及建筑主体和承重结构变动的装修工程，建设单位应在施工前委托原设计单位或者具有相应资质条件的设计单位提出设计方案；没有设计方案的，不得施工。

房屋拆除应由具备保证安全条件的建筑施工单位承担，由建筑施工单位负责人对安全负责。

施工中发生事故时，建筑施工企业应采取紧急措施减少人员伤亡和事故损失，并按照国家有关规定及时向有关部门报告。

5. 建筑工程质量管理

国家对从事建筑活动的单位推行质量体系认证制度。从事建筑活动的单位根据自愿原则可以向国务院产品质量监督管理部门或者国务院产品质量监督管理部门授权的部门认可的认证机构申请质量体系认证。经认证合格的，由认证机构颁发质量体系认证证书。

（1）建设单位的工程质量管理

建设单位不得以任何理由，要求建筑设计位或者建筑施工企业在工程设计或者施工作业中，违反法律、行政法规和建筑工程质量、安全标准，降低工程质量。

（2）勘察、设计单位的工程质量管理

建筑工程的勘察、设计单位必须对其勘察、设计的质量负责。勘察、设计文件应符合有关法律、行政法规的规定和建筑工程质量、安全标准、建筑工程勘察、设计技术规范以及合同的约定。设计文件选用的建筑材料、建筑构配件和设备，应注明其规格、型号、性能等技术指标，其质量要求必须符合国家规定的标准。

建筑设计单位对设计文件选用的建筑材料、建筑构配件和设备，不得指定生产厂、供应商。

（3）施工单位的工程质量管理

建筑施工企业对工程的施工质量负责。建筑施工企业必须按照工程设计图和施工技术标准施工，不得偷工减料。工程设计的修改由原设计单位负责，建筑施工企业不得擅自修改工程设计。建筑施工企业必须按照工程设计要求、施工技术标准和合同的约定，对建筑材料、建筑构配件和设备进行检验，不合格的不得使用。

建筑工程竣工时，屋顶、墙面不得留有渗漏、开裂等质量缺陷；对已发现的质量缺陷，建筑施工企业应修复。

建筑工程实行总承包的，工程质量由工程总承包单位负责，总承包单位将建筑工程分包给其他单位的，应对分包工程的质量与分包单位承担连带责任。分包单位应当受总承包单位的质量管理。

6. 工程监理相关法律责任

《建筑法》规定下列行为应承担法律责任：

1）未取得施工许可证或者开工报告未经批准擅自施工的。

2）发包单位将工程发包给不具有相应资质条件的承包单位的，或者违反规定将建筑工程肢解发包的；超越资质等级或未取得资质证书承揽工程的；以欺骗手段取得资质证书的。

3）建筑施工企业转让、出借资质证书或者以其他方式允许他人以本企业的名义承揽工程的。

4）承包单位将承包的工程转包的，或者违反规定进行分包的。

5）在工程发包与承包中索贿、受贿、行贿，构成犯罪的。

6）工程监理单位与建设单位或者建筑施工企业串通，弄虚作假、降低工程质量的；工程监理单位转让监理业务的。

7）涉及建筑主体或者承重结构变动的装修工程擅自施工的。

8）建筑施工企业违反规定，对建筑安全事故隐患不采取措施予以消除的；建筑施工企业管理人员违章指挥、强令职工冒险作业，造成重大伤亡事故或者造成其他严重后果的。

9）建设单位违反规定，要求建筑设计单位或者建筑施工企业违反建筑工程质量以及安全标准，降低工程质量的。

10）建筑设计单位不按照建筑工程质量以及安全标准进行设计的。

11）建筑施工企业在施工中偷工减料的，使用不合格的建筑材料、建筑构配件和设备的，或者有其他不按照工程设计图或者施工技术标准施工的行为的。

12）建筑施工企业不履行保修义务或者拖延履行保修义务的。

13）违反规定，对不具备相应资质等级条件的单位颁发该等级资质证书的。

14）政府及其所属部门的工作人员违反规定，限定发包单位将招标发包的工程发包给指定的承包单位的。

15）负责颁发建筑工程许可证的部门及其工作人员对不符合施工条件的建筑工程颁发施工许可证的，以及对不合格的建筑工程出具质量合格文件或者按合格工程验收的。

2.2.2 招标投标法

《中华人民共和国招标投标法》于1999年8月30日第九届全国人民代表大会常务委员会会议通过，2017年12月27日第十二届全国人民代表大会常务委员会会议修订，自2017年12月28日起施行。《招标投标法》围绕招标和投标活动的各个环节，明确了招标方式、招标投标程序及有关各方的职责和义务。

1. 招标

（1）招标范围确定

在中华人民共和国境内进行下列工程建设项目包括项目的勘察、设计、施工、监理以及与工程建设有关的重要设备、材料等的采购，必须进行招标：

1）大型基础设施、公用事业等关系社会公共利益、公众安全的项目。

2）全部或者部分使用国有资金投资或者国家融资的项目。

3）使用国际组织或者外国政府贷款、援助资金的项目。

任何单位和个人不得将依法必须进行招标的项目化整为零或者以其他任何方式规避招标。依法必须进行招标的项目，其招标投标活动不受地区或者部门的限制。任何单位和个人不得违法限制或者排斥本地区、本系统以外的法人或者其他组织参加投标，不得以任何方式非法干涉招标投标活动。

(2) 招标方式选择

招标分为公开招标和邀请招标两种方式。

公开招标是指招标人以招标公告的方式邀请不特定的法人或者其他组织投标。招标人采用公开招标方式的，应发布招标公告。依法必须进行招标的项目，应当通过国家指定的报刊、信息网络或者其他媒介发布招标公告。

邀请招标是指招标人以投标邀请书的方式邀请特定的法人或者其他组织投标。招标人采用邀请招标方式的，应向3个以上具备承担招标项目的能力、资信良好的特定法人或者其他组织发出投标邀请书。

(3) 招标文件内容

招标人应根据招标项目的特点和需要编制招标文件。招标文件应包括招标项目的技术要求、对招标人资格审查的标准，投标报价要求和评标标准等所有实质性要求和条件以及拟签订合同的主要条款。招标文件不得要求或者标明特定的生产供应者以及含有倾向或者排斥潜在投标人的其他内容。

招标人不得向他人透露已获取招标文件的潜在投标人的名称、数量及可能影响公平竞争的有关招标投标的其他情况。

招标人对已发出的招标文件进行必要的澄清或者修改的，应当在招标文件要求提交投标文件截止时间至少15日前，以书面形式通知所有招标文件收受人。该澄清或者修改的内容为招标文件的组成部分。

招标人设有标底的，标底必须保密。招标人应当确定投标人编制投标文件所需要的合理时间。依法必须进行招标的项目，自招标文件开始发出之日起至投标人提交投标文件截止之日止，最短不得少于20日。

2. 投标

投标人应具备承担招标项目的能力。国家有关规定对投标人资格条件或者招标文件对投标人资格条件有规定的，投标人应当具备规定的资格条件。

(1) 投标文件内容

投标人应当按照招标文件的要求编制投标文件。投标文件应当对招标文件提出的实质性要求和条件做出响应。建设施工项目的投标文件应包括拟派出的项目负责人与主要技术人员的简历、业绩和拟用于完成招标项目的机械设备等内容。根据招标文件载明的项目实际情况，投标人拟在中标后将中标项目的部分非主体、非关键工程进行分包的，应在投标文件中载明。投标人在招标文件要求提交投标文件的截止时间前，可以补充、修改或者撤回已提交的投标文件，并书面通知招标人。补充、修改的内容为投标文件的组成部分。

投标人应在招标文件要求提交投标文件的截止时间前，将投标文件送达投标地点。招标人收到投标文件后，应当签收保存，不得开启。投标人少于3个的，招标人应当依照《招标投标法》重新招标。在招标文件要求提交投标文件的截止时间后送达的投标文件，招标人应当拒收。

(2) 联合投标

两个以上法人或者其他组织可以组成一个联合体，以一个投标人的身份共同投标。联合体各方均应具备承担招标项目的相应能力。国家有关规定或者招标文件对投标人资格条件有规定的，联合体各方均应具备规定的相应资格条件。由同一专业的单位组成的联合体，按照资质等级较低的单位确定资质等级。

联合体各方应签订共同投标协议，明确约定各方拟承担的工作和责任，并将共同投标协议连同投标文件一并提交招标人。联合体中标的，联合体各方应共同与招标人签订合同，就中标项目向招标人承担连带责任。

招标人不得强制投标人组成联合体共同投标，不得限制投标人之间的竞争。

(3) 违法投标行为

投标人不得相互串通投标报价，不得排挤其他投标人的公平竞争、损害招标人或其他投标人的合法权益。投标人不得与招标人串通投标，损害国家利益、社会公共利益或者他人的合法权益。

禁止投标人以向招标人或评标委员会成员行贿的手段谋取中标。投标人不得以低于成本的报价竞标，也不得以他人名义投标或者以其他方式弄虚作假，骗取中标。

3. 开标、评标和中标

(1) 开标

开标应在招标人的主持下，在招标文件确定的提交投标文件截止时间的同一时间公开进行。开标应邀请所有投标人参加。开标时，由投标人或者其推选的代表检查投标文件的密封情况，也可以由招标人委托的公证机构检查并公证。经确认无误后，由工作人员当众拆封，宣读投标人名称、投标价格和投标文件的其他主要内容。

招标人在招标文件要求提交投标文件的截止时间前收到的所有投标文件，开标时都应当当众予以拆封、宣读。开标过程应进行记录，并存档备查。

(2) 评标

评标由招标人依法组建的评标委员会负责。评标委员会由招标人的代表和有关技术、经济等方面的专家组成，成员人数为 5 人以上单数，其中技术、经济等方面的专家不得少于成员总数的 2/3。与投标人有利害关系的人不得进入相关项目的评标委员会；已经进入的应进行更换。评标委员会成员的名单在中标结果确定前应保密。

评标委员会可以要求投标人对投标文件中含义不明确的内容作必要的澄清或者说明，但澄清或者说明不得超出投标文件的范围或改变投标文件的实质性内容。评标委员会应当按照招标文件确定的评标标准和方法，对投标文件进行评审和比较；设有标底的，应参考标底。

评标委员会经评审，认为所有投标都不符合招标文件要求的，可以否决所有投标。评标委员会完成评标后，应向招标人提出书面评标报告，并推荐合格的中标候选人。

(3) 中标

中标人确定后，招标人应向中标人发出中标通知书，并同时将中标结果通知所有未中标的投标人。中标通知书对招标人和中标人具有法律效力。中标通知书发出后，招标人改变中标结果或者中标人放弃中标项目的，应依法承担法律责任。中标人的投标应符合下列条件之一：

1) 能够最大限度地满足招标文件中规定的各项综合评价标准。

2) 能够满足招标文件的实质性要求，并且经评审的投标价格最低。但是，投标价格低于成本的除外。

招标人和中标人应自中标通知书发出之日起 30 日内，按照招标文件和中标人的投标文件订立书面合同。招标人和中标人不得再订立背离合同实质性内容的其他协议。招标文件要求中标人提交履约保证金的,中标人应提交。依法必须进行招标的项目,招标人应自确定中标人之日起15日内,向有关行政监督部门提交招标投标情况的书面报告。

2.2.3 民法典

《中华人民共和国民法典》共七编,为总则编、物权编、合同编、人格权编、婚姻家庭编、继承编、侵权责任编以及附则。2020年5月28日,十三届全国人大三次会议表决通过《中华人民共和国民法典》,自2021年1月1日起施行。与此同时,《婚姻法》《继承法》《民法通则》《收养法》《担保法》《合同法》《物权法》《侵权责任法》以及《民法总则》废止。

《民法典合同编》规定合同分为19类,包括:买卖合同,供用电、水、气、热力合同,赠与合同,借款合同,保证合同,租赁合同,融资租赁合同,保理合同,承揽合同、建设工程合同,运输合同,技术合同,保管合同,仓储合同,委托合同,物业服务合同,行纪合同,中介合同以及合伙合同。

建设工程监理合同、项目管理服务合同属于委托合同。委托合同是指委托人和受托人约定,由受托人处理委托人事务的合同。《民法典合同编》关于委托合同的规定如下:

1. 委托人的主要权利和义务

委托人应预付处理委托事务的费用。受托人为处理委托事务垫付的必要费用,委托人应偿还该费用并支付利息。

有偿的委托合同,因受托人的过错给委托人造成损失的,委托人可以要求赔偿损失。无偿的委托合同,因受托人的故意或者重大过失给委托人造成损失的,委托人可以请求赔偿损失。

受托人超越权限给委托人造成损失的,应赔偿损失。受托人完成委托事务的,委托人应按照规定向其支付报酬。因不可归责于受托人的事由,委托合同解除或者委托事务不能完成的,委托人应向受托人支付相应的报酬。当事人另有约定的,按照其约定。

2. 受托人的主要权利和义务

受托人应按照委托人的指示处理委托事务。需要变更委托人指示的,应经委托人同意,因情况紧急,难以和委托人取得联系的,受托人应妥善处理委托事务,但事后应将该情况及时报告委托人。

受托人应亲自处理委托事务。经委托人同意,受托人可以转委托。转委托经同意或者追认的,委托人可以就委托事务直接指示转委托的第三人,受托人仅就第三人的选任及其对第三人的指示承担责任。转委托未经同意或者追认的,受托人应对转委托的第三人的行为承担责任;但是在紧急情况下,受托人为维护委托人的利益需要转委托的第三人除外。

受托人应按照委托人的要求,报告委托事务的处理情况。委托合同终止时,受托人应报告委托事务的结果。受托人处理委托事务时,因不可归责于自己的事由受到损失的,可以向委托人要求赔偿损失。

委托人经受托人同意,可以在受托人之外委托第三人处理委托事务。因此给受托人造成损失的,受托人可以向委托人要求赔偿损失。两个以上的受托人共同处理委托事务的,对委托人承担连带责任。

3. 委托合同的解除

委托人或者受托人可以随时解除委托合同。因解除合同造成对方损失的，除不可归责于该当事人的事由外，无偿委托合同的解除方应当赔偿因解除时间不当造成的直接损失，有偿委托合同的解除方应当赔偿对方的直接损失和合同履行后可以获得的利益。

2.3 建设工程监理相关行政法规

2.3.1 建设工程质量管理条例

为了加强对建设工程质量的管理，保证建设工程质量，保护人民生命和财产安全，根据《建筑法》，国务院于2000年1月30日制定并发布《建设工程质量管理条例》（国务院令第279号）。凡在中华人民共和国境内从事建设工程的新建、扩建、改建等有关活动及实施对建设工程质量监督管理的，均须遵守该条例。2017年10月7日根据中华人民共和国国务院令第687号《国务院关于修改部分行政法规的决定》，对《建设工程质量管理条例》进行修订。

《建设工程质量管理条例》规定建设单位、勘察单位、设计单位、施工单位、监理单位必须依法对建设工程质量负责。

1. 建设单位的质量管理责任

（1）工程发包

建设单位应将工程发包给具有相应资质等级的单位。建设单位不得将建设工程肢解发包。

建设单位应依法对工程建设项目的勘察、设计、施工、监理以及与工程建设有关的重要设备、材料等的采购进行招标。建设单位必须向有关的勘察、设计、施工、工程监理等单位提供与建设工程有关的原始资料。原始资料必须真实、准确、齐全。

建设单位不得迫使承包方以低于成本的价格竞标，不得任意压缩合理工期。建设单位不得明示或者暗示设计单位或者施工单位违反工程建设强制性标准，降低建设工程质量。

（2）施工图设计文件报审

建设单位应将施工图设计文件报县级以上人民政府建设主管部门或者其他有关部门审查。施工图设计文件未经审查批准的，不得使用。

（3）监理委托

实行监理的建设工程，建设单位应委托具有相应资质等级的工程监理单位进行监理，也可以委托具有工程监理相应资质等级并与被监理工程的施工承包单位没有隶属关系或者其他利害关系的该工程的设计单位进行监理。

下列建设工程必须实行监理：

1）国家重点建设工程。
2）大中型公用事业工程。
3）成片开发建设的住宅小区工程。
4）利用外国政府或者国际组织贷款、援助资金的工程。
5）国家规定必须实行监理的其他工程。

(4) 工程施工

1) 建设单位在开工前,应按照国家有关规定办理工程质量监督手续,工程质量监督手续可与施工许可证或者开工报告合并办理。

2) 按照合同约定,由建设单位采购建筑材料、建筑构配件和设备的,建设单位应保证建筑材料、建筑构配件和设备符合设计文件和合同要求。建设单位不得明示或者暗示施工单位使用不合格的建筑材料、建筑构配件和设备。

3) 涉及建筑主体和承重结构变动的装修工程,建设单位应在施工前委托原设计单位或者具有相应资质等级的设计单位提出设计方案;没有设计方案的,不得施工。房屋建筑使用者在装修过程中,不得擅自变动房屋建筑主体和承重结构。

(5) 竣工验收

建设单位收到建设工程竣工报告后,应组织设计、施工、工程监理等有关单位进行竣工验收。建设工程经验收合格的,方可交付使用。

建设工程竣工验收应具备下列条件:

1) 完成建设工程设计和合同约定的各项内容。
2) 完整的技术档案和施工管理资料。
3) 工程主要建筑材料、建筑构配件和设备的进场试验报告。
4) 勘察、设计、施工、工程监理等单位分别签署的质量合格文件。
5) 施工单位签署的工程保修书。

(6) 档案管理

施工单位应向建设单位移交施工资料。工程实行总承包的,总包单位负责收集、汇总各分包单位形成的档案,并向建设单位移交。监理单位应向建设单位移交监理资料。工程资料移交时应及时办理相关移交手续,填写工程资料移交书、移交目录。

建设单位应严格按照国家有关档案管理的规定,及时收集、整理建设项目各环节的文件资料,建立、健全建设项目档案,并在工程竣工后,及时向建设行政主管部门或者其他有关部门移交建设项目档案。

2. 勘察、设计单位的质量管理责任

(1) 工程承揽

从事建设工程勘察、设计的单位应依法取得相应等级的资质证书,并在其资质等级许可的范围内承揽工程。禁止勘察、设计单位超越其资质等级许可的范围或者以其他勘察、设计单位的名义承揽工程。禁止勘察、设计单位允许其他单位或者个人以本单位的名义承揽工程。勘察、设计单位不得转包或者违法分包所承揽的工程。

(2) 勘察设计过程中的质量责任和义务

勘察、设计单位必须按照工程建设强制性标准进行勘察、设计,并对其勘察、设计的质量负责。注册建筑师、注册结构工程师等注册执业人员应在设计文件上签字,对设计文件负责。

勘察单位提供的地质、测量、水文等勘察成果必须真实、准确。设计单位应根据勘察成果文件进行建设工程设计。设计文件应符合国家规定的设计深度要求,注明工程合理使用年限。

设计单位在设计文件中选用的建筑材料、建筑构配件和设备,应注明规格、型号、性能等技术指标，其质量要求必须符合国家规定的标准。除有特殊要求的建筑材料、专用设备、工艺生产线等外，设计单位不得指定生产厂、供应商。

设计单位应就审查合格的施工图设计文件向施工单位做出详细说明。

设计单位应参与建设工程质量事故分析，并对因设计造成的质量事故提出相应的技术处理方案。

3. 施工单位的质量管理责任

（1）工程承揽

施工单位应依法取得相应等级的资质证书，并在其资质等级许可的范围内承揽工程，禁止施工单位超越本单位资质等级许可的业务范围或者以其他施工单位的名义承揽工程。禁止施工单位允许其他单位或者个人以本单位的名义承揽工程。施工单位不得转包或者违法分包工程。

（2）施工质量责任

施工单位对建设工程的施工质量负责。施工单位应建立质量责任制，确定工程项目的项目经理、技术负责人和施工管理负责人。

建设工程实行总承包的，总承包单位应对全部建设工程质量负责。建设工程勘察、设计、施工、设备采购的一项或者多项实行总承包的，总承包单位应对其承包的建设工程或者采购的设备的质量负责。

总承包单位依法将建设工程分包给其他单位的，分包单位应按照分包合同的约定对其分包工程的质量向总承包单位负责，总承包单位与分包单位对分包工程的质量承担连带责任。

施工单位必须按照工程设计图和施工技术标准施工，不得擅自修改工程设计，不得偷工减料。施工单位在施工过程中发现设计文件和施工图有差错的，应及时提出意见和建议。

（3）质量检验

施工单位必须按照工程设计要求、施工技术标准和合同约定，对建筑材料、建筑构配件、设备和商品混凝土进行检验，检验应有书面记录和专人签字。未经检验或者检验不合格的，不得使用。

施工单位必须建立、健全施工质量的检验制度，严格工序管理，做好隐蔽工程的质量检查和记录。隐蔽工程在隐藏前，施工单位应通知建设单位和建设工程质量监督机构。施工人员对涉及结构安全的试块、试件以及有关材料，应在建设单位或者工程监理单位监督下现场取样，并送具有相应资质等级的质量检测单位进行检测。施工单位对施工中出现质量问题的建设工程或者竣工验收不合格的建设工程，应负责返修。

施工单位应建立、健全教育培训制度，加强对职工的教育培训。未经教育培训或者考核不合格的人员，不得上岗作业。

4. 工程监理单位的业务范围及质量管理责任

（1）工程监理业务范围

工程监理单位应依法取得相应等级的资质证书，并在其资质等级许可的范围内承担工程监理业务。禁止工程监理单位超越本单位资质等级许可的范围或者以其他工程监理单位的名义承担建设工程监理业务。禁止工程监理单位允许其他单位或者个人以本单位的名义承担建设工程监理业务。工程监理单位不得转让建设工程监理业务。

工程监理单位与被监理工程的施工承包单位以及建筑材料、建筑构配件和设备供应单位有隶属关系或者其他利害关系的,不得承担该项建设工程的监理业务。

(2) 工程监理单位及监理人员责任

工程监理单位应依照法律、法规以及有关技术标准、设计文件和建设工程承包合同,代表建设单位对施工质量实施监理,并对施工质量承担监理责任。

工程监理单位应选派具备相应资格的总监理工程师和监理工程师进驻施工现场。

未经监理工程师签字,建筑材料、建筑构配件和设备不得在工程上使用或者安装,施工单位不得进行下一道工序的施工。未经总监理工程师签字,建设单位不拨付工程款,不进行竣工验收。

监理工程师应按照建设工程监理规范的要求,采取旁站、巡视和平行检验等形式,对建设工程实施监理。

5. 工程质量保修

(1) 工程质量保修制度

建设工程实行质量保修制度。建设工程承包单位在向建设单位提交工程竣工验收报告时,应向建设单位出具质量保修书。质量保修书中应明确建设工程的保修范围、保修期限和保修责任等。

建设工程在保修范围和保修期限内发生质量问题的,施工单位应履行保修义务,并对造成的损失承担赔偿责任。建设工程在超过合理使用年限后需要继续使用的,产权所有人应委托具有相应资质等级的勘察、设计单位鉴定,并根据鉴定结果采取加固、维修等措施,重新界定使用期。

建设工程的保修期,自竣工验收合格之日起计算。

(2) 建设工程最低保修期限

在正常使用条件下,建设工程最低保修期限为:

1) 基础设施工程、房屋建筑的地基基础工程和主体结构工程,为设计文件规定的该工程合理使用年限。

2) 屋面防水工程、有防水要求的卫生间、房间和外墙面的防渗漏,为 5 年。

3) 供热与供冷系统,为 2 个采暖期、供冷期。

4) 电气管线、给水排水管道、设备安装和装修工程,为 2 年。

其他项目的保修期限由发包方与承包方约定。

6. 工程竣工验收和质量事故

(1) 工程竣工验收备案

建设单位应自建设工程竣工验收合格之日起 15 日内,将建设工程竣工验收报告和规划、消防、环保等部门出具的认可文件或者准许使用文件报建设行政主管部门或者其他有关部门备案。建设行政主管部门或者其他有关部门发现建设单位在竣工验收过程中有违反国家有关建设工程质量管理规定行为的,责令停止使用,重新组织竣工验收。

(2) 工程质量事故报告

建设工程发生质量事故,有关单位应在 24 小时内向当地建设行政主管部门和其他有关部门报告。对重大质量事故,事故发生地的建设行政主管部门和其他有关部门应按照事故类别和等级向当地人民政府和上级建设行政主管部门和其他有关部门报告。特别重大质量事故的调查程序按照国务院有关规定办理。

任何单位和个人对建设工程的质量事故、质量缺陷都有权检举、控告、投诉。

2.3.2 建设工程安全生产管理条例

《建设工程安全生产管理条例》(国务院令第393号)是根据《建筑法》和《安全生产法》制定的,目的是加强建设工程安全生产监督管理,保障人民群众生命和财产安全。该条例自2004年2月1日起施行。

《建设工程安全生产管理条例》规定建设单位、勘察单位、设计单位、施工单位、工程监理单位及其他与建设工程安全生产有关的单位,必须依法承担建设工程的安全责任。

1. 建设单位的安全责任

(1) 资料保证

建设单位应向施工单位提供施工现场及毗邻区域内供水、排水、供电、供气、供热、通信及广播电视等地下管线资料,气象和水文观测资料,相邻建筑物和构筑物、地下工程的有关资料,并保证资料的真实、准确、完整。

(2) 安全施工措施及费用

建设单位在编制工程概算时,应确定建设工程安全作业环境及安全施工措施所需费用。建设单位在申请领取施工许可证时,应提供建设工程有关安全施工措施的资料。依法批准开工报告的建设工程,建设单位应自开工报告批准之日起15日内,将保证安全施工的措施报送建设工程所在地的县级以上地方人民政府建设行政主管部门或者其他有关部门备案。

(3) 拆除工程发包与备案

建设单位应将拆除工程发包给具有相应资质等级的施工单位,并在拆除工程施工15日前,将下列资料报送建设工程所在地的县级以上地方人民政府建设行政主管部门或者其他有关部门备案:①施工单位资质等级证明;②拟拆除建筑物、构筑物及可能危及毗邻建筑的说明;③拆除施工组织方案;④堆放、清除废弃物的措施。

实施爆破作业的,应遵守国家有关民用爆炸物品管理的规定。

(4) 其他禁止行为

建设单位不得对勘察、设计、施工、工程监理等单位提出不符合建设工程安全生产法律、法规和强制性标准规定的要求,不得压缩合同约定的工期。建设单位不得明示或者暗示施工单位购买、租赁、使用不符合安全施工要求的安全防护用具、机械设备、施工机具及配件、消防设施和器材。

2. 施工单位的安全责任

(1) 承揽工程的基本要求

施工单位从事建设工程的新建、扩建、改建和拆除等活动,应具备国家规定的注册资本、专业技术人员、技术装备和安全生产等条件,依法取得相应等级的资质证书,并在其资质等级许可的范围内承揽工程。

(2) 安全生产责任制度

施工单位主要负责人依法对本单位的安全生产工作全面负责。施工单位应建立健全安全生产责任制度,制定安全生产规章制度和操作规程,保证本单位安全生产条件所需资金的投入,对所承担的建设工程进行定期和专项安全检查,并做好安全检查记录。

施工单位的项目负责人应由取得相应执业资格的人员担任,对建设工程项目的安全施工负责，落实安全生产责任制度、安全生产规章制度和操作规程，确保安全生产费用的有效使用，并根据工程的特点组织制定安全施工措施，消除事故隐患，及时并如实报告生产安全事故。

建设工程实行施工总承包的，由总承包单位对施工现场的安全生产负总责。总承包单位依法将建设工程分包给其他单位的，分包合同中应明确各自的安全生产方面的权利、义务。总承包单位和分包单位对分包工程的安全生产承担连带责任。分包单位应服从总承包单位的安全生产管理，分包单位不服从管理导致生产安全事故的，由分包单位承担主要责任。

（3）安全生产管理机构和人员

施工单位应设立安全生产管理机构，配备专职安全生产管理人员。建设工程施工前，施工单位负责项目管理的技术人员应对有关安全施工的技术要求向施工作业班组、作业人员做出详细说明，并由双方签字确认。

专职安全生产管理人员负责对安全生产进行现场监督检查，发现事故隐患，应及时向项目负责人和安全生产管理机构报告。对违章指挥、违章操作的，应立即制止。

施工单位对列入建设工程概算的安全作业环境及安全施工措施所需费用，应用于施工安全防护用具及设施的采购和更新、安全施工措施的落实、安全生产条件的改善，不得挪作他用。

（4）安全生产教育培训

施工单位的主要负责人、项目负责人、专职安全生产管理人员应经建设行政主管部门或者其他有关部门考核合格后方可任职。

施工单位应对管理人员和作业人员每年至少进行一次安全生产教育培训，其教育培训情况记入个人工作档案。安全生产教育培训考核不合格的人员，不得上岗。作业人员进入新的岗位或者新的施工现场前，应接受安全生产教育培训。未经教育培训或者教育培训考核不合格的人员，不得上岗作业。施工单位在采用新技术、新工艺、新设备、新材料时，应对作业人员进行相应的安全生产教育培训。

垂直运输机械作业人员、安装拆卸工、爆破作业人员、起重信号工、登高架设作业人员等特种作业人员，必须按照国家有关规定经过专门的安全作业培训，并取得特种作业操作资格证书后，方可上岗作业。

（5）安全技术措施和专项施工方案

施工单位应在施工组织设计中编制安全技术措施和施工现场临时用电方案，对达到一定规模的危险性较大的分部分项工程编制专项施工方案，并附具安全验算结果，经施工单位技术负责人、总监理工程师签字后实施，由专职安全生产管理人员进行现场监督。这些危险性较大的分部分项工程包括：①基坑支护与降水工程；②土方开挖工程；③模板工程；④起重吊装工程；⑤脚手架工程；⑥拆除、爆破工程；⑦国务院建设行政主管部门或者其他有关部门规定的其他危险性较大的工程。

对上述超过一定规模的危险性较大的分部分项工程，施工单位还应组织专家进行论证。

（6）施工现场安全防护

施工单位应在施工现场入口处、施工起重机械、临时用电设施、脚手架、出入通道口、楼梯口、电梯井口、孔洞口、桥梁口、隧道口、基坑边沿、爆破物及有害危险气体和液体存放处等危险部位，设置明显的安全警示标志。安全警示标志必须符合国家标准。施工单位应根据不同施工阶段和周围环境及季节、气候的变化,在施工现场采取相应的安全施工措施。施工现场暂时停止施工的,施工单位应做好现场防护,所需费用由责任方承担,或者按照合同约定执行。

施工单位应向作业人员提供安全防护用具和安全防护服装,并书面告知危险岗位的操作规程和违章操作的危害。作业人员应遵守安全施工的强制性标准、规章制度和操作规程,正确使用安全防护用具、机械设备等。

(7) 施工现场卫生、环境与消防安全管理

施工单位应将施工现场的办公、生活区与作业区分开设置,并保持安全距离;办公、生活区的选址应符合安全性要求。职工的膳食、饮水、休息场所等应符合卫生标准。施工单位不得在尚未竣工的建筑物内设置员工集体宿舍。施工现场临时搭建的建筑物应符合安全使用要求,施工现场使用的装配式活动房屋应具有产品合格证。

施工单位对因建设工程施工可能造成损害的毗邻建筑物、构筑物和地下管线等,应采取专项防护措施。施工单位应遵守有关环境保护法律、法规的规定,在施工现场采取措施,防止或者减少粉尘、废气、废水、固体废物、噪声、振动和施工照明对人和环境的危害和污染。在城市市区内的建设工程,施工单位应对施工现场实行封闭围挡。

施工单位应在施工现场建立消防安全责任制度,确定消防安全责任人,制定用火、用电、使用易燃易爆材料等各项消防安全管理制度和操作规程,设置消防通道、消防水源,配备消防设施和灭火器材,并在施工现场入口处设置明显标志。

(8) 施工机具设备安全管理

施工单位采购、租赁的安全防护用具、机械设备、施工机具及配件,应具有生产(制造)许可证、产品合格证,并在进入施工现场前进行查验。

施工现场的安全防护用具、机械设备、施工机具及配件必须由专人管理,定期进行检查、维修和保养,建立相应的资料档案,并按照国家有关规定及时报废。

施工单位在使用施工起重机械和整体提升脚手架、模板等自升式架设设施前,应组织有关单位进行验收,也可以委托具有相应资质的检验检测机构进行验收;使用承租的机械设备和施工机具及配件的,由施工总承包单位、分包单位、出租单位和安装单位共同进行验收,验收合格的方可使用。《特种设备安全监察条例》规定的施工起重机械,在验收前应经有相应资质的检验检测机构监督检验合格。

施工单位应自施工起重机械和整体提升脚手架、模板等自升式架设设施验收合格之日起30日内,向建设行政主管部门或者其他有关部门登记。登记标志应置于或者附着于该设备的显著位置。

(9) 意外伤害保险

施工单位应为施工现场从事危险作业的人员办理意外伤害保险。意外伤害保险费由施工单位支付。实行施工总承包的,由总承包单位支付意外伤害保险费。意外伤害保险期限自建设工程开工之日起至竣工验收合格止。

3. 勘察单位的安全责任

勘察单位应按照法律、法规和工程建设强制性标准进行勘察,提供的勘察文件应真实、准确,满足建设工程安全生产的需要。

勘察单位在勘察作业时,应严格执行操作规程,采取措施保证各类管线、设施和周边建

筑物、构筑物的安全。

4. 设计单位的安全责任

设计单位应按照法律、法规和工程建设强制性标准进行设计，防止因设计不合理导致生产安全事故的发生；应考虑施工安全操作和防护的需要，对涉及施工安全的重点部位和环节在设计文件中注明，并对防范生产安全事故提出指导意见。

采用新结构、新材料、新工艺的建设工程和特殊结构的建设工程，设计单位应在设计中提出保障施工作业人员安全和预防生产安全事故的措施建议。

设计单位和注册建筑师等注册执业人员应对其设计负责。

5. 工程监理单位的安全责任

工程监理单位应审查施工组织设计中的安全技术措施或者专项施工方案是否符合工程建设强制性标准。工程监理单位在实施监理过程中，发现存在事故隐患的，应要求施工单位整改；情况严重的，应要求施工单位暂时停止施工，并及时报告建设单位。施工单位拒不整改或者不停止施工的，工程监理单位应及时向有关主管部门报告。

工程监理单位和监理工程师应按照法律、法规和工程建设强制性标准实施监理，并对建设工程安全生产承担监理责任。

6. 机械设备配件供应单位的安全责任

为建设工程提供机械设备和配件的单位，应按照安全施工的要求配备齐全有效的安全设施和装置。出租的机械设备和施工机具及配件，应具有生产（制造）许可证、产品合格证。出租单位应对出租的机械设备和施工机具及配件的安全性能进行检测，在签订租赁协议时，应出具检测合格证明。

禁止出租检测不合格的机械设备和施工机具及配件。

7. 施工机械设施安装单位的安全责任

在施工现场安装、拆卸施工起重机械和整体提升脚手架、模板等自升式架设设施，必须由具有相应资质的单位承担。安装、拆卸施工起重机械和整体提升脚手架、模板等自升式架设设施，应编制拆装方案、制定安全施工措施，并由专业技术人员进行现场监督。

施工起重机械和整体提升脚手架、模板等自升式架设设施安装完毕后，安装单位应自检，出具自检合格证明，并向施工单位进行安全使用说明，办理验收手续并签字。上述机械和设施的使用达到国家规定的检验检测期限的，必须经具有专业资质的检验检测机构检测。经检测不合格的，不得继续使用。

检验检测机构对检测合格的施工起重机械和整体提升脚手架、模板等自升式架设设施，应出具安全合格证明文件，并对检测结果负责。

2.3.3 生产安全事故报告和调查处理条例

2007年3月28日国务院第172次常务会议通过《生产安全事故报告和调查处理条例》（国务院令第493号），自2007年6月1日起施行。《生产安全事故报告和调查处理条例》对生产安全事故的报告及如何组织调查处理做出规定，对安全生产监督管理工作具有积极的现实意义。

1. 建设工程生产安全事故的分类

根据《生产安全事故报告和调查处理条例》的规定，按照生产安全事故（以下简称事故）造成的人员伤亡或者直接经济损失，将事故分为以下等级：

（1）特别重大事故

特别重大事故是指造成 30 人以上死亡，或者 100 人以上重伤（包括急性工业中毒，下同），或者 1 亿元以上直接经济损失的事故。

（2）重大事故

重大事故是指造成 10 人以上 30 人以下死亡，或者 50 人以上 100 人以下重伤，或者 5000 万元以上 1 亿元以下直接经济损失的事故。

（3）较大事故

较大事故是指造成 3 人以上 10 人以下死亡，或者 10 人以上 50 人以下重伤，或者 1000 万元以上 5000 万元以下直接经济损失的事故。

（4）一般事故

一般事故是指造成 3 人以下死亡，或者 10 人以下重伤，或者 1000 万元以下直接经济损失的事故。

2. 建设工程安全事故报告和调查处理

（1）事故报告

事故报告应及时、准确、完整，任何单位和个人对事故不得迟报、漏报、谎报或者瞒报。

事故发生后，事故现场有关人员应立即向本单位负责人报告。单位负责人接到报告后，应于 1 小时内向事故发生地县级以上人民政府安全生产监督管理部门和负有安全生产监督管理职责的有关部门报告。

情况紧急时，事故现场有关人员可以直接向事故发生地县级以上人民政府安全生产监督管理部门和负有安全生产监督管理职责的有关部门报告。各种事故的上报应遵循如下规定：

1）特别重大事故、重大事故逐级上报至国务院安全生产监督管理部门和负有安全生产监督管理职责的有关部门。国务院安全生产监督管理部门和负有安全生产监督管理职责的有关部门接到这类事故报告后，应立即报告国务院。

2）较大事故逐级上报至省、自治区、直辖市的人民政府安全生产监督管理部门和负有安全生产监督管理职责的有关部门。

3）一般事故上报至设区的市级人民政府安全生产监督管理部门和负有安全生产监督管理职责的有关部门。

安全生产监督管理部门以及负有安全生产监督管理职责的有关部门依照以上规定上报事故情况，并应同时报告本级人民政府；必要时安全生产监督管理部门和负有安全生产监督管理职责的有关部门可以越级上报事故情况。

安全生产监督管理部门和负有安全生产监督管理职责的有关部门逐级上报事故情况，每级上报的时间不得超过 2 小时。

报告事故应当包括以下内容：①事故发生单位的概况；②事故发生的时间、地点及事故现场情况；③事故的简要经过；④事故已经造成或者可能造成的伤亡人数（包括下落不明的人数）和初步估计的直接经济损失；⑤已经采取的措施；⑥其他应报告的情况。

（2）事故响应

安全生产监督管理部门和负有安全生产监督管理职责的有关部门应建立值班制度，并向社会公布值班电话，受理事故报告和群众举报。

事故发生单位负责人接到事故报告后，应立即启动事故相应应急预案，或者采取有效措施，组织抢救，防止事故扩大，减少人员伤亡和财产损失。

事故发生地有关地方人民政府、安全生产监督管理部门和负有安全生产监督管理职责的有关部门接到事故报告后，其负责人应立即赶赴事故现场，组织事故救援。

事故发生地公安机关根据事故的情况，对涉嫌犯罪的，应依法立案侦查，采取强制措施和侦查措施。犯罪嫌疑人逃匿的，公安机关应迅速追捕归案。

事故发生后，有关单位和人员应妥善保护事故现场及相关证据，任何单位和个人不得破坏事故现场、毁灭相关证据。因抢救人员、防止事故扩大及疏通交通等原因，需要移动事故现场物件的，应做出标志，绘制现场简图并做出书面记录，并妥善保存现场重要痕迹、物证。

（3）事故调查

1）成立事故调查组。事故发生后，应成立对应的事故调查组，比如特别重大事故由国务院或者国务院授权有关部门组织事故调查组进行调查，重大事故、较大事故、一般事故分别由事故发生地省级人民政府、设区的市级人民政府、县级人民政府组织事故调查组进行调查。

2）事故调查规定。事故发生单位的负责人和有关人员在事故调查期间不得擅离职守，并应随时接受事故调查组的询问，如实提供有关情况。

事故调查中发现涉嫌犯罪的，事故调查组应及时将有关材料或者其复印件移交司法机关处理。

事故调查中需要进行技术鉴定的，事故调查组应委托具有国家规定资质的单位进行技术鉴定。必要时，事故调查组可以直接组织专家进行技术鉴定。技术鉴定所需时间不计入事故调查期限。事故调查组成员在事故调查工作中应诚信公正、恪尽职守，遵守事故调查组的纪律，保守事故调查的秘密。未经事故调查组组长允许，事故调查组成员不得擅自发布有关事故的信息。

3）事故调查报告。事故调查组应自事故发生之日起60日内提交事故调查报告。特殊情况下，经负责事故调查的人民政府批准，提交事故调查报告的期限可以适当延长，但延长的期限最长不超过60日。

事故调查报告的阐述内容包括：①事故发生单位的概况；②事故发生的经过和事故救援情况；③事故造成的人员伤亡和直接经济损失；④事故发生的原因和事故性质；⑤事故责任的认定及对事故责任者的处理建议；⑥事故的防范和整改措施。

事故调查报告应附具有关证据材料。事故调查的有关资料应归档保存。

（4）事故处理规定

根据《生产安全事故报告和调查处理条例》规定，事故处理应符合以下规定：

1）对于重大事故、较大事故、一般事故，负责事故调查的人民政府应自收到事故调查报告之日起15日内做出批复，特别重大事故，30日内做出批复，特殊情况下，批复时间可以适当延长，但延长的时间最长不超过30日。

2）有关机关应按照人民政府的批复，依照法律、行政法规规定的权限和程序，对事故发生单位和有关人员进行行政处罚，对负有事故责任的国家工作人员进行处分。

3）事故发生单位应按照负责事故调查的人民政府的批复，对本单位负有事故责任的人员进行处理。负有事故责任的人员涉嫌犯罪的，依法追究刑事责任。

4）事故发生单位应认真吸取事故教训，落实防范和整改措施，防止事故再次发生。安全生产监督管理部门和负有安全生产监督管理职责的有关部门应对事故发生单位落实防范和整改措施的情况进行监督检查。

5）事故处理的情况由负责事故调查的人民政府或者其授权的有关部门和机构向社会公布，依法应保密的除外。

2.4 建设工程监理规范及收费标准

2.4.1 建设工程监理规范

《建设工程监理规范》（GB/T 50319—2013）是国家标准，自2014年3月1日起实施。《建设工程监理规范》的相关规定如下：

1. 项目监理机构及其设施的一般规定

1）工程监理单位实施监理时，应在施工现场派驻项目监理机构。项目监理机构的组织形式和规模，可根据建设工程监理合同约定的服务内容、服务期限以及工程特点、规模、技术复杂程度和环境等因素确定。

2）项目监理机构的监理人员应由总监理工程师、专业监理工程师和监理员组成，监理机构的专业配套和数量应满足建设工程监理工作需要，必要时可设总监理工程师代表。

3）工程监理单位在建设工程监理合同签订后，应及时将项目监理机构的组织形式、人员构成及对总监理工程师的任命书面通知建设单位。

4）工程监理单位在调换监理机构的总监理工程师时，应征得建设单位书面同意；在调换专业监理工程师时，总监理工程师应书面通知建设单位。

5）一名注册监理工程师可担任一项建设工程监理合同的总监理工程师。当需要同时担任多项建筑工程监理合同的总监理工程师时，应经建设单位书面同意，且最多不得超过三项。

6）施工现场监理工作全部完成或建设工程监理合同终止时，项目监理机构可撤离施工现场。

2. 工程质量、造价、进度控制及安全生产管理监理的一般规定

1）项目监理机构应根据建设工程监理合同约定，遵循动态控制原理，坚持预防为主的原则，制定和实施相应的监理措施，采用旁站、巡视和平行检验等方式对建设工程实施监理。

2）监理人员应熟悉工程设计文件，并应参加建设单位主持的图纸会审和设计交底会议，会议纪要应由总监理工程师签认。

3）工程开工前，监理人员应参加由建设单位主持召开的第一次工地会议，会议纪要应由项目监理机构负责整理，与会各方代表应会签。

4）项目监理机构应定期召开监理例会，并组织有关单位研究解决与监理相关的问题。

5）项目监理机构应协调工程建设相关方的关系。项目监理机构与工程建设相关方之间的工作联系，除另有规定外宜采用工作联系单形式进行。

6）项目监理机构应审查施工单位报审的施工组织设计，符合要求的，应由总监理工程师签认后报建设单位。项目监理机构应要求施工单位按已批准的施工组织设计组织施工。

7）总监理工程师应组织专业监理工程师审查施工单位报送的工程开工报审表及相关资料；同时具备条件时，应由总监理工程师签署审核意见，并应报建设单位批准后，总监理工程师签发工程开工令。

8）分包工程开工前，项目监理机构应审核施工单位报送的分包单位资格报审表，专业监理工程师提出审查意见后，应由总监理工程师审核签认。

9）项目监理机构宜根据工程特点、施工合同、工程设计文件及经过批准的施工组织设计对工程风险进行分析，并提出工程质量、造价、进度目标控制及安全生产管理的防范性对策。

3. 监理规划及监理实施细则的一般规定

1）监理规划应结合工程实际情况，明确项目监理机构的工作目标，确定具体的监理工作制度、内容、程序、方法和措施。

2）监理实施细则应符合监理规划的要求，并应具有可操作性。

4. 工程变更、索赔及施工合同争议处理的一般规定

1）项目监理机构应依据建设工程监理合同约定进行施工合同管理，处理工程暂停及复工、工程变更、索赔及施工合同争议、解除等事宜。

2）施工合同终止时，项目监理机构应协助建设单位按施工合同约定处理施工合同终止的有关事宜。

5. 监理文件资料管理的一般规定

1）项目监理机构应建立完善监理文件资料管理制度，宜设专人管理监理文件资料。

2）项目监理机构应及时、准确、完整地收集、整理、编制、传递监理文件资料。

3）项目监理机构宜采用信息技术进行监理文件资料管理。

6. 设备采购与设备监造的一般规定

1）项目监理机构应根据建设工程监理合同约定的设备采购与设备监造工作内容配备监理人员，并明确岗位职责。

2）项目监理机构应编制设备采购与设备监造工作计划，并应协助建设单位编制设备采购与设备监造方案。

7. 相关服务的一般规定

建设监理的相关服务是指工程监理单位提供的工程勘察设计阶段以及工程保修阶段的相关服务。

1）工程监理单位应根据建设工程监理合同约定的相关服务范围，开展相关服务工作，编制相关服务工作计划。

2）工程监理单位应按规定汇总整理、分类归档相关服务工作的文件资料。

2.4.2 建设工程监理与相关服务收费管理规定

为规范建设工程监理与相关服务收费行为，维护发包人和监理人的合法权益，根据《中华人民共和国价格法》及有关法律、法规，2007年3月30日国家发展和改革委员会、建设部组织国务院有关部门和有关行业组织制定了《建设工程监理与相关服务收费管理规定》(发改价格〔2007〕670号),自2007年5月1日开始施行。原国家物价局及建设部下发的《关于发布工程建设监理费有关规定的通知》(〔1992〕价费字479号)同时废止。

依据该管理规定,建设工程监理与相关服务收费管理的主要规定如下:

1. 收费依据

发包人和监理人应遵守国家有关价格法律法规的规定,接受政府价格主管部门的监督、管理。建设工程监理与相关服务收费根据建设项目性质不同情况,分别实行政府指导价或市场调节价。依法必须实行监理的建设工程施工阶段的监理收费实行政府指导价;其他建设工程施工阶段的监理收费和其他阶段的监理与相关服务收费实行市场调节价。

实行政府指导价的建设工程施工阶段监理收费,其基准价根据《建设工程监理与相关服务收费标准》计算,浮动幅度为上下20%。发包人和监理人应根据建设项目的实际情况在规定的浮动幅度内协商确定收费额。实行市场调节价的建设工程监理与相关服务收费,由发包人和监理人协商确定收费额。

2. 优质优价

建设工程监理与相关服务收费,应体现优质优价的原则。在保证工程质量的前提下,由于监理人提供的监理与相关服务节省投资,缩短工期,取得显著经济效益的,发包人可根据合同约定奖励监理人。

3. 费用调整

建设工程监理与相关服务的内容、质量要求和相应的收费金额以及支付方式,由发包人和监理人在监理与相关服务合同中约定。

由于非监理人原因造成建设工程监理与相关服务工作量增加或减少的,发包人应按合同约定与监理人协商另行支付或扣减相应的监理与相关服务费用。由于监理人原因造成监理与相关服务工作量增加的,发包人不另行支付监理与相关服务费用。

4. 处罚机制

监理人提供的监理与相关服务,应符合国家有关法律、法规和标准规范,满足合同约定的服务内容和质量等要求。监理人不得违反标准规范规定或合同约定,通过降低服务质量、减少服务内容等手段进行恶性竞争,扰乱正常市场秩序。

监理人提供的监理与相关服务不符合国家有关法律、法规和标准规范,提供的监理服务人员、执业水平和服务时间未达到监理工作要求的,不能满足合同约定的服务内容和质量等要求的,发包人可按合同约定扣减相应的监理与相关服务费用。由于监理人工作失误给发包人造成经济损失的,监理人应按照合同约定依法承担相应赔偿责任。

该管理规定包含附件《建设工程监理与相关服务收费标准》,其详细介绍了建设工程监理与相关服务收费的组成及计价标准,以此规范建设工程监理与相关服务收费行为,维护委托双方合法权益,促进我国工程监理行业的健康发展。

思 考 题

1. 我国建设监理法规体系的主导思想是什么?
2. 简述建筑工程监理立法发展史。
3. 简述《建筑法》中有关建设工程监理的规定。

4. 简述《建设工程质量管理条例》关于工程监理的有关规定。
5. 简述《建设工程安全生产管理条例》中有关建设工程监理的规定。
6. 如何看待监理行业的职业风险？如何应对该风险？

练 习 题

【**背景资料**】 建设单位与施工单位就某一综合楼签订了施工总承包合同，该综合楼建筑面积为 53200m^2，建筑高度 89.6m。基础为旋挖桩，顶层采用钢结构形式，其余则采用框架剪力墙结构。施工单位进场后，建设单位将铝合金门窗分包给分包商，施工单位经过总监理工程师同意，将桩基础分包给分包商。

问题一：该案例中存在哪些不妥之处？请说明原因。

问题二：该工程的钢结构工程是否可以分包？

【**参考答案**】

问题一：

1）建设单位将铝合金门窗分包给分包商不妥。因为双方签订的是施工总承包合同，建设单位不得分包铝合金门窗。

2）施工单位经过总监理工程师同意，将桩基础分包给分包商不妥。施工单位分包桩基础应经过发包人同意。

问题二：

本工程的钢结构经过发包人同意可以分包。因为钢结构属于专业分包范畴。

第 3 章 建设工程监理组织

本章概要

工程项目建设监理组织的形式受工程项目承发包模式的影响,根据不同的工程项目承发包模式、组织管理特点,需要采用与它相适应的工程项目建设监理组织模式。工程项目实施监理要按照一定的程序进行,根据工程项目具体情况,形成合适的组织形式。本章主要介绍建设工程监理组织的形式、与项目承发包模式对应的监理委托模式、工程项目监理实施程序、人员配备、岗位设置、职责分工等内容。

学习要求

1. 了解组织的定义、组织结构的基本内容。
2. 熟悉项目监理机构的组织形式。
3. 掌握项目监理机构的人员配备、岗位职责分工。

◆【案例导读】

广州白云国际机场是我国民航机场有史以来建设规模最大、技术最先进、设计最复杂的机场之一。航站楼为总建筑面积 35200m² 的建筑群,由伸缩缝自然分成主航站楼、连接楼、指廊和高架连廊。项目委托两家监理单位组成联合项目监理机构进行项目监理服务。监理工作范围包括南出港、北出港高架道路及东西设备机房。监理工作内容涉及施工全过程监理的投资控制、进度控制、质量控制、合同管理、信息管理和组织协调及安全文明施工管理工作。在项目实施前,对联合项目监理机构进行规划设计,确定合适的组织机构形式,配备相应的人员,为完成监理工作提供保障。

> 根据项目的规模、性质、区域、目标、控制要求及监理工作范围和内容等综合要求，联合项目监理机构采用"直线职能制"组织形式，即总监理工程师下设总监办公室，以及合同管理组、投资控制组、进度控制组、技术测量组四个职能部门，并按建筑功能、施工区域及专业系统性分设主航站楼（含高架连廊）、东连接楼、西连接楼、机电设备安装及高架道路等五个项目监理组。
> 广州白云国际机场迁建工程项目中设置五个项目监理组，主要是考虑到使用功能及结构形式的相对独立性，同时考虑到项目可能采取的承发包模式，分项工程搭接施工的可行性以及监理任务所在的地理位置相对集中等原则。这样的安排，解决了"直线制"组织形式"个人管理"的弊端，也避免了"职能制"组织形式"多头领导"的缺点，能够集中领导、职责清楚，提高办事效率。

3.1 建设工程监理组织形式

工程监理单位与建设单位签订委托监理合同后，企业法定代表人任命项目总监理工程师，由总监理工程师根据监理大纲和委托监理合同的内容，组建工程监理单位派驻工程项目负责履行委托监理合同的组织机构，并使之正常运行。精干高效的项目监理组织机构是实现监理目标的前提条件。

3.1.1 组织基本原理

组织是为了使系统达到特定的目标，通过全体参加者的分工、协作并构建不同层次的权利和责任制度而进行活动和运作的人的集合。任务目标、全体成员的共同协作、必要的权利和责任制度是组织存在和运作的核心要素。

组织活动的基本原理包括以下几点：

1. 要素有用性原理

组织机构的基本要素包括人、物、财、信息、时间等，不同要素发挥不同的作用，共同协作以完成组织目标。管理者在组织活动过程中不仅要看到要素所具备的共性特征，还要分析要素的个性特征，充分发挥各个要素的作用，在信息充分、时间合理的情况下做到人尽其才、财尽其利、物尽其用。

2. 动态相关性原理

组织机构内部各要素之间有联系和制约，也有依存和排斥，这种相互作用推动了组织活动的进行与发展，有效提高了组织管理的效率。动态相关性原理体现为在事物的发展过程中，量变产生质变，整体效应大于局部效应的简单叠加。组织存在的意义即通过组织机构的活动和运作，实现整体效应大于局部效应之和。

3. 主观能动性原理

主观能动性强调组织中的人对于实现组织目标的重要意义。人是生产力中最活跃的因素，有思想和创造力，在生产劳动中能继承、运用和发展前人的知识。组织活动中的所有要素都是通过对人的合理运用发挥作用的。组织管理者的重要任务是把人的主观能动性发挥出来。

4. 规律效应性原理

规律与效应的关系非常密切，组织管理者在管理过程中要掌握规律，按规律办事，把注意力放在抓事物内部的、本质的和必然的规律上，实现预期的目标。成功的管理者应该揭示规律、研究规律，并坚决按照规律办事，才能达到预期目的，取得预期效应。

3.1.2 组织构成要素

组织的构成要素包括管理层次、管理跨度、管理部门及职能等。

1. 管理层次

管理层次是指从组织内部各种工作人员之间的等级层次。组织的管理层次由高到低所对应的权责范围逐步递减，每一层次的人数却逐步递增。组织内管理层次的划分应该合理，层次既不能过多，造成信息传递速度慢、指令走样、协调困难、资源和人力的浪费，也不能过少，导致组织运行陷于无序的状态。

2. 管理跨度

管理跨度是指一名管理人员可以直接有效管理下属的人数。管理跨度的大小受很多因素影响，与管理人员性格、才能、个人精力、授权程度以及被管理者的素质有关，也与职能的难易程度、工作的相似程度、工作制度和程序等客观因素有关。管理跨度的大小决定了管理层次的多少，管理跨度的确定需要积累经验并在实践中不断进行调整。

3. 管理部门及职能

组织中各部门的合理划分对发挥组织效应十分重要，合理的部门及职能划分，有助于各专业人员各尽其责，有效发挥人力、物力、财力。根据组织目标确定各个部门工作内容及工作职能，形成相互分工和配合的组织机构，使各部门有职有责、各尽其责。

3.1.3 组织设计原则

组织所处的环境、采用的技术、制定的战略以及发展规模不同，故其所需要的职务、部门及相互关系也不同。任何组织在进行设计时，需遵循一些共同的原则。组织设计遵循的原则包括以下几项：

1. 分工协作原则

组织运作有赖于各部门的分工协作，明确组织机构内部各部门之间、各部门内部的协调关系和配合，尽可能按照专业化要求设置组织机构、严密分工。高效的分工协作应满足如下条件：流程简化，信息畅通，决策迅速；充分考虑交叉业务活动的统一协调性；避免在突发情况和问题出现时管理真空。

2. 统一指挥原则

统一指挥原则是组织管理的一个基本原则，对现代组织管理有普遍指导意义。统一指挥原则要求组织的各级机构及个人必须服从上级的命令和指挥，在上下级之间形成一条信息指令以及反馈能够清晰传递的通道（指挥链），保证政令统一，行动一致。

3. 权责对应原则

权责对应原则是组织管理的重要原则。在组织中，权责分离的现象屡见不鲜，如有权无责、有责无权、权大责小、责大权小等。理论研究和实践经验表明，权责不对等对管理组织的效能损害极大。有权无责（或权大责小）容易产生瞎指挥、滥用权力的问题；有责无权

(或责大权小)会严重挫伤工作人员的积极性,两者都会使组织失去活力。权责对应主要依靠科学的组织设计,通过深入研究管理体制和组织结构,建立起一套权责对应的组织制度。

4. 有效管理层次和管理幅度原则

在组织设计时,应着重考虑组织运行的有效性,即管理层次与管理幅度。管理层次是指管理系统划分为多少等级;管理幅度是指一名上级主管人员直接管理的下级人数。管理层次决定组织的纵向结构,管理幅度则体现了组织的横向结构,两者呈反比关系。管理幅度是一个比较复杂的问题,影响因素很多,弹性很大,与主管者个人的性格气质、学识才能、体质精力、管理作风、授权程度以及被管理者的素质密切相关,此外,还与职能难易程度、工作地点远近、工作相似程度,以及新技术应用情况等客观因素有关。

5. 因事设职与因人设职相结合的原则

组织设计的根本目的是为了保证组织目标的实现,是使目标活动的每项内容都落实到具体的岗位和部门,即"事事有人做",而非"人人有事做"。组织设计应考虑工作的特点和需要,因事设职,因职用人,重视人的因素,包括人的因素、人的特点和人的能力等。

3.1.4 项目监理机构组织形式

项目监理机构是工程监理单位实施监理时,需要派驻工地现场、负责履行监理合同的组织机构。根据建设工程监理合同约定的服务内容、服务期限以及工程特点、规模、技术复杂程度、环境等因素,确定项目监理机构的组织结构模式和规模。负责监理工作的项目监理机构在施工现场完成任务或建设工程监理合同终止时,应撤离施工现场。撤离施工现场前,应由监理单位书面通知建设单位,并办理相关移交手续。

1. 项目监理机构的设立

项目监理机构的监理人员应由一名总监理工程师、若干名专业监理工程师和监理员组成,按照监理工作和建设工程监理合同对监理工作深度及建设工程监理目标控制的要求来设置相应的专业配套和数量,必要时可设置总监理工程师代表。

2. 项目监理机构的组织形式

建设项目监理机构的组织形式是指项目监理机构采用的管理组织结构模式。为有效开展监理工作,实现监理工作的总体目标,监理机构应根据建设项目的特点、建设项目承发包方式、业主委托的具体任务及监理单位自身情况确定项目监理机构的组织形式。

常用的监理组织形式包括以下几种:

(1)直线制监理组织形式

直线制监理组织形式的特点是项目监理机构中任何一个下级只接受唯一上级的命令,各级部门主管人员则对所属部门的具体工作负责,项目监理机构中不再另设投资控制、进度控制、质量控制及合同管理等职能部门。该组织形式适用于能够划分为若干相对独立的子项目的大、中型建设工程。直线制监理组织形式如图3-1所示。

直线制监理组织形式的主要特点是组织机构简单、权力集中、命令统一、职责分明、决策迅速、权属关系明确,要求总监理工程师通晓各种业务和多种知识技能,成为"全能"式人物。总监理工程师负责整个工程规划、组织和指导,负责整个工程范围内各方面的指挥和协调工作。子项目监理组则分别负责子项目的目标控制,领导现场专业或专项监理组的工作。

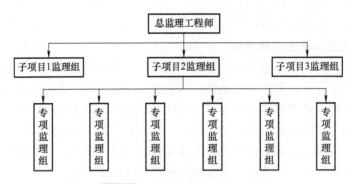

图 3-1　直线制监理组织形式

如果业主委托监理单位对建设工程实施阶段全过程监理，项目监理机构的部门还可按不同的建设阶段分解设立直线制监理组织形式。按建设阶段分解的直线制监理组织形式如图 3-2 所示。

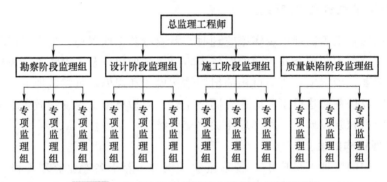

图 3-2　按建设阶段分解的直线制监理组织形式

对于小型建设工程，监理单位还可以采用按专业内容分解的直线制监理组织形式，如图 3-3 所示。

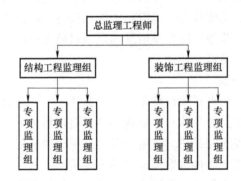

图 3-3　按专业内容分解的直线制监理组织形式

（2）职能制监理组织形式

职能制监理组织形式是把管理部门和人员分为两类：一类是以子项目监理为对象的直线指挥部门和人员；另一类是以投资控制、进度控制、质量控制及合同管理为对象的职能部门和人员。监理机构内的职能部门按总监理工程师授予的权力和监理职责有权对指挥部门发布指令。职能制监理组织形式适用于大、中型建设工程,如图 3-4 所示。

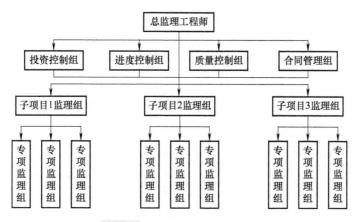

图 3-4 职能制监理组织形式

职能制监理组织形式的优点是加强了项目监理目标控制的职能化分工,能够发挥职能机构的专业管理作用,提高管理效率,减轻总监理工程师的负担;缺点是由于直线指挥部门人员受职能部门的多头指令,如果指令之间相互矛盾,容易使各子项目监理组人员在工作中无所适从。

如果子项目规模较大,也可以在子项目层设置职能部门,如图 3-5 所示。

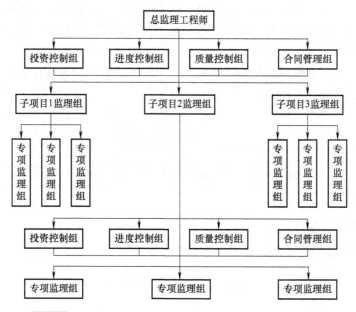

图 3-5 在子项目层设置职能部门的职能制监理组织形式

(3) 直线职能制监理组织形式

直线职能制监理组织形式是吸收了直线制组织形式和职能制组织形式的优点形成的一种组织形式,如图 3-6 所示。直线职能制监理组织形式下,直线指挥部门拥有对下级指挥和发布命令的权力,并对该部门的工作全面负责;职能部门是直线指挥人员的参谋,对指挥部门进行业务指导,而不能对指挥部门直接进行指挥和发布命令。

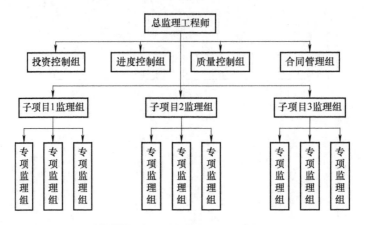

图 3-6　直线职能制监理组织形式

这种形式既保持了直线制组织的直线领导、统一指挥、职责清楚的优点,也保持了职能制组织目标管理专业化的优点;缺点是职能部门与指挥部门易产生矛盾,信息传递路线长,不利于信息的传递。

(4) 矩阵制监理组织形式

矩阵制监理组织形式是指具有纵横两套管理系统组成的矩阵性组织结构,其中一套是纵向的职能系统,另一套是横向的子项目系统。两套管理系统在监理工作中相互融合,协同工作以共同解决问题。这种组织形式的优点是加强了各职能部门的横向联系,具有较大的机动性和适应性,将上下左右集权与分权进行最优组合,有利于解决复杂难题,有利于监理人员业务能力的培养;缺点是纵横向协调工作量大,处理不当容易出现责任不清,产生矛盾。矩阵制监理组织形式如图 3-7 所示。

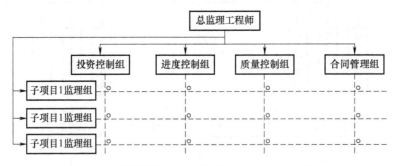

图 3-7　矩阵制监理组织形式

【例 3-1】　广州白云国际机场迁建工程根据项目的规模、性质、区域、目标、控制要求及监理工作范围和内容等综合要求,采用了"直线职能制"组织形式。该项目的监理组织结构图如图 3-8 所示。

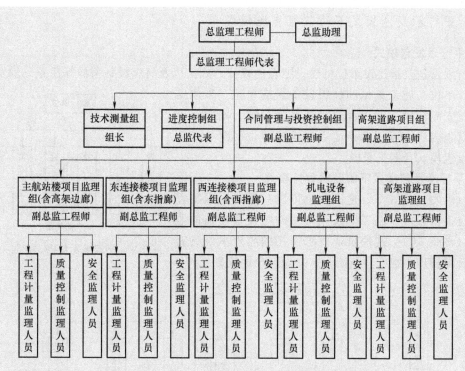

图 3-8　广州白云国际机场迁建工程监理组织结构

【解析】

广州白云国际机场迁建工程项目中设置五个项目监理组,把东、西指廊分别划归东、西连接楼,设立东、西两个连接楼项目监理组。此外,考虑整个航站楼机电工程的系统性和合理安排设备监理人员的工作,将航站楼的机电设备安装工程设立一个监理组,从而解决了"直线制"组织形式下"个人管理"的弊端,也避免了"职能制"组织形式"多头领导"的缺点,能够集中领导、职责清楚、提高办事效率。

3.2 工程项目承发包模式与监理委托模式

工程项目承发包的方式有多种,不同的情况适用于不同的模式,项目业主可根据自己的管理能力和经验、工程项目的具体情况选择适宜的承包模式,以达到节省投资、缩短工期、确保质量和降低风险的目的。《中华人民共和国建筑法》第二十四条规定:"建筑工程的发包单位可以将建筑工程的勘察、设计、施工、设备采购一并发包给一个工程总承包单位,也可以将建筑工程勘察、设计、施工、设备采购的一项或者多项发包给一个工程总承包单位"。目前工程承发包模式主要包括平行承发包模式、设计或施工总承包模式以及项目总承包模式。

建设工程监理模式的选择与建设单位和承包商之间的承发包模式密切相关,并进一步影响建设工程的监理组织形式。

3.2.1 平行承发包模式下的监理委托模式

1. 平行承发包模式

平行承发包是指建设单位将建设工程的设计、施工以及材料设备采购等任务分别发包给若干设计单位、施工单位和材料设备供应单位。采用这种模式首先应合理进行工程建设任务的分解,确定每个合同的发包内容,以便选择适当的承建单位。图 3-9 为平行承发包模式合同关系图。

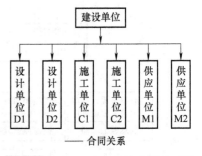

图 3-9 平行承发包模式合同关系图

2. 平行承发包模式下的监理委托模式

平行承发包模式下,建设单位可以只委托一家工程监理单位提供设计、施工以及设备采购与设备建造的监理服务(图 3-10)。这种模式要求委托的监理单位具有较强的合同管理与组织协调能力,并做好全面规划工作。

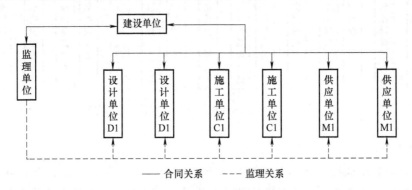

图 3-10 建设单位委托一家工程监理单位的监理模式三方关系图

在平行承发包模式下,建设单位也可以分别授权几家工程监理单位,针对不同的承包商实施监理服务(图 3-11)。这种模式下,由于业主分别与多个监理单位签订委托合同,所以各监理单位的相互协作与配合需要业主进行协调。采用这种模式,监理单位的监理对象相对单一,便于管理,但整个工程的建设监理工作被肢解,各监理单位各司其职,缺少一个对建设工程进行总体规划与协调控制的单位。

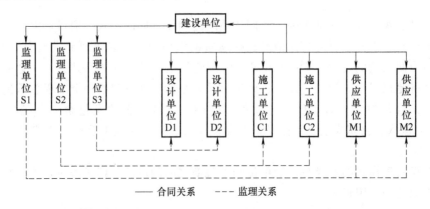

图 3-11 建设单位委托多家工程监理单位的监理模式三方关系图

为了克服该模式的不足，在一些大、中型的监理项目中，建设单位会委托一个"总监理工程师单位"整体负责建设工程的总规划和协调控制，再由建设单位和"总监理工程师单位"共同选择几家监理单位分别承担不同阶段的监理服务工作。在监理过程中，由总工程师单位负责协调以及管理各监理单位的工作，减少建设单位的管理压力，形成如图3-12所示的委托监理模式。

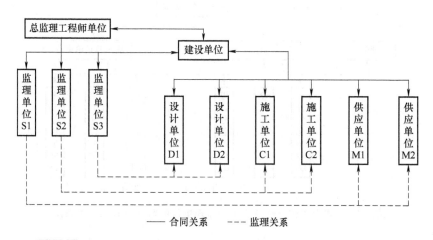

图3-12 建设单位委托"总监理工程师单位"的监理模式三方关系图

3.2.2 设计或施工总承包模式下的监理委托模式

1. 设计或施工总承包模式

设计或施工总承包是指建设单位将全部设计或施工任务发包给一家设计单位或一家施工单位作为对应设计总承包单位或施工总承包单位，设计或施工总承包单位可以将部分任务分包给其他承包单位，设计或施工总承包按照合同约定，承担工程项目的设计或施工，并对承包工程的质量、安全工期、造价全面负责。图3-13为设计或施工总承包模式合同关系图。

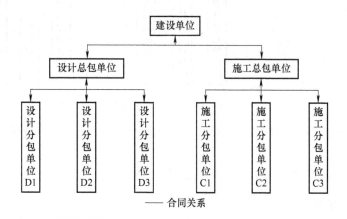

图3-13 设计或施工总承包模式合同关系图

2. 设计或施工总承包模式下的监理委托模式

设计或施工总承包模式下，建设单位可以委托一家工程监理单位开展施工阶段的监理服务，也可以委托一家工程监理单位同时开展施工阶段和设计阶段的监理服务工作（图3-14）。虽然总承包单位对承包合同承担最终责任，但分包单位的资质、能力直接影响工程质量、进度目标的实现，所以在这种模式下，监理工程师必须做好分包单位的资质审查和确认工作。

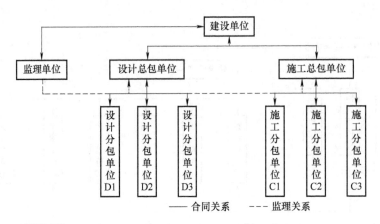

图3-14 建设单位委托一家工程监理单位的监理模式三方关系图

为了综合考虑设计阶段和施工阶段的投资、进度和质量控制，达到项目的总体规划协调目标，根据建设工程阶段的不同，建设单位可以按照设计和施工两个阶段分别委托两家工程监理单位（图3-15）。

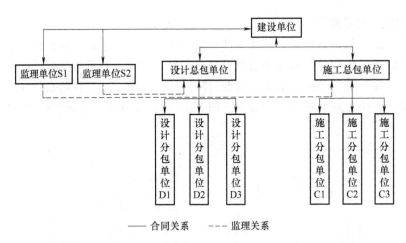

图3-15 建设单位委托两家工程监理单位的监理模式三方关系图

3.2.3 项目总承包模式下的监理委托模式

1. 项目总承包模式

项目总承包是指建设单位将工程设计、施工、材料设备采购等任务全部发包给一家承包单位，总承包单位可以将部分任务分包给其他承包单位。在这种模式下，按照承包合同规定的总价或可调总价方式，由工程公司负责对工程项目的投资、进度、质量、安全进行管理和控制，并按照合同预定完成工程（图3-16）。

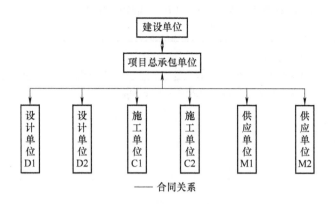

图 3-16　项目总承包模式合同关系图

2. 项目总承包模式下的监理委托模式

在项目总承包模式下，建设单位一般委托一家工程监理单位开展监理业务，不能委托多家工程监理单位（图 3-17）。

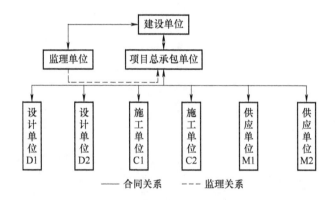

图 3-17　项目总承包模式下的监理模式三方关系图

3.3 工程项目监理实施程序及人员配备

3.3.1 工程项目监理实施程序

建设监理单位接受业主的委托，选派总监理工程师提前介入工程项目，在签订监理合同后，即进入工程项目建设监理的实施阶段。建设工程监理实施程序包括以下几点。

1. 任命总监理工程师，组建项目监理机构

监理单位应根据建设工程的规模、性质以及业主对监理的要求，委派称职的人员担任项目总监理工程师，代表监理单位全面负责项目监理工作。总监理工程师对内向监理单位负责，对外向业主负责。工程监理单位在建设工程监理合同签订后，应及时将项目监理机构的组织形式、人员构成及对总监理工程师的任命书面通知建设单位。总监理工程师的任命书应按《建设工程监理规范》（GB/T 50319—2013）的要求进行填写，见表 3-1。

表 3-1 总监理工程师任命书（GB/T 50319—2013 附录 A 表 A.0.1）

工程名称： 　　　　　　　　　　　　　　　　　　　　　编号：

致：_____（建设单位）

兹任命_____（注册监理工程师注册号：_____）为我单位_____项目总监理工程师，负责履行建设工程监理合同、主持项目监理机构工作。

工程监理单位（盖章）：
法定代表人（签字）：
年　月　日

监理机构的人员构成是监理投标的重要内容,是在评标过程中经业主认可的。总监理工程师在组建项目监理机构时,应根据监理大纲内容和签订的委托监理合同内容开展相关的组建工作,并在监理规划和具体实施计划中进行及时调整。

2. 编制建设工程监理规划

建设工程监理规划是开展监理活动的纲领性文件,总监理工程师应在带领项目监理机构人员进一步收集建设工程监理有关资料的基础上主持编写监理规划,这些资料包括:①工程建设方面的法律、法规;②政府批准的工程建设文件;③建设工程监理合同;④监理大纲;⑤工程所在地区技术经济状况、类似工程项目建设情况、工程实施现状、工程变更状况、外部环境变化等资料。

3. 编制各专业监理实施细则

监理实施细则应符合监理规划的要求,并应结合工程项目的专业特点,做到详细具体、具有可操作性。在监理工作实施过程中,监理实施细则应根据实际情况进行补充、修改和完善。监理实施细则的编写依据包括:①已批准的建设工程监理规划;②与工程专业相关的标准、设计文件和技术资料;③施工组织设计、(专项)施工方案。

4. 开展监理工作

各项监理工作应按一定的逻辑顺序开展,每位工作人员既有严密的职责分工,又精诚协作。每项监理工作应有明确的目标和工作时限,对工作成效能够进行客观、公正的检查和考核。

5. 参与验收,签署建设工程监理意见

建设工程项目施工完成后,监理单位应在正式移交前组织竣工验收,如果在预验收中发现问题,应及时与施工单位沟通,提出整改要求。监理单位应参加业主组织的工程竣工验收,签署监理单位意见。

6. 向建设单位移交建设工程监理档案资料

项目监理机构应设专人负责监理资料的收集、整理和归档工作。工程监理企业应在工程竣工验收前按委托监理合同或协议规定的时间、套数移交工程档案,办理移交手续,包括移交设计变更、工程变更资料、监理指令性文件、各种签证资料等档案。

7. 监理工作总结

完成监理工作后,项目监理机构一方面要及时向建设单位做监理工作总结,包括总结委托监理合同的履行情况,监理目标的完成情况等;另一方面要向本监理单位进行总结,包括总结监理工作的经验、监理工作中存在的不足以及改进和建议等。监理工作总结是监理单位项目管理后评价的重要内容和依据。

3.3.2 项目监理机构人员配备与职责分工

1. 项目监理机构人员配备

项目监理机构配备监理人员的数量和专业应根据监理的任务范围、内容、期限以及工程的类别、规模、技术复杂程度、工作环境等因素综合考虑,应符合委托监理合同对监理深度和密度的要求,体现项目监理机构的整体素质,满足监理目标控制的要求。

(1)人员结构

项目监理机构要有合理的人员结构才能适应监理工作的要求。项目监理组织机构的人员结构应依据监理工程的性质及业主对工程监理的要求进行各专业人员的配套。当监理工程局部有特殊性或者业主提出某些特殊的监理要求而需要采用特殊的监控手段时,可将这些局部的、专业性强的监控工作另行委托给具有相应资质的咨询服务机构来承担,并保证人员结构的合理性和专业性。

(2) 技术职务和职称结构

应根据建设工程的特点和建设工程监理工作的需要确定项目监理机构的人员技术职称和职务结构。监理工作需要综合性和专业性的技术能力,合理的技术职称结构应是高级职称、中级职称和初级职称的合理搭配,以满足监理工作各层次的需求。总体来说,对于决策阶段、设计阶段的监理,中级及中级以上监理人员应占绝大多数;对于施工阶段的监理,可能有较多的初级职称人员从事施工现场的实际操作,如旁站、现场检查、计量等。

2. 项目监理机构人员数量的确定

影响项目监理机构监理人员数量的主要因素包括工程建设强度、工程复杂程度、监理单位的业务水平、项目监理机构的组织结构和任务职能分工等。

(1) 工程建设强度

工程建设强度是指单位时间内投入的工程建设资金的数量,它是衡量工程紧张程度的标准,工程强度越大,需要投入的监理人员就越多。

$$工程建设强度 = 投资 \div 工期$$

其中,投资和工期是指有项目监理机构所承担部分工程的建设投资和工期。一般投资费用可按工程估算、概算或合同价计算,工期则来自于进度总目标及分目标。

(2) 工程复杂程度

根据一般工程的情况,可将工程复杂程度按以下因素进行考虑,包括工程地点、气候条件、地形条件、工程地质、施工方法、工程性质、工程要求、材料供应、工程分散程度等。

根据工程复杂程度的不同,可将各种情况的工程分为若干级别,不同级别的工程需要配备的人员数量有所不同,工程复杂程度分为一般、较复杂和复杂三个等级。复杂程度较低的工程所需项目监理人员较少,复杂工程需要的监理人员则较多。

(3) 监理单位的业务水平

每个监理单位的业务水平和对某类工程的熟悉程度不完全相同,在监理人员素质、管理水平和监理的设备手段等方面也存在差异,并直接影响监理效率的高低。

(4) 项目监理机构的组织结构和任务职能分工

组织结构情况关系到具体监理人员配备,应使项目监理机构任务职能分工的要求得到满足,可根据项目监理机构的职能分工对监理人员的配备做进一步的调整。

3. 项目监理机构各类人员职责

项目监理机构的监理人员包括总监理工程师、专业监理工程师和监理员,必要时可配备总监理工程师代表。不同岗位的监理人员的岗位职责应按照工程在实际施工阶段和建设工程的具体情况确定。项目监理机构在开展工程监理服务时,总监理工程师、总监理工程师代表、专业监理工程师和监理员的职责如下:

(1) 总监理工程师职责

总监理工程师是由监理单位法定代表人书面授权,全面负责建设工程监理合同的履行,主持项目监理机构工作。总监理工程师应履行以下职责:

1) 确定项目监理机构人员及其岗位职责。
2) 组织编制监理规划,审批监理实施细则。
3) 根据工程进展及监理工作情况调配监理人员,检查监理人员工作。
4) 组织召开监理例会。
5) 组织审核分包单位资格。
6) 组织审查施工组织设计、(专项)施工方案。
7) 审查工程开复工报审表,签发工程开工令、暂停令和复工令。
8) 组织检查施工单位现场质量、安全生产管理体系的建立及运行情况。
9) 组织审核施工单位的付款申请,签发工程款支付证书,组织审核竣工结算。
10) 组织审查和处理工程变更。
11) 调解建设单位与施工单位的合同争议,处理工程索赔。
12) 组织验收分部工程,组织审查单位工程质量检验资料。
13) 审查施工单位的竣工申请,组织工程竣工预验收,组织编写工程质量评估报告,参与工程竣工验收。
14) 参与或配合工程事故的调查和处理。
15) 组织编写监理月报、监理工作总结,组织整理监理文件资料。

(2) 总监理工程师代表职责

总监理工程师代表负责总监理工程师指定或交办的监理工作,并按照总监理工程师的授权,行使总监理工程师的部分职责和权力。但下列工作不得委托给总监理工程师代表:

1) 组织编制监理规划,审批监理实施细则。
2) 根据工程进展及监理工作情况调配监理人员。
3) 组织审查施工组织设计、(专项)施工方案。
4) 签发工程开工令、暂停令和复工令。
5) 签发工程款支付证书,组织审核竣工结算。
6) 调解建设单位与施工单位的合同争议,处理工程索赔。
7) 审查施工单位的竣工申请,组织工程竣工预验收,组织编写工程质量评估报告,参与工程竣工验收。
8) 参与或配合工程质量安全事故的调查和处理。

(3) 专业监理工程师职责

专业监理工程师应履行以下职责:

1) 参与编制监理规划,负责编制监理实施细则。
2) 审查施工单位提交的涉及本专业的报审文件,并向总监理工程师报告。
3) 参与审核分包单位资格。
4) 指导、检查监理员工作,定期向总监理工程师报告本专业监理工作实施情况。
5) 检查进场的工程材料、构配件、设备的质量。
6) 验收检验批、隐蔽工程、分项工程,参与验收分部工程。

7）处置发现的质量问题和安全事故隐患。
8）进行工程计量。
9）参与工程变更的审查和处理。
10）组织编写监理日志，参与编写监理月报。
11）收集、汇总、参与整理监理文件资料。
12）参与工程竣工预验收和竣工验收。
（4）监理员职责
监理员应履行以下职责：
1）检查施工单位投入工程的人力、主要设备的使用及运行状况。
2）进行见证取样。
3）复核工程计量有关数据。
4）检查工序施工结果。
5）发现施工作业中的问题，及时指出并向专业监理工程师报告。

【例3-2】 某25层酒店建设项目，建筑面积35000m²，框架剪力墙结构。建设单位与甲施工单位签订了施工总承包合同，并委托了一家监理单位担任施工阶段监理。经建设单位的批准，甲施工单位将工程划分为三个标段，分别为A1、A2、A3，并且将A2标段分包给了乙施工单位。根据监理工作的需要，监理单位设立了投资控制组、进度控制组、质量控制组、合同管理组四个部门，同时分别为A1、A2、A3标段设立的项目监理组，按专业分别设置了若干专业的监理小组，组成直线职能制项目监理组织机构。

为了有效开展监理工作，总监理工程师安排项目监理组负责人主持编制A1、A2、A3标段的三个监理规划。

1）4个职能管理部门根据A1、A2、A3标段的特点，直接对A1、A2、A3标段的施工单位进行管理。

2）在施工过程中，A1标段出现的质量隐患由A1标段项目监理组的专业监理师直接通知甲施工单位进行整改，A2标段的出现的质量隐患由A2标段项目监理组的专业监理工程师直接通知乙施工单位进行整改。如未整改，则由相应标段的项目监理组负责人签发工程暂停令，要求停工整改。总监理工程师主持召开了第一次工地会议。会后，总监理工程师对监理规划审核批准后报送建设单位。

在报送的监理规划中，项目监理人员的部分职责分工如下：

① 投资控制组负责人审核工程款支付申请，并签发工程款支付证书，但竣工结算须由总监理工程师签认。

② 合同管理组负责调解建设单位和施工单位的合同争议，处理工程索赔。

③ 进度控制组负责审查施工进度计划及其执行情况，并由该组负责人审批工程延期。

④ 质量控制组负责人审批项目监理实施细则。

⑤ A1、A2、A3标段项目监理组负责人分别组织、指导、检查和监督本标段监理人员的工作，及时调换不称职的监理人员。

【解析】

1. 在上述做法中，总监理工程师存在的问题包括以下几点：

1）安排项目监理组负责人主持编写监理规划不妥，应由总监理工程师主持编制。

2）分别编制 A1、A2、A3 标段监理规划不妥，同一监理项目应统一编制监理规划。

3）4 个职能管理部门直接对 A1、A2、A3 标段的施工单位进行管理不妥，职能管理部门应作为总监理工程师的参谋，对 A1、A2、A3 标段监理组进行业务指导。

4）A2 标段的监理组的专业监理工程师直接通知乙单位整改不妥，应发给甲施工单位。

5）由相应标段监理组负责人签发工程暂停令不妥，应由总监理工程师签发。

6）主持召开第一次工地会议不妥，应由建设单位主持。

7）监理规划在第一次工地会议以后报给建设单位不妥，应在第一次工地会议前 7 天报给建设单位。

8）监理规划有总监理工程师审核批准不妥，应由监理单位技术负责人审核批准。

2. 项目监理人员职责分工中存在的问题包括以下几点：

1）投资组负责人签发工程款支付证书不妥，应由总监理工程师签发。

2）合同管理组负责处理工程索赔不妥，应由总监理工程师负责。

3）进度控制组负责人审批工程延期不妥，应由总监理工程师审批。

4）质量控制组负责人审批项目监理实施细则不妥，应由总监工程师审批。

5）项目监理组负责人调换不称职的监理人员不妥，应由总监理工程师调换。

思 考 题

1. 建设单位委托监理有哪些主要模式？
2. 简述建设工程监理实施程序。
3. 项目监理机构的监理人员包括哪些？其岗位职责是什么？
4. 组织设计应遵循的原则是什么？
5. 建设工程项目监理机构人员如何配备？

练 习 题

【背景资料】监理公司受建设单位委托对某综合大楼工程进行监理，在实施监理的过程中发生如下事件：

事件1：为控制工程质量，项目监理机构确定的巡视内容包括以下几点：

1）施工单位是否按工程设计文件进行施工。

2）施工单位是否按批准的施工组织设计、（专项）施工方案进行施工。

3）施工现场管理人员、特别是施工质量管理人员是否到位。

事件2：专业监理工程师收到施工单位报送的施工控制测量成果报验表后，检查并复核了施工单位测量人员的资格证书及测量设备检定证书。

事件3：项目监理机构在巡视中发现，施工单位正在加工的一批钢筋未经报验，随即签发了工程暂停令，要求施工单位暂停钢筋加工、办理见证取样检测及完善报验手续。施工单位质检员对该批钢筋取样后将样品送至项目监理机构，项目监理机构确认样品后要求施工单位将试样送检测单位检验。

事件4：在质量验收时，专业监理工程师发现某基础的预埋件位置偏差过大，即向施工单位签发了监理通知单要求整改。施工单位整改完成后电话通知项目监理机构进行检查，监理员检查确认整改合格后，即同意施工单位进行下道工序施工。

问题一：针对事件1，项目监理机构对工程质量的巡视还应包括哪些内容？

问题二：针对事件2，专业监理工程师对施工控制测量成果及保护措施还应检查、复核哪些内容？

问题三：分别指出事件3中施工单位和项目监理机构做法的不妥之处，写出正确做法。

问题四：分别指出事件4中施工单位和监理员做法的不妥之处，写出正确做法。

【参考答案】

问题一：

事件1中，巡视还应包括下列主要内容：

1. 施工单位是否按工程建设标准施工。
2. 使用的工程材料、构配件和设备是否合格。
3. 特种作业人员是否持证上岗。

问题二：

事件2中，专业监理工程师的检查、复核内容还应包括施工平面控制网、高程控制网和临时水准点的测量成果及控制桩的保护措施。

问题三：

事件3中施工单位和项目监理机构做法的不妥之处和正确做法如下：

1. 施工单位的不妥之处和正确做法如下：

1) 不妥：施工单位的钢筋未经报验，即开始加工。

正确做法：施工单位应将该批钢筋的质量证明文件报送给监理机构。

2) 不妥：施工单位质检员对该批钢筋取样。

正确做法：施工单位在对进场材料实施见证取样前应通知负责见证取样的监理机构，在负责见证的监理人员现场监督下，施工单位按相关规范的要求，完成材料、试块、试件等的取样过程。

3) 不妥：施工单位质检员将样品送至项目监理机构。

正确做法：完成取样后，施工单位取样人员应在试样或其包装上做出标识、封志。标识和封志应标明工程名称、取样部位、取样日期、样品名称和样品数量等信息，并由见证取样的监理人员和施工单位取样人员签字，贴上送检标志，然后由施工单位负责送往试验室。

2. 监理单位的不妥之处和正确做法如下：

1) 不妥：专业监理工程师发现施工单位一批钢筋未经报验，随即签发了工程暂停令。

正确做法：由总监理工程师签发工程暂停令，由专业监理工程师应当签发监理通知单，要求施工单位办理见证取样检测及完善报验手续，将该批钢筋的质量证明文件报送给监理机构。

2) 不妥：项目监理机构确认样品后要求施工单位将试样送检测单位检验。

正确做法：见证取样监理人员应根据见证取样实施细则要求，按程序实施见证取样工作，包括：在现场进行见证，监督施工单位取样人员按随机取样方法和试件制作方法进行取样；对试样进行监护、封样加锁；在检验委托单签字，并出示"见证员证书"；协助建立包括见证取样送检计划、台账等在内的见证取样档案等。

问题四：

事件 4 中施工单位和监理员做法的不妥之处和正确做法如下：

1) 不妥：施工单位整改完成后电话通知项目监理机构进行检查。

正确做法：施工单位整改完成后应填报监理通知回复单书面通知项目监理机构进行检查。

2) 不妥：监理员检查确认整改合格后，即同意施工单位进行下道工序施工。

正确做法：应由专业监理工程师检查确认整改合格，对监理通知回复单签署复查意见，方可进行下道工序。

第4章 建设监理文件资料管理

本章概要

建设工程的各项文件资料信息是工程实施过程的历史记录，也是工程使用和维护的重要依据。建设工程项目的文件资料信息十分庞杂，涉及面广，时间跨度大，对相关文件资料的管理关系到项目的顺利实施和交付使用。监理文件管理人员应科学规范地管理监理文件，认知履行监理文件管理人员的职责。本章围绕建设监理的主要文件资料管理，介绍监理文件资料管理的基本要求和管理流程，重点阐述了监理规划、监理实施细则、监理日志、监理月报和监理工作总结等监理文件资料的主要内容和编写依据。

学习要求

1. 了解监理文件资料的内容。
2. 熟悉监理文件资料管理的基本要求和流程。
3. 掌握监理规划及监理实施细则及监理规划的主要内容、报审程序和主要内容。

◆【案例导读】

某综合楼建设项目包括商业用房、文娱用房及其他配套用房，总建筑面积为85606m^2，建筑高度50.65m，为框架剪力墙结构。该工程存在深基坑、转换层高大模板等分部分项工程，基础形式为桩基础、独立基础及条形基础。项目于2018年1月10日开工，2020年3月25日完工。建设单位在竣工验收之前，要求监理单位提供相关的监理资料。

经查，该项目监理资料管理存在以下问题：
1）该监理规划上没有总监理工程师的签字。
2）工程质量评估报告由总监理工程师代表签字盖章。
3）转换层无监理旁站记录。
4）部分监理月报缺失。

监理机构在整改完善后将监理资料移交城建档案管理部门，被拒收。城建档案管理部门要求监理单位应将文件资料交给建设单位，再由建设单位移交给城建档案馆。

4.1 建设监理文件资料管理概述

4.1.1 监理文件资料内容

建设工程监理实施过程中涉及大量的文件资料，这些文件资料不仅是实施建设工程监理的重要依据，也是建设工程监理的重要成果资料。

根据《建设工程监理规范》，建设工程监理的主要包括以下文件资料：
1）勘察设计文件、建设工程监理合同及其他合同文件。
2）监理规划、监理实施细则。
3）设计交底和图纸会审会议纪要。
4）施工组织设计、专项施工方案、施工进度计划报审文件资料。
5）分包单位资格报审会议纪要。
6）施工控制测量成果报验文件资料。
7）总监理工程师任命书，工程开工令、暂停令、复工令，开工或复工报审文件资料。
8）工程材料、构配件、设备报验文件资料。
9）见证取样和平行检验文件资料。
10）工程质量检验报验资料及工程有关验收资料。
11）工程变更、费用索赔及工程延期文件资料。
12）工程计量、工程预支付文件资料。
13）监理通知单、工程联系单与监理报告。
14）第一次工地会议、监理会议、专题会议等会议纪要。
15）监理月报、监理日志、旁站记录。
16）工程质量或生产安全事故处理文件资料。
17）工程质量评估报告及竣工验收监理文件资料。
18）监理工作总结。

4.1.2 监理文件资料管理基本要求

建设监理文件资料应以施工验收规范、工程合同、设计文件、工程施工质量验收标准等为依据进行填写，文件资料的收集与整理应与工程进度保持同步，确保资料内容齐全、准确、真实。

根据《建设工程监理规范》，项目监理机构文件资料管理的基本要求包括：

1）建立和完善监理文件资料管理制度，宜设专人管理监理文件资料。

2）及时、准确、完整地收集、整理、编制、传递监理文件资料，宜采用信息技术进行监理资料文件管理。

3）及时整理、分类汇总监理文件资料，并按规定组卷，形成监理档案。

4）根据工程特点和有关规定，保存监理档案，并向有关单位、部门移交需要存档的监理文件资料。

4.1.3 监理文件资料管理流程

监理文件资料管理是指项目监理机构对在施工过程中形成的文件资料的管理，以及项目竣工阶段向建设单位和本单位提交的成套监理资料的编制和管理。监理文件资料管理关系到监理机构的工作成效。项目监理机构应通过以下工作流程对监理文件资料进行管理：

1. 监理文件资料收文

所有监理收文应在收文登记簿上进行登记，登记的内容包括文件编号和名称、内容摘要、发文单位、收文日期及收文者签名等。

项目监理机构文件资料管理人员应检查监理文件资料的各项填写内容和记录是否真实完整。签字认可人员应为符合相关规定的责任人员，并且不得以盖章和打印代替手写签认。建设监理文件资料以及存储介质的质量应符合要求，所有文件资料必须符合文件资料归档要求，以满足长期保存的要求。

施工单位报送的文件若不符合要求，总监理工程师或其授权的监理工程师应签发书面意见后退回施工单位，修改后再报。

2. 监理文件资料传阅

建设监理文件资料需要由总监理工程师或其授权的监理工程师确定是否需要传阅。对于需要传阅的，应确定传阅人员名单和范围，并在传阅纸上注明，将文件传阅纸随同文件资料一起进行传阅。总监理工程师或其授权的监理工程师应做出必要的批办意见，传阅人员阅后应在文件传阅纸上签名，并注明日期。

文件资料传阅期限不应超过该文件资料的处理期限，传阅完毕后，文件资料原件应交还信息管理人员存档。

3. 监理文件资料发文

监理文件资料的发文应由总监理工程师或其授权的监理工程师签名，并加盖项目监理机构图章。若为紧急处理文件，应在文件资料首页标注"急件"字样。

所有建设监理文件资料应按要求进行编码，并在发文登记簿上进行登记。登记内容包括文件资料的分类编码、文件名称、内容摘要、接受文件的单位名称、发文日期及接收文件者的签名。

4. 监理文件资料分类存放

建设监理文件资料经收文、传阅、发文后，应进行科学的分类存放，这样既满足工程项目实施过程中查阅、求证的需要，又便于工程竣工验收后文件资料的归档和移交。

建设监理文件资料的分类应根据工程项目的施工顺序、施工承包模式、单位工程的划分以及工程质量验收程序等,结合项目监理机构自身的业务工作开展情况进行,原则上可按施工单位、专业施工部位、单位工程等进行分类,以保证建设监理文件资料检索和归档工作的顺利进行。

5. 监理文件资料借阅管理

资料管理员不得将重要的资料、文件、设计图擅自借出,确有需要借出的,借阅人应填写借阅申请表,在获得主管领导批准的情况下,告知借阅人保密、保管责任以及归还时间;在借阅人归还借阅资料后,资料管理员应检查归还文件的完整性,将文件放回至原归档位置。

对于密级较高的文件、设计图,借阅人只能在资料管理人员的陪同下,在规定地点阅读,不得拍照、翻印和转录。

4.2 监理规划

监理规划是指导项目监理机构全面开展工作的纲领性文件,围绕项目监理机构的监理工作内容进行编写。监理规划的编制应针对项目的实际情况,明确项目监理机构的工作目标,确定具体的监理工作制度、程序、方法和措施,具有可操作性。

监理规划由项目总监理工程师主持、各专业或子项目监理工程师参加编写,经工程监理单位技术负责人审查批准,并在召开第一次工地会议前报送建设单位,由建设单位确认并监督实施。

监理规划将工程监理单位应承担的责任及监理任务具体化,是工程监理单位有序地开展监理工作的基础。在监理工作实施过程中,如需调整监理规划,应由项目总监理工程师组织相关监理工程师进行修改,按照原报审程序经过批准后报建设单位。

4.2.1 监理规划的编写依据与要求

1. 监理规划的编写依据

(1) 工程建设方面的法律、法规

工程建设方面的法律、法规包括国家颁布的相关工程建设法律、法规;工程所在地或所属部门颁布的相关法规、规定和政策;工程建设的各种规范、标准。

(2) 政府批准的工程建设文件

政府批准的工程建设文件包括政府建设主管部门批准的可行性报告、立项批文;政府规划部门确定的规划条件、土地使用条件、环境保护要求、市政管理规定。

(3) 建设工程监理合同

监理规划依据建设工程监理合同进行编写,并据此确定监理单位和监理工程师的权利和义务、监理工作范围和内容。

(4) 监理大纲

编写监理规划应根据监理大纲中的监理组织计划,拟投入的主要监理人员,投资、进度、质量控制方案,合同管理方案,信息管理方案,以及定期提交给业主的监理工作阶段性成果等内容进行编写。

(5) 其他资料和信息

其他资料和信息包括工程实施现状、工程变更状况和外部环境变化等。

2. 监理规划的编写要求

（1）监理规划的编写内容应满足监理工作的基本需要

监理单位的基本工作内容决定了监理规划的基本内容。监理规划是开展监理工作的指导性文件，应包括对监理工作的组织、控制以及相应措施和方法的规划。

（2）监理规划的编写应具有针对性、指导性、可操作性

监理规划作为监理单位全面开展监理工作的纲领性文件，是监理单位有序开展各项监理工作的依据，其内容应具有针对性、指导性、可操作性。项目的监理规划不仅要考虑项目的自身特点，也要注重监理单位的实际情况。监理规划应明确监理机构在工程项目实施的各个阶段的工作任务、地点、人员、工作时间和工作所采用的具体方法措施。

（3）监理规划的编写应由总监理工程师组织

根据《建设工程监理规范》（GB/T 50319—2013）的相关规定，监理规划应由总监理工程师组织编制。在听取建设单位、专业监理工程师以及其他相关监理人员意见和建议的基础上，由总监理工程师组织相关专业监理工程师编制监理规划。

（4）监理规划的编写应遵循工程项目的实际运行规律

监理规划是针对一个具体建设工程编写的，不同的建设工程具有不同的工程特点、工程条件和运行方式。监理规划的编写应遵循工程项目的运行规律，随着工程实施进程中内外因素和条件的变化，不断地进行补充、修改、调整和完善。

（5）监理规划的编写应有利于监理合同的履行

建设工程委托监理合同是监理规划的重要编写依据，监理规划的编写应保证监理合同的有效履行。

（6）监理规划的编写应标准化、格式化

监理规划应通过简洁、有效的方式来进行表达，包括图、表和简洁的文字说明等。编写监理规划对拟采用的图、表及文字说明应进行统一规定，可以编制适应本单位的监理规划标准化样本。

（7）监理规划应经审核批准后方可实施

监理规划在编制完成后应由监理单位技术负责人进行审核和批准，然后按照工程监理合同报送建设单位，由建设单位确认。

4.2.2 监理规划的主要内容

工程项目监理规划的编制包括以下内容：

1. 工程概况

1）工程建设背景。
2）工程建设条件。
3）工程项目组成与规模（表4-1）。

表4-1 工程项目组成与规模

序　号	工程名称	承建单位	结构类型	工程数量
1				
2				
3				

4)建筑设计主要做法或参数(含建筑、结构、安装等专业)(表4-2)。

表4-2 建筑设计主要做法或参数

工程名称	基础	主体结构	安装	……	装修

5)工程概算投资额或建安工程造价。
6)工程项目计划工期,包括开工和竣工日期。
7)工程质量目标。
8)工程勘察、设计及施工单位的相关情况(表4-3和表4-4)。

表4-3 勘察、设计单位的相关情况

勘察、设计单位	勘察、设计内容	负责人

表4-4 施工单位的相关情况

施工单位	承包工程内容	负责人

9)工程项目结构图、组织关系图和合同结构图。
10)工程项目的特点。

2. 监理工作的范围、内容和目标

(1)监理工作的范围

监理工作的范围是指监理单位所承担的监理任务的工程范围。监理单位所承担的监理工作范围可能是全部建设工程,也可能是某一标段的监理任务。

(2)监理工作的内容

根据建设工程委托监理合同的要求,建设工程监理的工作内容涉及建设项目的各个阶段,包括立项阶段,设计阶段,施工招标阶段,材料设备采购供应、施工阶段(含施工准备阶段和施工验收阶段),以及业主委托的其他服务,其中施工阶段监理工作的内容是对工程项目进行质量控制、投资控制、进度控制、安全生产管理、合同管理、信息管理和组织协调。

(3)监理工作的目标

监理工作的目标包括实现建设项目的质量、投资、进度、文明施工及安全生产目标。在实际的监理工作中,通过跟踪检查,对比目标完成的实际值与计划值,找出影响目标完成的因素,采用经济、技术、组织和管理等措施进行纠偏和调整,确保各个目标的顺利完

成,如:

1)工程投资控制目标:以××××年预算为基价,静态投资为××××万元。
2)工程进度目标:工期目标为××个月(或自××××年××月××日至××××年××月××日)。
3)工程质量控制目标:工程质量合格以及建设单位的其他要求(如鲁班奖、优质结构奖等)。
4)安全生产文明施工管理目标:达到监理合同要求。

3. 监理工作依据

根据《建设工程监理规范》(GB/T 50319—2013),建设工程监理的依据包括相关法律法规、工程建设标准、勘察设计文件、监理合同以及其他与工程建设有关的其他资料。

1)国家、地方相关法律、法规、标准、规范、规程。
2)有关勘察、设计、监理等方面的文件资料。
3)与工程建设有关的其他资料。

4. 监理机构组织形式、人员配备及进场计划、监理人员岗位职责

(1)监理机构组织形式

项目监理机构的组织形式和规模,应根据监理合同约定内容以及工程特点、规模、复杂程度等因素确定。某监理机构组织结构如图4-1所示。

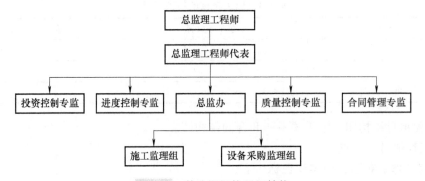

图4-1 某监理机构组织结构

(2)监理机构人员配备计划

监理机构人员由总监理工程师、专业监理工程师和监理员构成,监理机构配备的人员应与监理投标文件或监理项目建议书内容保持一致。另外,专业配套和数量应满足监理工作的要求,并注明专业和职称等内容,监理机构人员配备计划见表4-5;还可以根据建设工程监理进程来合理安排人员配备计划,项目监理机构人员进度配备计划见表4-6。

表4-5 监理机构人员配备计划

序号	姓名	性别	年龄	职称	担任岗位	以往岗位	进场时间	退场时间
1								
2								
……								

表 4-6　项目监理机构人员进度配备计划　　　　　　　　　　（单位：人）

月份	4	5	6	7	8	9	10	11	……	合计
总监理工程师										
总监理工程师代表										
土建监理工程师										
造价监理工程师										
机电监理工程师										
土建监理员										
安全监理工程师										
造价监理员										
机电监理员										
资料员										
……										
合计										

（3）项目监理人员的岗位职责

监理人员的工作任务和岗位职责应根据具体的监理合同以及《建设工程监理规范》（GB/T 50319—2013）的相关规定，详见第 3 章相关内容。

5. 工程质量控制

根据工程的目标，监理规划应制定相应保证质量的措施、预防控制与事故处理的方案，在事前、事中、事后都要有相应措施。

6. 工程投资控制

监理规划中应制定相应的工作程序、方法和措施，对工程投资控制明确目标，运用动态控制的原理，对工程投资进行对比分析和控制，将工程实际投资控制在计划投资范围内。

7. 工程进度控制

监理机构应熟悉施工合同及施工进度计划，明确施工进度目标和要求以及进度控制过程中的重点和难点，对工程进度目标进行分解，在监理规划中制定符合工程实际的进度控制流程、方法和措施，将工程实际进度控制在计划工期范围内。

8. 安全生产管理控制

监理机构应根据相关法律法规、工程建设标准，履行工程安全生产管理的监理职责。监理机构应根据工程的实际情况，加强对施工组织设计中有关安全技术措施的审核，加强对专项施工方案的审查和监督，加强对现场生产安全事故隐患的检查，发现问题及时处理，防止和避免生产安全事故的发生。

9. 合同管理与信息管理

合同管理是对建设单位、施工单位、材料设备供应单位等签订的合同进行的管理。在合同执行过程的各个环节进行管理，督促合同双方履行合同，维护合同双方的正当权益。合同管理的主要内容包括处理工程暂停工及复工、工程变更、索赔及施工合同争议、解除以及处理施工合同终止的有关事宜。项目合同目录一览表格式见表 4-7。

表 4-7 项目合同目录一览表格式

序 号	合同编号	合同名称	施工单位	合同价	合同工期	质量要求

信息管理是建设工程监理的基础性工作，通过对建设工程形成的信息进行收集、整理处理、存储、传递与运用，保证及时、准确地获取所需要的信息。信息管理工作包括对信息进行分类（表 4-8）、明确监理机构内部信息流程以及制定信息管理工作的流程与措施等。

表 4-8 信息分类

序 号	信息类别	信息名称	信息管理要求	责 任 人

10. 组织协调

监理机构通过组织协调工作将项目建设系统中分散的各个要素配合得当，并协调一致地实现共同预定的目标。监理机构的组织协调分为内部协调和外部协调。其中内部协调表现为监理单位内部协调；外部协调包括近外层系统和远外层系统。近外层系统中的协调单位与建设工程一般有合同关系；远外层系统中的协调单位与建设工程一般没有直接合同关系。

11. 监理工作制度

为了保证工程监理服务的质量，以及更好地履行工程监理的职责，监理机构应在监理规划中制定相关的工作制度。

（1）施工招标阶段的监理工作制度

施工招标阶段的监理工作制度包括招标准备工作制度、编制招标文件制度、标底编制及审核制度、合同条件拟定及审核制度、组织招标实务有关制度等。

（2）施工阶段的监理工作制度

施工阶段的监理工作制度包括设计文件、图纸审查制度；施工图纸会审及设计交底制度；施工组织设计审核制度；工程开工申请审批制度；工程材料、半成品质量检验制度；隐蔽工程、分项（部）工程质量验收制度；单位工程、单项工程总监验收制度；设计变更处理制度；工程质量事故处理制度；施工进度监督及报告制度；监理报告制度；工程竣工验收制度；监理日志和会议制度。

（3）项目监理机构内部工作制度

项目监理机构内部工作制度包括监理组织工作会议制度；外行文审批制度；监理工作日志制度；监理周报、月报制度；技术、经济资料及档案管理制度；监理费用预算制度。

12. 监理工作设施

监理机构应根据工程的规模、类别、技术复杂程度、建设工程所在地的环境条件，按照建设工程监理合同约定，配备满足监理工作需要的常规检测设备和工具。监理机构应制定监理设施管理制度，落实场地、办公、交通、通信、生活等设施。

4.2.3 监理规划报审程序及审核内容

1. 监理规划的报审程序

监理规划的报审程序包括：

1）在签订工程监理合同和工程设计文件后，由监理工程师组织、专业监理工程师参与编制监理规划。

2）在完成监理规划的编制以及总监理工程师签字后，由监理单位技术负责人对监理规划进行审核批准。

3）召开第一次工地会议前，总监理工程师将监理规划报送建设单位。

4）若施工组织设计、施工方案等发生重大变化时，按照相应程序处理。对监理规划进行调整的，应由总监理工程师组织、专业监理工程师参与、监理单位技术负责人进行审核批准；对监理规划需重新审批的，应由监理单位技术负责人重新审批。

2. 监理规划的审核内容

（1）监理范围、工作内容及监理目标审核

根据监理招标文件和建设工程监理合同，审核是否理解建设单位的工程建设意图，监理范围、监理工作内容是否已包括全部委托的工作任务，监理目标是否与建设工程监理合同要求和建设意图一致。

（2）项目监理机构审核

1）监理机构组织形式审核。审核组织形式、管理模式等是否合理，是否已结合工程实施特点，是否能够与建设单位的组织关系和施工单位的组织关系相互协调。

2）监理机构人员配备审核。

① 派驻监理人员的专业满足程度。审核各专业监理人员是否覆盖了工程实施过程中的相关专业要求，以及高、中级职称和年龄结构的组成。

② 人员数量的满足程度。审核从事监理工作的人员在数量和机构上的合理性。

③ 专业人员不足时采取的措施是否恰当。大中型建设工程由于技术复杂、专业面宽，当监理单位的技术人员不足以满足全部监理工作要求时，对拟临时聘用的监理人员的综合素质应认真审核。

④ 派驻现场人员计划表。对于大中型建设工程，不同阶段对监理人员数量和专业等方面的要求不同，应对各阶段所派驻现场监理人员的专业、数量计划是否与建设工程的进度计划相适应进行审核。

（3）监理工作计划审核

审核工程进展中各个阶段的工作实施计划是否合理、可行，审查每个阶段控制建设工程目标以及组织协调的方法。

（4）质量、投资、进度控制方法和措施审核

针对三大目标的控制方法和措施是监理规划审核的重点。

（5）安全生产管理的工作审核

包括审核安全生产管理的监理工作内容是否明确；是否制定相应的安全生产管理实施细则；是否建立了对施工组织设计、专项施工方案的审查制度；是否建立了对现场安全隐患的巡视检查制度；是否建立了安全生产管理状况的监理报告制度等。

（6）监理工作制度审核

主要审查项目监理机构的内、外部工作制度是否健全、有效。

4.3 监理实施细则

4.3.1 监理实施细则的编写依据和编写要求

监理实施细则和监理规划是一个整体，但两个文件的范围、深度、侧重点有所不同。监理规划是指导整个项目监理各个方面工作，对各个专业均适用；监理实施细则是由专业监理工程师针对工程具体情况制定出更具实施性和操作性的业务文件。监理实施细则用于具体指导监理业务的实施。

1. 监理实施细则的编写依据

根据《建设工程监理规范》（GB/T 50319—2013），监理实施细则的编写依据包括以下几点：

1）已批准的建设工程监理规划。

2）与工程专业相关的标准、设计文件和技术资料。

3）施工组织设计、（专项）施工方案。

监理实施细则在编制的过程中，可以结合工程监理单位的规章制度和经认证发布的质量体系，使监理实施细则内容更加全面、完整，有效提高建设工程监理自身的工作质量。

2. 监理实施细则的编写要求

（1）坚持有据可依

监理实施细则应以已批准的监理规划、与专业工程相关的标准、设计文件和技术资料、施工组织设计等文件资料作为编写依据。

（2）内容全面翔实

监理实施细则内容应包括"三控三管一协调"和安全生产管理的监理工作，专业监理工程师应根据监理合同、监理规划及其他相关文件资料编制全面细致的监理实施细则，确保监理目标的实现。

（3）针对性强

每个工程项目具有唯一性。监理实施细则应紧密结合工程的实际建设条件、技术、设计、环境等来进行编制，保证监理实施细则的针对性。监理实施细则应符合监理规划的要求，并结合工程项目的专业特点，制定有针对性的组织、技术、经济和合同措施。

（4）可操作性强

监理实施细则应有具体详细的操作方法、详细的控制目标，满足监理规划的要求。

4.3.2 监理实施细则的主要内容

监理实施细则应包括专业工程特点、监理工作流程、监理工作控制要点及监理工作方法及措施等内容。

1. 专业工程特点

专业工程特点是指需要编制监理实施细则的专业工程特点。应对专业工程的建筑特点、结构特点和施工的重难点、施工工艺流程、施工工序等内容进行详细有针对性的说明,体现施工的特殊性和技术的复杂性,还应说明其他专业工程和外部环境对本专业工程的约束和影响。

2. 监理工作流程

监理工作流程是依据相应专业制定的具有可操作性和可实施性的流程,涉及最终产品的检查验收,也涉及施工工程各个环节及中间产品的监督检查与验收。

3. 监理工作控制要点

监理工作控制要点和目标值是对监理工作流程中工作内容进行补充,是对流程图中相关控制点和判断点进行全面描述,对监理工作目标和控制指标、数据和频率说明清楚。

4. 监理工作方法及措施

(1) 监理工作方法

对每一个专业工程的监理实施细则来说,应对所采用的工作方法进行详细说明。这些工作方法包括:

1) 旁站监理。在关键部位或关键工序施工过程中,由监理人员在现场进行的监督活动。

2) 巡视检查。监理人员对正在施工的部位或工序在现场进行的定期或不定期的监督活动。

3) 见证取样。按照质量监督站的要求抽取样品并亲自送质量鉴定机构,对结果进行跟踪和处理,送检的频率按照政府规定执行。

4) 平行检测。项目监理机构利用一定的检查或检测手段,在承包商自检的基础上,按照一定的比例独立进行检查或检测的活动。

除了上述四种常规方法以外,监理工程师还可以采用指令文件、监理通知、工程款支付控制、监理报告等方法实施监理。

(2) 监理工作措施

1) 根据措施实施内容不同,监理工作措施分为技术措施、经济措施、组织措施以及合同措施。

2) 根据措施实施时间不同,监理工作措施可分为事前控制措施、事中控制措施及事后控制措施。其中,事前控制措施是指为预防发生差错或问题而提前采取的措施;事中控制是指监理工作中及时获取工程实际状况信息,以供及时发现和解决问题而采取的措施;事后控制是指发现工程目标发生偏离后而采取的纠偏措施。

4.3.3 监理实施细则的报审程序及审核内容

1. 监理实施细则的报审程序

监理实施细则随着工程进展编制,但必须在相应工程施工前完成,经总监理工程师批准后实施。监理实施细则的报审程序如下:

1) 在工程施工前,由专业监理工程师编制监理实施细则。

2) 在工程施工前,由专业监理工程师送审,总监理工程师批准监理实施规划。

3) 在工程施工过程中,若监理实施细则中工作流程和方法调整,由专业监理工程师调整,总监理工程师批准。

2. 监理实施细则的审核内容

（1）审核编制依据

监理实施细则的编制是否符合监理规划的要求，是否符合专业工程相关标准，是否符合设计文件的内容，与提供的技术资料是否相符，与施工组织设计、专项施工方案的使用规范、标准、技术要求相一致。

（2）审核项目监理人员

1）组织方面。审核监理组织方式、管理模式是否合理，是否结合了专业工程的具体特点，是否便于监理工作的实施，制度、流程上是否能保证监理工作，是否与建设单位和施工单位相互协调。

2）人员配备方面。审核监理人员配备的专业满足程度、数量是否满足监理工作的需要，专业人员不足时采取的措施是否恰当，是否有操作性较强的现场人员计划安排表等。

（3）审核监理工作流程和工作要点

审核监理工作流程是否完整、翔实，节点检查验收的内容和要求是否明确，是否与施工流程相互衔接。审核监理工作要点是否明确、清晰，目标值控制点的设置是否合理、可控。

（4）审核监理工作方法和措施

审核监理工作方法是否科学、合理、有效，监理工作措施是否具有针对性、可操作性、安全可靠，是否能确保监理目标的实现。

（5）审核监理工作制度

审核其内、外监理工作制度是否能有效保证监理工作的实施，监理记录及监理表格等是否完备。

4.4 其他主要监理文件

工程监理实施过程中会涉及大量的文件资料，这些资料既是实施工程监理的重要依据，也是工程监理工作的成果资料。除了监理规划和监理实施细则，其他主要的监理文件有监理日志、监理月报和监理工作总结。

4.4.1 监理日志

监理日志是监理资料的重要组成部分，是工程实施过程中监理工作最真实的原始记录，也是反映监理活动全面而连续的监控记录。监理日志是监理人员履行岗位职责的工作证据，也是监理单位履行合同的重要依据之一，其内容必须保证真实、准确、全面。

监理日志由各专业监理工程师、监理员负责填写，项目总监理工程师负责签阅，工程结束后由监理机构负责收集、整理并及时归档保管。

监理日志主要包括以下内容：

（1）天气情况

监理日志应记录当天天气情况（如气温，晴、阴、雨或大风等），以及因天气原因导致工作时间的损失。

（2）现场主要管理人员情况

现场主要管理人员情况包括业主现场代表、承包商项目经理、技术负责人、主要质检、安检及管理人员，监理人员的到场情况。

（3）劳动力、周转材料、机械情况

承包商当天投入的劳动力、材料、机械，以及重要机械、设备、材料到达、转移及使用情况。数量是否满足施工组织设计或施工进度要求，质量（包括工人技术熟练、机械的完好程度等）是否满足施工要求。

（4）施工内容

据实填写现场每天的施工内容，包括工作内容、地点、位置、楼层、栋号、分部工程、分项工程等。

（5）施工进度、质量的检查情况、安全生产、文明施工情况

监理人员通过旁站、巡视、平行检验对施工进度、质量、安全、文明施工进行检查是施工监理的重要工作，也是监理日志记录的重点。记录内容应包括施工情况，监理工作内容，发现施工存在的问题（必要时记录检测数据），采取的监理措施，处理结果等，逐一记录处理问题的时间、过程和处理结果，涉及各方人员的应记录其姓名。

（6）建筑材料情况

记录当天建筑材料（含构配件及设备）进场情况，记录材料的名称、规格、型号、批次、数量、所用部位、取样送检委托单号，也应记录承包商的报验情况、检验结果和试验的内容，发现的问题和处理措施，检验或试验结论。

（7）工程计量及支付

工程计量应记录计量内容、数量依据，参加各方人员姓名，是否给予支付，支付方法、时间；记录工程进度款的审核、支付情况（有进度款审核、支付时填写）。

（8）工程变更

应记录变更的提出单位、变更内容，是否按工程变更管理程序办理工程变更。涉及工程计量、价款、工期或涉及监理附加工作、额外工作的工程变更，要详细记录工作或人员数量、时间。

（9）口头和书面的指令及执行情况，文件往来

记录业主给监理、施工方发的和监理给施工方发的口头和书面指令（包括电话指令）的内容，注明通知方人员的姓名、地点、时间以及在场其他有关人员等详细资料，并说明执行情况。对于当日收到的业主书面通知、设计变更及承包方请示报告，监理发给业主、承包商的文件等，均应在监理日志上记录清楚。

（10）工程会议及工程大事记

简要记录当天工程例会（包括现场会及其他与工程相关会议）的到会人员、内容、决定事项、处理结果等。

（11）施工过程中存在的问题

记录施工过程中监理发现的问题，解决的方法及整改情况，同时应记录已提出问题的整改落实情况。

4.4.2 监理月报

监理月报是项目监理机构每月向建设单位和监理单位提交的建设工程工作进展、工程建设存在的问题等分析总结报告。监理月报既要反映建设工程监理工作及建设工程实施情况，

也要确保建设工程监理合同可追溯。

监理月报由总监理工程师组织编写，签认后报送建设单位和监理单位。报送时间由监理单位和建设单位协商确定，一般在收到施工单位报送的工程进度，汇总本月已完成工程量和本月计划完成工程量的工程量表、工程款支付申请表等相关资料后，在协商确定的时间内提交。

监理月报的主要内容包括以下几点：

（1）本月工程实际情况

1）工程进展情况。工程实际进度与计划进度的比较，施工单位人、材、机进场及使用情况，本期正在施工的工程照片等。

2）工程质量情况。分部分项工程验收情况，工程材料、设备、构配件进场检验情况，主要施工、试验情况，本月工程质量分析。

3）施工单位安全生产管理工作评述。

4）已完工程量与已支付工程款的统计及说明。

（2）本月监理工作情况

1）工程进度控制方面的情况。

2）工程质量控制方面的情况。

3）安全生产管理方面的情况。

4）监理工作统计及工作照片。

5）工程计量与工程款支付方面的工作。

6）合同及其他事项管理情况。

（3）本月工程建设的主要问题及处理情况

1）工程进度控制的主要问题分析及处理情况。

2）工程质量控制的主要问题分析及处理情况。

3）施工单位安全生产的主要问题分析及处理情况。

4）工程计量与工程预付款支付的主要问题分析及处理情况。

5）合同及其他事项管理的主要问题分析及处理情况。

（4）下月监理工作重点

1）工程管理方面的监理工作重点。

2）项目监理机构内部管理方面的工作重点。

4.4.3 监理工作总结

监理工作结束后，监理机构应向建设单位提交监理工作总结。监理工作总结由总监理工程师组织项目监理机构监理人员编写，由总监理工程师审核签字，并加盖监理单位的公章后报建设单位。

监理工作总结的内容包括以下几点：

1）工程概况，包括：①工程名称、等级、建设地址、建设规模、结构形式以及主要设计参数；②工程建设单位、设计单位、勘察单位、施工单位、检测单位等；③工程项目的主要分部分项工程施工进度和质量情况；④监理工作的难点和重点。

2）项目监理机构、监理人员和投入的监理设施情况。

3）建设工程监理合同履行情况，包括监理合同目标控制情况，监理合同履行情况，监理合同纠纷的处理情况等。

4）监理工作成效。项目监理机构提出的合理化建议并建设、设计、施工单位的采纳情况；发现施工中的差错，并通过监理单位避免了工程质量事故和生产安全事故的情况；累计核减工程款及为建设单位节约工程建设投资等的数据等。

5）监理工作中发现的问题及处理情况。监理工作中产生的监理通知单、监理报告、工作联系单及会议纪要等所提出问题的简要统计；由工程质量、安全生产等问题引起的工程合理化建议等。

6）工程照片、录像等影像资料。

7）说明与建议。

思 考 题

1. 简述建设工程监理文件资料的主要内容。
2. 简述建设工程监理规划、监理实施细则的编写依据。
3. 简述建设工程监理规划、监理实施细则的主要内容。
4. 简述建设工程监理规划与监理实施细则的联系和区别。
5. 简述建设工程监理规划、监理实施细则的报审程序。
6. 建设工程监理有哪些文件资料？
7. 简述监理日志、监理月报和监理工作总结的主要内容。

第5章

建设工程投资控制

本章概要

建设项目投资控制是项目监理的主要工作内容之一。通过有效的建设项目投资控制措施和方法，在投资决策、设计、施工以及竣工各个阶段，将建设工程投资控制在批准的投资限额内，随时纠正发生的偏差，保证项目投资管理目标的实现，以求建设工程项目取得较好的投资效益和社会效益。

本章包括建设工程投资控制概述、设计阶段投资控制和施工阶段投资控制。内容涉及建设工程投资控制要求、主要任务及投资构成，施工阶段的工程计量、工程变更、工程索赔和竣工结算，以及设计阶段的限额设计、设计概算的编制与审查、施工图预算的编制与审查。

学习要求

1. 了解建设工程造价的构成、造价控制的要求和依据。
2. 熟悉限额设计、设计概算和施工图预算的编制与审查。
3. 掌握施工阶段工程变更、工程索赔和竣工结算的主要内容。

◆【案例导读】

上海轨道交通6号线工程是上海城市轨道交通规划网络中的市区轻轨线之一，也是平行于黄浦江的一条纵贯浦东新区南北的骨干交通线路。上海轨道交通6号线工程线路总长33.09km，其中高架段长2.04km，地下段长2.05km，全线共设28座车站，配车68辆。该工程实际建设从2003年6月开始，于2007年2月28日开通试运营，2008年年底实现了全线贯通运营。2009年年底通过上海市审计局的项目竣工决算审计。

上海轨道交通6号线的投资监理工作由中国建设银行上海市分行造价咨询中心和上海同济建设监理咨询有限公司两家咨询单位共同组成。该项目的投资监理工作包括以下几点:

1. 前期管线搬迁、三通一平、交通组织的投资控制

前期工程中临时工程多,需要实地了解变更签证情况,核实签证项目的真实性。投资监理通过与项目经理的及时沟通以及与施工单位的费用谈判,核算工程价款,确保了工程造价的正确性与合理性。比如在涉及三林停车场的前期征地大包干合同上,投资监理提前进入并参与了与土地管理部门、三林镇村委会的协调,经过近6个月的沟通谈判,确定对征地补偿的基本原则,使征地包干费用从最初的14余亿元下降到9800余万元。

2. 车站及区间工程的投资控制

轨道交通6号线工程土建项目形式多、标段多、承包单位多。6号线土建合同除少数采用单价合同外,其余均为总价包干合同,包括主材单价一次锁定,施工期内不得调整。这样的合同形式在材料市场价格波动不大的情况下具有可操作性,但如遇到材料价格的异常波动,特别是大幅度上涨时,合同执行就会遇到阻力,承包商往往会以停工等方式向业主要求价格补偿。6号线大部分土建合同的招标投标起于2003年下半年,到2003年下半年建材价格遭遇较大幅度上涨,不少施工承包合同刚签订就处于主材单价"套牢"状态。比如,2003年下半年时,张扬路沿线6座车站的钢筋合同单价仅2600元/t,而2003年年底市场价已涨至3900元/t左右,给承包单位造成较大损失。因此,相当一部分承包单位要求进行主材价差补贴的呼声很高。投资监理为了缓解项目公司的压力,一方面对承包商因材料价格上涨的实际损失进行测算,完成"全线工程用钢筋价差测算表",对整个工程的影响进行评估;另一方面根据测算报告向业主阐述了补偿与否的利弊分析和如果要进行补偿的方案建议,供业主进行决策参考。

3. 机电设备安装工程的投资控制

轨道交通6号线的港城路车辆段、三林停车场工艺设备费用以及后续的通信、信号、自动售检票、气体灭火、接触网、干线电缆、防灾报警、设备监控等系统工程全部由投资监理测算、集团公司设定上网限价的方式,虽然给投资监理增加了很大工作量,却有效地保护了业主的利益,做好了投资控制第一道关。同时,投资监理参与招标项目合同洽谈以及非公开招标项目及续标合同谈判,有效保障了业主的利益,使6号线工程在建造过程以及试运营时期的建设成本得到了有效的控制⊖。

5.1 建设工程投资控制概述

建设工程投资控制,是在投资决策阶段、设计阶段、发包阶段、施工阶段及竣工阶段,

⊖ 摘自:黄勤,从上海轨交6号线工程投资监理案例看重大项目的全过程投资控制。

把建设工程投资控制在批准的投资限额内，随时纠正发生的偏差，保证项目投资管理目标顺利实现，确保在工程项目建设过程中能合理使用人力、物力、财力，取得较好的投资效益和社会效益。

5.1.1 建设工程投资的构成

1. 建设工程投资的概念

建设工程投资是为完成工程项目建设并达到使用要求或生产条件，在建设期内预计或实际投入的全部费用总和。生产性建设工程总投资包括建设投资和流动资金两部分，非生产性建设工程总投资即建设投资。根据《国家发展改革委、建设部关于印发建设项目经济评价方法与参数的通知》（发改投资〔2006〕1325号）的规定，建设工程总投资构成如图5-1所示。

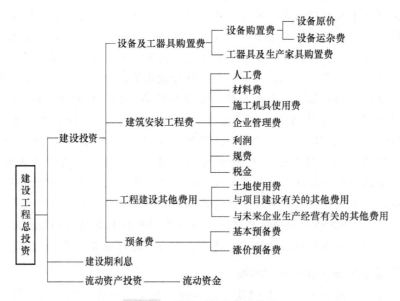

图 5-1 建设工程总投资构成

建设工程项目总投资由设备及工器具购置费、建筑安装工程费用、工程建设其他费用、预备费、建设期利息以及流动资金几部分组成。

2. 建筑安装工程费用的构成

建筑安装工程费用构成可以从费用构成角度或造价形成角度划分。

（1）从费用构成角度划分的建筑安装工程费用构成

建筑安装工程费用按照费用构成要素划分，由人工费、材料费（包含工程设备，下同）、施工机具使用费、企业管理费、利润、规费和税金组成（图5-2），其中人工费、材料费、施工机具使用费、企业管理费和利润包含在分部分项工程费、措施项目费、其他项目费中。

1）人工费。人工费是指按工资总额构成的规定，支付给从事建筑安装工程施工的生产工人和附属生产单位工人的各项费用。包括以下几项：

① 计时工资或计件工资：指按计时工资标准和工作时间或对已做工作按计件单价支付

给个人的劳动报酬。

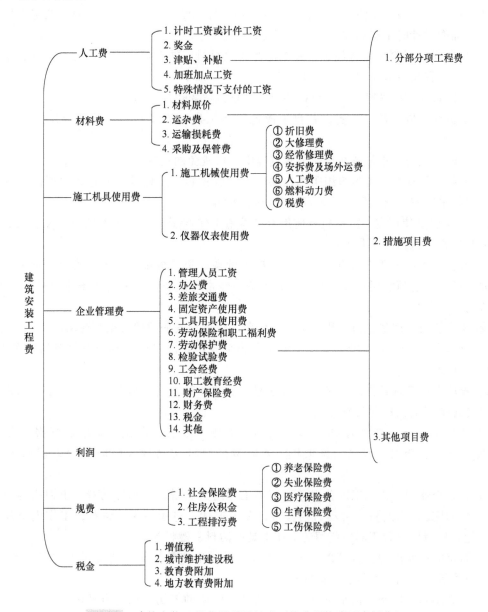

图 5-2　建筑安装工程费用项目组成（按费用构成要素划分）

② 奖金：指对超额劳动和增收节支支付给个人的劳动报酬，如节约奖、劳动竞赛奖等。

③ 津贴、补贴：指为了补偿职工特殊或额外的劳动消耗和因其他特殊原因支付给个人的津贴，以及为了保证职工工资水平不受物价影响而支付给个人的物价补贴，如流动施工津贴、特殊地区施工津贴、高温（寒）作业临时津贴、高空津贴等。

④ 加班加点工资：指按规定支付的在法定节假日工作的加班工资和在法定日工作时间外延时工作的加点工资。

⑤ 特殊情况下支付的工资：指根据国家法律、法规和政策规定，因病、工伤、产假、计划生育假、婚丧假、事假、探亲假、定期休假、停工学习、执行国家或社会义务等原因按计时工资标准或计时工资标准的一定比例支付的工资。

2）材料费。材料费是指施工过程中耗费的原材料、辅助材料、构配件、零件、半成品或成品以及工程设备的费用，包括以下几项：

① 材料原价：指材料、工程设备的出厂价格或商家供应价格。

② 运杂费：指材料、工程设备自来源地运至工地仓库或指定堆放地点所发生的全部费用。

③ 运输损耗费：指材料在运输装卸过程中不可避免的损耗。

④ 采购及保管费：指为组织采购、供应和保管材料、工程设备的过程中所需要的各项费用，包括采购费、仓储费、工地保管费、仓储损耗。

3）施工机具使用费。施工机具使用费是指施工作业所发生的施工机械、仪器仪表使用费或其租赁费。包括以下几项：

① 施工机械使用费：以施工机械台班耗用量乘以施工机械台班单价表示。施工机械台班单价包括下列七项费用：折旧费、大修理费、经常修理费、安拆费及场外运费、人工费、燃料动力费、税费。

② 仪器仪表使用费：指工程施工所需使用的仪器仪表的摊销及维修费用。

4）企业管理费。企业管理费是指建筑安装企业组织施工生产和经营管理所需的费用，包括以下几项：

① 管理人员工资：指按规定支付给管理人员的计时工资、奖金、津贴补贴、加班加点工资及特殊情况下支付的工资等。

② 办公费：指企业管理办公用的文具、纸张、账表、印刷、邮电、书报、办公软件、现场监控、会议、水电、烧水和集体取暖降温（包括现场临时宿舍取暖降温）等费用。

③ 差旅交通费：指职工因公出差、调动工作的差旅费、住勤补助费，市内交通费和误餐补助费，职工探亲路费，劳动力招募费，职工退休、退职一次性路费，工伤人员就医路费，工地转移费以及管理部门使用的交通工具的油料、燃料等费用。

④ 固定资产使用费：指管理和试验部门及附属生产单位使用的属于固定资产的房屋、设备、仪器等的折旧、大修、维修或租赁费。

⑤ 工具用具使用费：指企业施工生产和管理使用的不属于固定资产的工具、器具、家具、交通工具和检验、试验、测绘、消防用具等的购置、维修和摊销费。

⑥ 劳动保险和职工福利费：指由企业支付的职工退职金、按规定支付给离休干部的经费，集体福利费，夏季防暑降温、冬季取暖补贴、上下班交通补贴等。

⑦ 劳动保护费：指企业按规定发放的劳动保护用品的支出，如工作服、手套、防暑降温饮料以及在有碍身体健康的环境中施工的保健费用等。

⑧ 检验试验费：指施工企业按照有关标准规定，对建筑以及材料、构件和建筑安装物进行一般鉴定、检查所发生的费用，包括自设实验室进行试验所耗用的材料等费用。不包括新结构、新材料的试验费，对构件做破坏性试验及其他特殊要求检验试验的费用和建设单位委托检测机构进行检测的费用，对此类检测发生的费用，由建设单位在工程建设其他费用中

列支。但对施工企业提供的具有合格证明的材料进行检测不合格的，该项检测费用由施工企业支付。

⑨ 工会经费：指企业按《工会法》规定的全部职工工资总额比例计提的工会经费。

⑩ 职工教育经费：指按职工工资总额的规定比例计提，企业为职工进行专业技术和职业技能培训，专业技术人员继续教育、职工职业技能鉴定、职业资格认定以及根据需要对职工进行各类文化教育所发生的费用。

⑪ 财产保险费：指施工管理用财产、车辆等的保险费用。

⑫ 财务费：指企业为施工生产筹集资金或提供预付款担保、履约担保、职工工资支付担保等所发生的各种费用。

⑬ 税金：指企业按规定缴纳的房产税、车船使用税、土地使用税、印花税等。

⑭ 其他：包括技术转让费、技术开发费、投标费、业务招待费、绿化费、广告费、公证费、法律顾问费、审计费、咨询费、保险费等。

5）利润。利润是指施工企业完成所承包工程获得的盈利。

6）规费。规费是指按国家法律、法规规定，由省级政府和省级有关权力部门规定必须缴纳或计取的费用。包括以下几项：

① 社会保险费，包含企业按照规定标准为职工缴纳的各项养老保险费、失业保险费、医疗保险费、生育保险费、工伤保险费。

② 住房公积金：指企业按规定标准为职工缴纳的住房公积金。

③ 工程排污费：指按规定缴纳的施工现场工程排污费。

7）税金。税金是指按照国家税法规定的应计入建筑安装工程费用内的增值税、城市维护建设税、教育费附加以及地方教育费附加。增值税计算分为一般计税方法和简易计税方法。

（2）从造价形成角度划分的建筑安装工程费用构成

建筑安装工程费用按照工程造价的形成分为分部分项工程费、措施项目费、其他项目费、规费和税金。其中分部分项工程费、措施项目费、其他项目费包含人工费、材料费、施工机具使用费、企业管理费和利润（图5-3）。

1）分部分项工程费。

① 专业工程：指按现行国家计量规范划分的房屋建筑与装饰工程、仿古建筑工程、通用安装工程、市政工程、园林绿化工程、矿山工程、构筑物工程、城市轨道交通工程、爆破工程等各类工程。

② 分部分项工程：指按现行国家计量规范对各专业工程划分的项目。如房屋建筑与装饰工程划分的土石方工程、桩基工程、砌筑工程、钢筋及钢筋混凝土工程等。

2）措施项目费。措施项目费是指为完成建设工程施工，发生于该工程施工前和施工过程中的技术、生活、安全、环境保护等方面的费用。包括：

① 安全文明施工费：指施工现场为实现环保、文明、安全施工所需要的各项费用，如环境保护费、文明施工费、安全施工费。安全文明施工费还包括临时设施费，指施工企业为进行建设工程施工所必须搭设的生活和生产用的临时建筑物、构筑物和其他临时设施的消耗费用。

② 夜间施工增加费：指因夜间施工所发生的夜班补助费、夜间施工降效、夜间施工照

明设备摊销及照明用电等费用。

③ 二次搬运费：指因施工场地条件限制而发生的材料、构配件、半成品等一次运输不能到达堆放地点，必须进行二次或多次搬运所发生的费用。

④ 冬、雨期施工增加费：指在冬期或雨期施工需增加的临时设施、防滑、排除雨雪，人工及施工机械效率降低等费用。

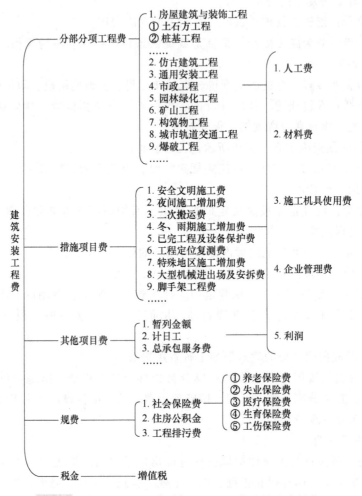

图 5-3 建筑安装工程费用项目组成（按造价形成划分）

⑤ 已完工程及设备保护费：指竣工验收前，对已完工程及设备采取的必要保护措施所发生的费用。

⑥ 工程定位复测费：指工程施工过程中进行全部施工测量放线和复测工作的费用。

⑦ 特殊地区施工增加费：指工程在沙漠或其边缘地区、高海拔、高寒、原始森林等特殊地区施工增加的费用。

⑧ 大型机械进出场及安拆费：指机械整体或分体自停放场地运至施工现场或由一个施工地点运至另一个施工地点，所发生的机械进出场运输和转移费用及机械在施工现场进行安装、拆卸所需的人工费、材料费、机械费、试运转费和安装所需的辅助设施的费用。

⑨ 脚手架工程费：指施工需要的各种脚手架搭设、拆除、运输费用以及脚手架购置费的摊销或租赁费用。

3）其他项目费。

① 暂列金额：指建设单位在工程量清单中暂定并包括在工程合同价款中的一笔款项。用于施工合同签订时尚未确定或者不可预见的所需材料、工程设备、服务的采购，施工中可能发生的工程变更、合同约定调整因素出现时的工程价款调整以及发生的索赔、现场签证确认等的费用。

② 计日工：指在施工过程中，施工企业完成建设单位提出的施工图以外的零星项目或工作所需的费用。

③ 总承包服务费：指总承包人为配合、协调建设单位进行的专业工程发包，对建设单位自行采购的材料、工程设备等进行保管以及施工现场管理、竣工资料汇总整理等服务所需的费用。

4）规费。

5）税金。

（3）建筑安装工程计价

建筑安装工程建设单位工程招标控制价、施工企业工程投标报价及竣工结算的计价内容和计算方法见表 5-1 ~ 表 5-3。

表 5-1　建设单位工程招标控制价的计价内容和计算方法

工程名称：　　　　　　　　　　　　　　　　标段：

序号	内容	计算方法	金额（元）
1	分部分项工程费	按计价规定计算	
1.1			
1.2			
1.3			
……			
2	措施项目费	按计价规定计算	
2.1	其中：安全文明施工费	按规定标准计算	
3	其他项目费		
3.1	其中：暂列金额	按计价规定计算	
3.2	其中：专业工程暂估价	按计价规定计算	
3.3	其中：计日工	按计价规定计算	
3.4	其中：总承包服务费	按计价规定计算	
4	规费	按规定标准计算	
5	税金（扣除不列入计税范围的工程设备金额）	（1+2+3+4）×规定税率	

招标控制价合计 = 1 + 2 + 3 + 4 + 5

表 5-2 施工企业工程投标报价的计价内容和计算方法

工程名称：   标段：

序号	内容	计算方法	金额（元）
1	分部分项工程费	自主报价	
1.1			
1.2			
1.3			
……			
2	措施项目费	自主报价	
2.1	其中：安全文明施工费	按规定标准计算	
3	其他项目费		
3.1	其中：暂列金额	按招标文件提供金额计列	
3.2	其中：专业工程暂估价	按招标文件提供金额计列	
3.3	其中：计日工	自主报价	
3.4	其中：总承包服务费	自主报价	
4	规费	按规定标准计算	
5	税金（扣除不列入计税范围的工程设备金额）	(1+2+3+4)×规定税率	

投标报价合计 = 1 + 2 + 3 + 4 + 5

表 5-3 竣工结算的计价内容和计算方法

工程名称：   标段：

序 号	汇总内容	计算方法	金额（元）
1	分部分项工程费	按合同约定计算	
1.1			
1.2			
1.3			
……			
2	措施项目	按合同约定计算	
2.1	其中：安全文明施工费	按规定标准计算	
3	其他项目		
3.1	其中：专业工程结算价	按合同约定计算	
3.2	其中：记日工	按计日工签证计算	
3.3	其中：总承包服务费	按合同约定计算	
3.4	索赔与现场取证	按发承包双方确认数额计算	
4	规费	按规定标准计算	
5	税金（扣除不列入计税范围的工程设备金额）	(1+2+3+4)×规定税率	

竣工结算总价合计 = 1 + 2 + 3 + 4 + 5

3. 工程建设其他费用的构成

工程建设其他费用是指从工程筹建到工程竣工验收交付使用止的整个建设期间，除建筑安装工程费用和设备、工器具购置费以外，为保证工程建设顺利完成和交付使用后能够正常发挥效用而发生的一些费用。工程建设其他费用主要包括土地使用费、与项目建设有关的费用、与未来企业生产和经营活动有关的费用。

(1) 土地使用费

1) 农用土地征用费，包括土地补偿费、安置补助费、土地投资补偿费、土地管理费、耕地占用税等。

2) 取得国有土地使用费，包括土地使用权出让金、城市建设配套费、拆迁补偿与临时安置补助费等。

(2) 与项目建设有关的费用

与项目建设有关的费用包括建设单位管理费、可行性研究费、研究试验费、勘察设计费、环境影响评价费、劳动安全卫生评价费、临时设施费、建设工程监理费、工程保险费、引进技术和进口设备其他费、特殊设备安全监督检验费、市政公用设施费。

(3) 与未来企业生产和经营活动有关的费用

与未来企业生产和经营活动有关的费用包括联合试运转费、生产准备费、办公和生活家具购置费。

4. 设备、工器具购置费及预备费、建设期利息和铺底流动资金

(1) 设备、工器具购置费

设备、工器具购置费是由设备购置费和工具、器具以及生产家具购置费组成。

1) 设备购置费：指为建设工程购置或自制的达到固定资产标准的设备、工具、器具的费用。其中，固定资产是指使用年限在一年以上、单位价值满足国家或各主管部门规定的限额以上的资产。新建项目和扩建项目的新建车间购置或自制的全部设备、工具、器具，不论是否达到固定资产标准，均计入设备、工器具购置费中。

2) 工具、器具以及生产家具购置费：指新建项目或扩建项目初步设计规定必须购置的达不到固定资产标准的各种设备、仪器、工卡模具、器具、生产家具和备品备件的费用。

(2) 预备费

预备费是指在建设期内因各种不可预见因素的变化而预留的可能增加的费用，包括基本预备费和涨价预备费。

1) 基本预备费：指在项目实施中可能发生的难以预料的支出，需要事先预留的费用，又称为工程建设不可预见费。其主要是指设计变更以及施工过程中发生的自然灾害处理、地下障碍物处理等情况可能增加的费用。

2) 涨价预备费：指为在建设期内由于利率、汇率或价格等因素的变化而预留的可能增加的费用，又称为价格变动不可预见费。涨价预备费包括人工、设备、材料、施工机具的价差费，建筑安装工程费及工程建设其他费用的调整，利率、汇率调整等增加的费用。

(3) 建设期利息

建设期利息是指项目借款在建设期内发生并计入固定资产的利息。为了简化计算，在编制投资估算时通常假定借款均在每年的年中支用，因此当年借款按半年计息，其余各年份借款按全年计息。

（4）铺底流动资金

铺底流动资金是指生产性建设工程为保证生产和运营的正常进行，按规定应列入建设工程总投资的铺底流动资金，一般按流动资金的30%计算。

5.1.2 建设工程投资控制的基本原理

1. 建设工程投资控制的目标

投资估算是建设工程设计方案选择和进行初步设计阶段的控制目标；设计概算是进行技术设计和施工图设计阶段的控制目标；施工图预算或建安工程承包合同价则是施工阶段投资控制的目标。各个阶段目标有机联系、相互制约、相互补充，前者控制后者，后者补充前者，共同组成了建设工程投资控制的目标系统。

2. 建设工程投资控制的措施

建设工程的投资主要发生在施工阶段，在这一阶段需要投入大量的人力、物力、财力，是项目建设费用消耗最多的阶段，也是投资浪费可能较大的阶段。监理机构的投资控制措施包括：

（1）组织措施

1）在项目监理机构中落实从投资控制角度进行施工跟踪的人员、任务分工和职能分工。

2）编制施工阶段投资控制工作计划和详细的工作流程图。

（2）经济措施

1）编制资金使用计划，确定并分解投资控制目标，对工程项目造价目标进行风险分析，并制定防范对策。

2）进行工程计量。

3）复核工程付款账单，签发付款证书。

4）在施工过程中进行投资跟踪控制，定期进行投资实际支出值与计划目标值的比较，发现偏差并分析产生偏差的原因，及时采取纠偏措施。

5）协商确定工程变更的价款，审核竣工结算。

6）对工程施工过程中的投资支出做好分析和预测，经常或定期地向建设单位提交项目投资控制情况及存在问题的报告。

（3）技术措施

1）对设计变更进行技术经济比较，严格控制设计变更。

2）寻找通过设计优化进一步实现投资节约的可能性。

3）审核承包人编制的施工组织设计，对主要施工方案进行技术经济分析。

（4）合同措施

1）做好工程施工记录，保存各种文件和施工图，特别是标注有实际施工变更情况的施工图；积累各类素材，为正确处理可能发生的索赔提供依据。

2）参与合同修改及有关的补充工作，并考虑其对投资控制的影响。

3. 建设工程投资控制的依据

建设工程进行投资控制的依据包括：

1）建设工程监理合同。

2) 国家或省级、行业建设主管部门颁发的计价规范。
3) 国家或省级、行业建设主管部门颁发的计价办法。
4) 企业定额，国家或省级、行业建设主管部门颁发的计价定额。
5) 招标文件、工程量清单及其补充通知、答疑纪要。
6) 建设工程设计文件及相关资料。
7) 施工现场情况、工程特点、施工基础资料及批准的施工组织设计或施工方案。
8) 与建设项目相关的法律法规、标准、规范等技术资料。
9) 市场价格信息或工程造价管理机构发布的工程造价信息。
10) 其他的相关资料。

5.1.3 建设工程投资控制各阶段任务概述

投资控制是我国建设工程监理工作的重要任务，贯穿于监理工作的各个环节。工程监理单位应根据工程监理合同，在工程勘察设计、施工、保修等阶段为建设单位提供相关的服务。

1. 勘察设计阶段投资控制任务概述

1) 协助建设单位编制工程勘察设计任务书和选择工程勘察设计单位，并协助签订工程勘察设计合同。
2) 审核勘察单位提交的勘察费用支付申请表以及签发勘察费用支付证书。
3) 审核设计单位提交的设计费用支付申请表以及签认设计费用支付证书。
4) 审查设计单位提交的设计成果，并应提出评估报告。
5) 审查设计单位提出的新材料、新工艺、新技术、新设备在相关部门的备案情况。必要时应协助建设单位组织专家评审。
6) 审查设计单位提出的设计概算、施工图预算，提出审查意见。
7) 分析可能发生索赔的原因，制定防范对策。
8) 协助建设单位组织专家对设计成果进行评审。
9) 根据勘察设计合同，协调处理勘察设计延期以及费用索赔等事宜。

2. 施工阶段投资控制任务概述

(1) 进行工程计量和付款签证

1) 专业监理工程师对施工单位在工程款支付报审表中提交的工程量和支付金额进行复核，确定实际完成的工程量，提出到期应支付给施工单位的金额，并提出相应的支持性材料。
2) 总监理工程师对专业监理工程师的审查意见进行审核，签认后报建设单位审批。
3) 总监理工程师根据建设单位的审批意见，向施工单位签发工程款支付证书。

(2) 对完成工程量进行偏差分析

项目监理机构应建立月完成工程量统计表，对实际完成量与计划完成量进行比较分析，发现偏差的，应提出调整建议，并应在监理月报中向建设单位报告。

(3) 审核竣工结算款

1) 专业监理工程师审查施工单位提交的竣工结算款支付申请，提出审查意见。
2) 总监理工程师对专业监理工程师的审查意见进行审核，签认后报建设单位审批，同时抄送施工单位,并就工程竣工结算事宜与建设单位、施工单位协商,达成一致意见的,根据建设单位审批意见向施工单位签发竣工结算款支付证书;不能达成一致意见的,应按施工合同的约定处理。

(4) 处理施工单位提出的工程变更费用

1) 总监理工程师组织专业监理工程师对工程变更费用及工期影响做出评估。

2) 总监理工程师组织建设单位、施工单位等共同协商确定工程变更费用及工期变化,会签工程变更单。

3) 项目监理机构可在工程变更实施前与建设单位、施工单位等协商确定工程变更的计价原则、计价方法或价款。

4) 建设单位与施工单位未能就工程变更费用达成协议时,项目监理机构可提出一个暂定价格并经建设单位同意后,作为临时支付工程款的依据。工程变更款项最终结算时,应以建设单位与施工单位达成的协议为依据。

(5) 处理费用索赔

1) 项目监理机构应及时收集、整理有关工程费用的原始资料,为处理费用索赔提供证据。

2) 项目监理机构审查费用索赔报审表,并需要施工单位进一步提交详细资料时,在施工合同约定的期限内发出通知。

3) 项目监理机构与建设单位和施工单位协商一致后,在施工合同约定的期限内签发费用索赔报审表,并报建设单位。

4) 当施工单位的费用索赔要求与工程延期要求相关联时,项目监理机构可提出费用索赔和工程延期的综合处理意见,并应与建设单位和施工单位协商。

5) 因施工单位原因造成建设单位损失,建设单位提出索赔时,项目监理机构应与建设单位和施工单位协商处理。

3. 保修阶段投资控制任务概述

1) 对建设单位或使用单位提出的工程质量缺陷,项目监理机构应安排监理人员进行检查和记录,并应要求施工单位予以修复,同时应监督实施,合格后应予以签认。

2) 项目监理机构应对工程质量缺陷原因进行调查,并应与建设单位、施工单位协商确定责任归属;对非施工单位原因造成的工程质量缺陷,应核实施工单位申报的修复工程费用,并应签认工程款支付证书。

5.2 设计阶段投资控制

5.2.1 限额设计

限额设计是按照投资或造价的限额进行满足技术要求的设计,它包括以下两个方面:

1) 项目的下一阶段按照上一阶段的投资或造价限额达到设计技术要求,如初步设计的限额设计目标是在初步设计开始前,根据批准的可行性研究报告及其投资估算确定;施工图设计的限额设计目标是在施工图设计开始前,根据批准的初步设计文件及其投资概算进行确定。

2）项目满足设定的经济技术指标（如建筑结构的单位平方面积钢材含量、混凝土含量）或限定的造价指标（如单位面积工程造价）。

5.2.2 设计概算的编制与审查

1. 设计概算的编制

设计概算是在初步设计或扩大初步设计阶段，按照设计要求概略地计算拟建工程从立项开始到交付使用为止全过程所发生的建设费用的文件。

（1）设计概算编制内容

设计概算的编制形式根据项目情况采用三级概算编制形式或二级概算编制形式。对单一的、具有独立性的单项工程建设项目，可按二级概算编制形式直接编制总概算。

1）设计概算三级概算（包括总概算、综合概算、单位工程概算）编制形式。设计概算文件包括：封面、签署页及目录、编制说明、总概算表、其他费用表、综合概算表、单位工程概算表、补充单位估价表。

2）设计概算二级概算（包括总概算、单位工程概算）编制形式。设计概算文件包括：封面、签署页及目录编制说明、总概算表、其他费用表、单位工程概算表、补充单位估价表。

（2）设计概算编制依据

设计概算的编制依据包括以下内容：

1）批准的可行性研究报告。
2）设计工程量。
3）项目涉及的概算指标或定额。
4）国家、行业和地方政府有关法律、法规或规定。
5）资金筹措方式。
6）正常的施工组织设计。
7）项目涉及的设备材料供应及价格。
8）项目的管理、施工条件。
9）项目所在地区有关的气候、水文、地质地貌等自然条件。
10）项目所在地区有关的经济、人文等社会条件。
11）项目的技术复杂程度，以及新技术、专利使用情况等。
12）有关文件、合同、协议等。
13）其他。

2. 设计概算的审查

设计概算审查的主要内容包括：

（1）建筑工程概算审查

1）工程量的审查。应依据初步设计图、概算定额、工程量计算规则的要求审查。

2）定额或指标的审查。审查定额的使用范围、定额基价、指标的调整定额或指标缺项的补充等。

3）材料预算价格的审查。审查重点为消耗量最大材料，着重审查材料原价、运输费用及节约材料运输费用的措施。

4）各项费用的审查。审查是否重复计算或遗漏，审查取费标准是否符合国家有关部门或地方规定的标准。

（2）设备及安装工程概算审查

1）标准设备原价的审查。审查设备在被管辖范围内的价格标准。

2）非标准设备原价的审查。审查价格的估算方法和依据以及影响价格变化的相关因素。

3）设备运杂费的审查。

4）进口设备费用的审查。进口设备费用涉及外汇管理、海关、税务等部门，应注意不同时期汇率、税率的调整变化。

5）设备安装工程概算的审查。审查其编制方法和编制依据。

3. 设计概算审查的主要方法

（1）对比分析法

对比分析法是指通过立项批文与建设规模的对比、设计图与工程数量的对比、编制方法规定与综合范围和内容的对比、各项取费与规定标准的对比、统一信息与材料人工单价的对比、引进设备和技术投资与报价要求的对比、技术经济指标与同类工程的对比等发现问题的方法。

（2）查询核实法

查询核实法是一种适用于关键设备和设施、重要装置、引进工程图不全、难以核算的较大投资进行的多方查询核对的方法。

（3）联合会审法

联合会审法是指通过召开会审大会，由相关单位提出初审意见并协调形成各方会审意见的方法。

5.2.3 施工图预算的编制与审查

施工图预算是以施工图设计文件为主要依据。按照规定的程序、方法和依据，在施工招标投标阶段编制的预测工程造价的文件。

1. 施工图预算的编制

（1）施工图预算的编制内容

根据《建设项目施工图预算编审规程》（CECA/GC5—2010），施工图预算的构成如图5-4所示。

根据建设项目实际情况，施工图预算可采用三级预算编制形式或二级预算编制形式。

当建设项目有多个单项工程时，应采用三级预算编制形式。三级预算包括建设项目总预算、单项工程综合预算、单位工程预算。预算文件包括封面、签署页及目录、编制说明、总预算表、综合预算表、单位工程预算表、附件等。

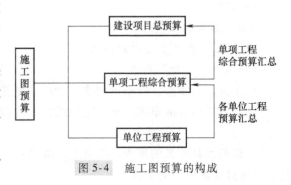

图5-4 施工图预算的构成

当建设项目只有一个单项工程时，应采用二级预算编制形式。二级预算包括由建设项目总预算和单位工程预算组成。预算文件包括封面、签署页及目录、编制说明、总预算表、单位工程预算表、附件等。

1）建设项目总预算。建设项目总预算是反映施工图设计阶段建设项目投资总额的造价文件，是施工图预算文件的主要组成部分。总预算由组成该建设项目的各个单项工程综合预算和相关费用组成。

2）单项工程综合预算。单项工程综合预算是反映施工图设计阶段一个单项工程（设计单元）造价的文件，是总预算的组成部分。

3）单位工程预算。单位工程预算是依据单位工程施工图设计文件、现行预算定额以及人工、材料和施工机具台班价格等，按照规定的计价方法编制的工程造价文件。

（2）施工图预算的编制方法

1）单位工程施工图预算的编制。单位工程施工图预算的编制是编制各级预算的基础，《建设项目施工图预算编审规程》（CECA/GC5—2010）中给出的单位工程施工图预算的编制方法，如图 5-5 所示。

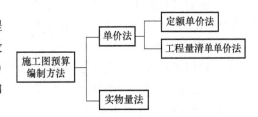

图 5-5 施工图预算的编制方法

① 单价法。单价法包括定额单价法和工程量清单单价法。

定额单价法是用事先编制好的分项工程的单位估价表来编制施工图预算的方法。按施工图及计算规则计算的各分项工程的工程量，乘以相应工、料、机单价，汇总相加，得到单位工程的人工费、材料费、施工机具使用费之和，再加上按规定程序计算出企业管理费、利润、措施费、其他项目费、规费、税金，便可得出单位工程的施工图预算造价。

工程量清单单价法是指招标人按照设计图和国家统一的工程量计算规则提供工程数量，采用综合单价的形式计算工程造价的方法。

② 实物量法。实物量法编制施工图预算即依据施工图和预算定额的项目划分及工程量计算规则，先计算出分部分项工程量，然后套用预算定额计算出各类人工、材料、机械的实物消耗量，根据预算编制期的人工、材料、机械价格，计算出人工费、材料费、施工机具使用费、企业管理费和利润，再加上按规定程序计算出的措施费、其他项目费、规费、税金，便可得出单位工程的施工图预算造价。

2）单项工程综合预算的编制。单项工程综合预算造价由组成该单项工程的各个单位工程预算造价汇总而成，即

单项工程施工图预算 = ∑单位建筑工程费用 + ∑单位设备及安装工程费用

3）建设项目总预算的编制。建设项目总预算的编制费用是由各单项工程的费用，以及经计算的工程建设其他费、预备费和建设期利息和铺底流动资金汇总而成的。三级预算编制中，建设项目总预算由综合预算和工程建设其他费、预备费、建设期利息及铺底流动资金汇总而成，即：

总预算 = ∑单项工程施工图预算 + 工程建设其他费 + 预备费 + 建设期利息 + 铺底流动资金

二级预算编制中总预算由单位工程施工图预算和工程建设其他费、预备费、建设期贷款利息及铺底流动资金汇总而成，即

总预算＝∑单位建筑工程费用＋∑单位设备及安装工程费用＋工程建设其他费＋预备费＋建设期利息＋铺底流动资金

2. 施工图预算的审查

（1）施工图预算的审查内容

1）编制依据的审查。审查施工图预算的编制是否符合现行国家、行业、地方政府有关法律、法规和规定要求。

2）工程量的审查。审查工程量计算的准确性、工程量计算规则与计价规范规则或定额规则的一致性。

3）编制过程的审查。审查在施工图预算的编制过程中，各种计价依据使用是否恰当，各项费率计取是否正确；审查依据主要有施工图设计资料、有关定额、施工组织设计、有关造价文件规定和技术规范、规程等。

4）费用的审查。审查各种要素市场价格选用、应计取的费用是否合理。

5）超支的审查。审查施工图预算是否超过概算以及进行偏差分析。

（2）施工图预算的审查方法

1）全面审查法。全面审查法是按定额顺序或施工顺序，对各项工程细目逐项全面详细审查的一种方法。由于耗时较长，该方法适用于工程量较小、工艺较简单的工程。

2）标准预算审查法。标准预算审查法是对利用标准图或通用图施工的工程，先集中力量编制标准预算，以此为准来审查工程预算的一种方法。该方法适用于采用标准图施工的工程。

3）分组计算审查法。分组计算审查法是一种加快审查的方法，是将预算中的项目划分为若干组，把相邻且有一定内在联系的项目编为一组，审查或计算同组中某个项目的分项工程量，利用组内项目间具有相同或相似计算基础的关系，判断同组中其他几个分项工程量计算的准确程度的方法。

4）对比审查法。对比审查法是当工程条件相同时，用已完工程的预算或未完但已经过审查修正的工程预算对比审查拟建工程的同类工程预算的一种方法。

5）筛选审查法。筛选审查法是一种能较快发现问题的审查方法。这种方法的优点是简单易懂，便于掌握，审查速度快，便于发现问题。该方法适用于审查住宅工程或不具备全面审查条件的工程。

6）重点抽查法。重点审查法是抓住施工图预算中的重点进行审核的方法。重点审查法的核心是突出重点，比如针对工程量大或者造价较高的各种工程、补充定额以及计取的各种费用等内容进行重点审查。重点审查法的审查时间较短，效果好。

5.3 施工阶段投资控制

工程监理单位在施工阶段进行工程造价控制的主要任务包括工程计量、工程变更价款确定、工程索赔、竣工结算和支付等。

5.3.1 工程计量

工程计量是指根据发包人提供的施工图、工程量清单和其他文件，项目监理机构对承包人申报的合格工程的工程量进行的核验。工程量的正确计量是发包人向承包人支付工程进度款的前提和依据，必须按照相关工程现行国家计量规范规定的工程量计算规则计算。

1. 工程计量的依据

工程计量的依据包括以下内容：

1）质量合格证书。
2）工程量清单说明和技术规范。
3）修订的工程量清单及工程变更指令。
4）设计图。
5）索赔审批文件。

2. 单价合同的计量

单价合同的计量以承包人完成清单的项目进行确定。在进行工程计量时，如果发现招标工程量清单中出现缺项、工程量偏差，或因工程变更引起工程量增减，应按承包人在履行合同义务中实际完成的工程量计量。

（1）计量程序

《建设工程施工合同（示范文本）》（GF—2017—0201）对单价合同的计量程序做出如下规定：

1）承包人应于每月25日向监理人报送上月20日至当月19日已完成的工程量报告，并附具进度付款申请单、已完成工程量报表和有关资料。

2）监理人应在收到承包人提交的工程量报告后7天内完成对承包人提交的工程量报表的审核并报送发包人，以确定当月实际完成的工程量。

3）监理人未在收到承包人提交的工程量报表后的7天内完成审核的，承包人报送的工程量报告中的工程量视为承包人实际完成的工程量，据此计算工程价款。

（2）计量方法

监理工程师一般对工程量清单中全部项目、合同文件中规定的项目以及工程变更项目进行计量。工程计量方法包括：

1）均摊法。该法对清单中某些项目的合同价款按照合同工期进行平均计量。
2）凭据法。该法按照承包方提供的凭据进行计量，如履约保证金、建筑工程险保险费、第三方责任险保险费等凭据。
3）估价法。该法按照合同文件的规定，根据监理人估算的已完成的工程价值进行支付。
4）断面法。该法主要用于土方的计量。
5）图纸法。该法采取按照设计图所示的尺寸进行计量。
6）分解计量法。该法将项目的工序或部位分解为若干子项，对完成的各子项进行计量。

3. 总价合同的计量

采用工程量清单方式招标形成的总价合同，其工程量的计算与上述单价合同的工程量计量规定相同。采用经审定批准的施工图及其预算方式发包形成的总价合同，除按照工程变更规定的工程量增减外，总价合同各项目的工程量应为承包人用于结算的最终工程量。

《建设工程施工合同（示范文本）》（GF—2017—0201）对按月计量支付的总价合同的计量程序规定如下：

1）承包人应于每月25日向监理人报送上月20日至当月19日已完成的工程量报告，并附具进度付款申请表、已完成工程量报表和有关资料。

2）监理人应在收到承包人提交的工程量报告后7天内完成对承包人提交的工程量的审核并报送发包人，以确定当月实际完成的工程量。

3）监理人未在收到承包人提交的工程量报表后的7天内完成复核的，承包人提交的工程量报告中的工程量视为承包人实际完成的工程量。

5.3.2 工程变更价款确定

在工程项目的实施过程中，由于多方面的情况变更，经常出现工程量变化、施工进度变化，以及发包方与承包方在执行合同中纠纷等问题。由于工程变更所引起的工程量的变化、承包方的索赔等，都有可能使项目投资超出原来的预算投资，监理工程师必须严格予以控制，密切注意其对未完工程投资支出的影响及对工期的影响。

1. 工程变更程序

工程变更可能来自于建设各方，均应由监理工程师签发工程变更指令。

项目监理机构可按照下列程序处理承包人的工程变更：

1）总监理工程师组织专业监理工程师审查承包人提出的工程变更申请，提出审查意见。如需要工程变更，则应由发包人转交原设计单位修改工程设计文件。必要时，项目监理机构应建议发包人组织设计、施工等单位召开论证工程设计文件修改方案的专题会议。

2）总监理工程师组织专业监理工程师对工程变更费用及工期影响做出评估。

3）总监理工程师组织发包人、承包人等共同协商确定工程变更费用及工期变化，会签工程变更单。

4）项目监理机构根据批准的工程变更文件督促承包人实施工程变更。

2. 工程变更内容

发包人提出变更的，应通过监理人向承包人发出变更指示，变更指示应说明计划变更的工程范围和变更的内容，承包人应在收到变更指示后14天内，对下列内容进行核算，向监理人提交变更估价申请。

1）工程更改部分的标高、基线、位置和尺寸。

2）增减合同中约定的工程量。

3）改变有关工程的施工时间和顺序。

4）其他有关工程变更需要的附加工作。

3. 工程变更价款的确定

（1）已标价工程量清单项目或其工程数量发生变化的调整办法

1）已标价工程量清单中有适用于变更工程项目的，采用该项目的单价。但如工程变更导致该清单项目的工程数量发生变化，且偏差超过15%的，调整原则为：增加部分的工程量的综合单价应予调低；当工程量减少15%以上时，减少后剩余部分的工程量的综合单价应予调高。

2) 已标价工程量清单中没有适用，但有类似于变更工程项目的，可在合理范围内参照类似项目的单价。

3) 已标价工程量清单中没有适用，也没有类似于变更工程项目的，由承包人根据变更工程资料、计量规则、计价办法、工程造价管理机构发布的信息价格以及承包人报价浮动率提出变更工程项目的单价，报发包人确认后调整。

4) 已标价工程量清单中没有适用，也没有类似于变更工程项目，且工程造价管理机构发布的信息价格缺价的，由承包人根据变更工程资料、计量规则、计价办法和通过市场调查等取得有合法依据的市场价格提出变更工程项目的单价，报发包人确认后调整。

（2）措施项目费的调整

工程变更引起施工方案发生改变并使措施项目出现变化时，承包人提出调整措施项目费的，应事先将拟实施的方案提交发包人确认，并应详细说明与原方案措施项目相比的变化情况。拟实施的方案经发承包双方确认后执行，应按照如下规定进行调整：

1) 安全文明施工费按实际发生变化的措施项目调整，不得浮动。

2) 采用单价计算的措施项目费，按照实际发生变化的措施项目及前述已标价工程量清单项目的规定确定单价。

3) 按总价（或系数）计算的措施项目费，按照实际发生变化的措施项目调整，但应考虑承包人报价浮动因素。

4) 无法找到适用和类似的项目单价、工程造价管理机构也没有发布此类信息价格，则由发承包双方协商确定。

5.3.3 工程索赔

1. 索赔的概念

索赔是指在工程承包合同履行过程中，当事人一方对于非己方的过错，而是应由对方承担责任的情况造成的实际损失，向对方提出补偿的要求。索赔是建设工程施工阶段投资控制的重要手段。

2. 工程索赔主要类型

建设工程索赔分为承包人向发包人索赔和发包人向承包人索赔两种情况。

（1）承包人向发包人索赔

1) 不利的自然条件与人为障碍引起的索赔。

① 地质条件变化引起的索赔。如果监理工程师认为这类障碍或条件是有经验的承包人无法合理预见到的，在与发包人和承包人适当协商以后，应给予承包人延长工期和费用补偿的权利，但不包括利润。

② 工程中人为障碍引起的索赔。在施工过程中，如果承包人遇到了地下构筑物或文物，如地下电缆、管道和各种装置等，只要是施工图并未说明的，承包人应立即通知监理工程师，并根据工程费用变化情况提出索赔。

2) 工程变更引起的索赔。在施工过程中，监理工程师认为必要时，可以根据工地上不可预见的情况对工程或其任何部分的外形、质量或数量做出变更，承包人可向发包人进行索赔。

3）工程延期引起的索赔。工期延期的索赔通常包括两个方面：承包人要求延长工期；承包人要求偿付由于非承包人原因导致工程延期而造成的损失。

4）加速施工引起的索赔。一项工程可能遇到各种意外的情况或由于工程变更而必须延长工期，但由于发包人的原因坚持不延期，则承包人不得不加班赶工来完成工程，从而导致工程成本增加而形成的索赔。

5）发包人不正当终止工程引起的索赔。由于发包人不正当终止工程，引起承包人的索赔。索赔数额包括承包人在被终止工程中的人工、材料、机械设备的全部支出，以及各项管理费用，保险费、贷款利息、保函费用的支出（减去已结算的工程款），并有权要求赔偿其盈利损失。

6）法律、货币以及汇率变化引起的索赔。发承包工程涉及跨国家、跨区域的工程建设施工以及工程款项支付中涉及一种或几种货币实行货币限制或货币汇兑限制时，会引起承包人的索赔。

7）拖延支付工程款的索赔。如果发包人在规定的应付款时间内未能向承包人支付应支付的款额，承包人可在提前通知发包人的情况下，暂停工作或减缓工作速度，并有权获得任何误期的补偿和其他额外费用的补偿（如利息）。

8）业主风险引起的索赔。如果出现战争、入侵、暴乱、内乱等业主风险，并对工程、货物，或承包人造成损失或损害的，承包人应立即通知工程师，并应按照工程师的要求，修正此类损失或损害；如果因此使承包人遭受延误和（或）招致增加费用，承包人应通知工程师，并有权向业主进行索赔。

9）不可抗力引起的索赔。如果承包人因不可抗力，妨碍其履行合同规定的任何义务，使其遭受延误和（或）招致增加费用，承包人有权向业主进行索赔。

（2）发包人向承包人索赔

发包人向承包人进行索赔的情况包括以下几种：

1）工期延误索赔。由于多种原因导致项目工期延长，影响发包人的正常使用，给发包人带来经济损失，发包人有权进行索赔。

2）质量不满足合同要求的索赔。当承包人的施工质量不符合合同的要求，或使用的设备和材料不符合合同规定，或在缺陷责任期未满以前未完成应该负责修补的工程时，发包人有权向承包人追究责任，并要求补偿所受的经济损失。

3）承包人不履行保险费用的索赔。如果承包人未能按照合同条款指定的项目投保，并保证保险有效，发包人可以投保并保证保险有效，发包人所支付的必要的保险费可在应付给承包人的款项中扣回。

4）对承包人超额利润的索赔。如果工程量增加很多，使承包人预期的收入增大，因工程量增加承包人并不增加任何固定成本，合同价应由双方讨论调整，收回部分超额利润；由于法规的变化导致承包人在工程实施中降低了成本，产生了超额利润，应重新调整合同价格，收回部分超额利润。

5）发包人合理终止合同或承包人不正当放弃工程的索赔。如果发包人合理地终止承包人的承包，或者承包人不合理放弃工程，发包人有权从承包人手中收回由新的承包人完成工程所需的工程款与原合同未付部分的差额。

3. 索赔处理的一般原则

1）索赔必须以合同为依据。

2）及时、合理地处理索赔。

3）加强主动控制，减少工程索赔。监理工程师在工程管理过程中，积极督促合同双方认真履行合同，减少工程变更，加强事前控制，制定突发事件应对措施，尽量减少索赔事件的发生。

4. 索赔的确定

根据国家发改委、财政部、住房和城乡建设部等九部委发布的《标准施工招标文件》（发展改革委令第56号）中通用条款的内容，对承包人的合理补偿条款和内容见表5-4。

表 5-4 对承包人的合理补偿条款和内容

序号	主要内容	可补偿内容		
		工期	费用	利润
1	施工过程中发现文物、古迹以及其他遗迹、化石、钱币或物品	√	√	
2	承包人遇到不利物质条件	√	√	
3	发包人要求向承包人提前交付材料和工程设备		√	
4	发包人提供的材料和工程设备不符合合同要求		√	√
5	发包人提供的资料错误导致承包人的返工或造成工程损失	√	√	√
6	发包人的原因造成工期延误	√	√	√
7	异常恶劣的气候条件	√		
8	发包人要求承包人提前竣工		√	
9	发包人原因引起的暂停施工	√	√	√
10	发包人原因引起造成暂停施工后无法按时复工	√	√	√
11	发包人原因造成工程质量达不到合同约定验收标准的		√	√
12	监理人对隐蔽工程重新检查，经检验证明工程质量符合合同要求的	√	√	√
13	法律变化引起的价格调整		√	
14	发包人在全部工程竣工前，使用已接收的单位工程导致承包人费用增加	√	√	√
15	发包人原因导致试运行失败的		√	√
16	发包人原因导致的工程缺陷和损失		√	√
17	不可抗力	√		

5.3.4 竣工结算

发承包双方在工程完工后，合同约定时间内办理工程竣工结算。工程竣工结算由承包人或受其委托具有相应资质的工程造价咨询人编制，由发包人或受其委托具有相应资质的工程造价咨询人核对。

1. 竣工结算编制

（1）编制依据

1）《建设工程工程量清单计价规范》（GB 50500—2013）。

2）工程合同。

3）发承包双方实施过程中已确认的工程量及其结算的合同价款。

4）发承包双方实施过程中已确认调整后追加（减）的合同价款。

5）建设工程设计文件及相关资料。

6）投标文件。

7）其他依据。

（2）工程竣工结算的计价原则

1）分部分项工程和措施项目中的单价项目应依据双方确认的工程量与已标价工程量清单的综合单价计算；如发生调整的，应以发承包双方确认调整的综合单价计算。

2）措施项目中的总价项目应依据已标价工程量清单的项目和金额计算；发生调整的，应以发承包双方确认调整的金额计算，其中安全文明施工费应按国家或省级、行业建设主管部门的规定计算。

3）其他项目应按下列规定进行计价：

① 计日工应按发包人实际签证确认的事项计算。

② 暂估价应按计价规范相关规定计算。

③ 总承包服务费应依据已标价工程量清单的金额计算。

④ 索赔费用应依据发承包双方确认的索赔事项和金额计算。

⑤ 现场签证费用应依据发承包双方签证资料确认的金额计算。

⑥ 暂列金额应减去工程价款调整（包括索赔、现场签证金额计算），如有余额归发包人。

4）规费和税金按国家或省级住房城乡建设主管部门的规定计算。规费中的工程排污费应按工程所在地环境保护部门规定标准缴纳后按实列入。

5）发承包双方在合同工程实施过程中已经确认的工程计量结果和合同价款，在竣工结算办理中应直接进入结算。

2. 竣工结算的程序

合同工程完工后，承包方应在经发承包双方确认的合同工程期中价款结算的基础上汇总、编制完成竣工结算文件，并在合同约定的时间内，提交竣工验收申请，同时向发包人提交竣工结算文件。

承包人未在合同约定的时间内提交竣工结算文件，经发包人催告后 14 天内仍未提交竣工结算文件，或没有明确答复，发包人有权根据已有资料编制竣工结算文件，作为办理竣工结算和支付结算款的依据，承包人应予以认可。

发包人应在收到承包人提交的竣工结算文件后 28 天内核对。发包人经核实，认为承包人还应进一步补充资料和修改结算文件，应在上述时限内向承包人提出核实意见，承包人在收到核实意见后的 28 天内按照发包人提出的合理要求补充资料，修改竣工结算文件，并应再次提交给发包人复核后批准。

发包人应在收到承包人再次提交的竣工结算文件后的 28 天内予以复核，并将复核结果通知承包人。若发承包双方对复核结果无异议的,应在 7 天内在竣工结算文件上签字确认,竣工结算办理完毕;若发包人或承包人对复核结果认为有误的,无异议部分按照上述规定办理不完全竣工结算;有异议部分由发承包双方协商解决;协商不成的,按照合同约定的争议解决方式处理。

发包人在收到承包人竣工结算文件后的 28 天内,不核对竣工结算或未提出核对意见的,应视为承包人提交的竣工结算文件已被发包人认可,竣工结算办理完毕。

承包人在收到发包人提出的核实意见后的 28 天内,不确认也未提出异议的,应视为发包人提出的核实意见已被承包人认可,竣工结算办理完毕。

发包人委托工程造价咨询人核对竣工结算的,工程造价咨询人应在 28 天内核对完毕,核对结论与承包人竣工结算文件不一致的,应提交给承包人复核;承包人应在 14 天内将同意核对结论或不同意见的说明提交工程造价咨询人。工程造价咨询人收到承包人提出的异议后,再次复核,复议无异议的,应在 7 天内在竣工结算文件上签字确认,竣工结算办理完毕。复议后仍有异议的,无异议部分办理不完全竣工结算;有异议部分由发承包双方协商解决、协商不成的,按照合同约定的争议解决方式处理。承包人逾期未提出书面协议的,视为工程造价咨询人核对的竣工结算文件已经承包人认可。

对发包人或发包人委托的工程造价咨询人指派的专业人员与承包人指派的专业人员经核对后无异议并签名确认的竣工结算文件,除非发承包人能提出具体、详细的不同意见,发承包人都应在竣工结算文件上签名确认,如果其中一方拒不签认,则按以下规定办理:

1)若发包人拒不签认,承包人可不提供竣工验收备案资料,并有权拒绝与发包人或其上级部门委托的工程造价咨询人重新核对竣工结算文件。

2)若承包人拒不签认,发包人要求办理竣工验收备案的,承包人不得拒绝提供竣工验收资料。否则,由此造成的损失,承包人承担相应责任。

合同工程竣工结算核对完成,发承包双方签字确认后,禁止发包人要求承包人与另一个或多个工程造价咨询人重复核对竣工结算。

发包人以对工程质量有异议,拒绝办理工程竣工结算的,已竣工验收或已竣工未验收但实际投入使用的工程,其质量争议按该工程保修合同执行,竣工结算应按合同约定办理;已竣工未验收且未实际投入使用的工程以及停工、停建工程的质量争议,双方应就有争议的部分委托有资质的检测鉴定机构进行检测,根据检测结果确定解决方案,或按工程质量监督机构的处理决定执行后办理竣工结算,无争议部分的竣工结算按合同约定办理。

3. 竣工结算审查

竣工结算应进行严格审查以下内容:

1)核对合同条款。

2)检查隐蔽验收记录。

3)落实设计变更签证。

4)按图核实工程数量。

5)执行定额单价。

6)防止各种计算误差。

4. 竣工结算款支付

（1）支付申请

承包人应根据办理的竣工结算文件，向发包人提交竣工结算款支付申请。申请应包括下列内容：

1）竣工结算合同价款总额。

2）累计已实际支付的合同价款。

3）应预留的质量保证金。

4）实际应支付的竣工结算款金额。

（2）签发竣工结算支付证书

发包人应在收到承包人提交竣工结算款支付申请后7天内予以核实，向承包人签发竣工结算支付证书，并在签发竣工结算支付证书后的14天内，按照竣工结算支付证书列明的金额向承包人支付结算款。

5. 质量保证金

发包人应按照合同约定的质量保证金比例从结算款中扣留质量保证金。承包人未按照合同约定履行属于自身责任的工程缺陷修复义务的，发包人有权从质量保证金中扣留用于缺陷修复的各项支出。经查验，工程缺陷属于发包人原因造成的，应由发包人承担查验和缺陷修复的费用。在合同约定的缺陷责任期终止后，发包人应按照合同中最终结清的相关规定，将剩余的质量保证金返还给承包人。

6. 最终结清

缺陷责任期终止后，承包人应按照合同约定向发包人提交最终结清支付申请。发包人应在收到最终结清支付申请后的14天内予以核实，并应向承包人签发最终结清支付证书，并在签发最终结清支付证书后的14天内，按照最终结清支付证书列明的金额向承包人支付最终结清款。

思 考 题

1. 简述我国现行建设工程投资的构成。
2. 简述按照费用构成要素划分的建筑安装工程费用构成。
3. 简述按照工程造价形成划分的建筑安装工程费用构成。
4. 简述工程建设其他费用的构成。
5. 简述建设工程变更价款的确定方法。
6. 简述工程索赔的主要类型。
7. 简述施工图预算的审查方法。

练 习 题

1.【背景资料】建设单位与施工单位就土石方工程签订了施工合同，合同约定土石方工程量估计为100万 m^3，合同单价为15元/m^3，当工程量超过15%时，超出部位工程量调整单价为10元/m^3，经测量实际工程量为130万 m^3，则监理工程师审批的工程款是多少？

【参考答案】

1）合同范围内土石方价款：100万 m^3 × (1+15%) × 15元/m^3 = 115万 m^3 × 15元/m^3 = 1725万

2）超出部分土石方价款：(130 - 115)万 m^3 × 10 元/m^3 = 150 万元

监理工程师审批的工程款为：1725 万元 + 150 万元 = 1875 万元

2.【**背景资料**】某工程建筑面积 25200m^2，地下 1 层，地上 16 层，现浇钢筋混凝土框架剪力墙结构，建设单位通过公开招标，A 施工单位投标报价书情况是：土石方工程量 650m^3，定额单价人工费为 8.60 元/m^2，材料费为 12.00 元/m^2，机械费为 1.60 元/m^2，分部分项工程量清单合价为 8300 万元，措施费项目清单合价为 370 万元，暂列金额为 54 万元，其他项目清单合价为 130 万元，总包服务费为 35 万元，企业管理费为 15%，利润为 5%，规费为 230.50 万元，税金为 3.41%。

问题：A 施工单位投标报价是多少？

【**参考答案**】

A 施工单位投标报价 = (8300 + 370 + 130 + 230.50)万元 × (1 + 3.41%)

= 9338.44 万元

第6章

建设工程进度控制

本章概要

控制建设工程进度，能够确保工程建设项目按预定的时间交付使用，及时发挥投资效益，有益于国家良好经济秩序的维持。因此，监理工程师应采用科学的方法和手段来控制工程项目的建设进度。确定建设工程进度目标，编制科学、合理的进度计划是监理工程师实现进度控制的首要前提。在进度计划的执行过程中，应采取有效的监测手段对进度计划的实施过程进行监控，以便及时发现问题，并运用行之有效的进度调整方法来解决问题。本章介绍了进度控制的基本概念、影响要素、任务、方法和措施，以及设计阶段和施工阶段进度控制的主要工作和方法。

学习要求

1. 了解进度控制的概念、意义、任务以及进度控制的方法和措施。
2. 熟悉施工阶段和设计阶段进度控制的目标以及影响因素。
3. 掌握施工阶段进度控制的内容以及实施过程中的检查与调整方法。

◆【案例导读】

三峡水电站是目前世界上规模最大的水电站，也是目前中国有史以来建设最大型的工程项目，具有防洪、发电、航运等功能，可带来巨大的经济效益和社会效益。三峡工程总工期17年，分三期施工。

计划工程建设进度：

准备期 5 年（1993—1997 年）：进行一期导流明渠、临时船闸、对外专用公路等施工准备，实现大江截流、建成纵向围堰，形成右岸一期基坑，进行导流明渠施工。

二期工程 6 年（1998—2003 年）：进行二期厂坝和永久船闸施工，在主河床修建二期上下游围堰，形成一期厂坝基坑，进行左岸二期厂坝施工。

三期工程 6 年（2004—2009 年）：拆除上下游围堰，启用导流底孔及深孔过流；在右岸导流明渠部位形成三期基坑；进行右岸三期厂坝施工，实现全部机组发电以及枢纽工程完工。

实际工程建设进度情况：

与初设相比，三峡工程在 2005 年 9 月提前一年完成左岸 14 台 70 万 kW 机组的投产发电，提前两年实现右岸大坝的挡水防洪效益，年货运通过量是蓄水前平均值的 3 倍；2006 年 5 月 20 日，三峡大坝主体工程全面竣工，三峡水库蓄水至 156m 高程；2008 年三峡水库试验性蓄水至 172.8m，具备全面发挥工程综合效益的条件。2009 年 6 月 30 日，三峡大坝 26 台机组同时并网发电，五级船闸正常运行，三峡工程进入全面运行管理阶段[○]。

6.1 建设工程进度控制概述

控制建设工程进度，能够确保工程建设项目按预定的时间交付使用，及时发挥投资效益，有益于国家良好经济秩序的维持。

6.1.1 进度控制的概念

工程进度控制是指对工程项目建设各阶段的工作内容、工作程序、持续时间和衔接关系等根据进度总目标及资源优化配置的原则，编制计划并付诸实施。在进度计划的执行过程中，需要对建设过程中的实际进度情况进行跟踪与检查。如果实际进度情况与进度计划相比出现偏差，应及时寻找原因，采取补救措施并调整和修改原计划后按调整修改后的计划执行，这一过程应持续到建设工程竣工验收为止。

项目建设过程中，进度控制、质量控制与投资控制三者之间既相互依赖又相互制约，在采取进度控制措施时，应兼顾质量目标和投资目标，避免对质量目标和投资目标带来不利影响。

在进度计划实施的过程当中，由于新情况的产生、各种干扰因素和风险因素的作用，使人们难以执行原定的进度计划，监理工程师应根据动态控制的原理，在计划执行过程中不断检查建设工程的实际进展情况，将实际情况与计划安排进行对比，找出偏差，分析原因，采取措施，调整计划，从而保证工程进度得到有效控制。

6.1.2 进度控制影响因素

工程项目一般工程周期长，工程量大，工程涉及的环境复杂，涉及的利益方较多。要将

○ 来源：曹广晶，《三峡工程建设与管理》。

工程进度控制在预订的目标之内,应从施工人员、施工工艺、施工材料、施工设备、施工资金、当地的天气变化、环境变化等各方面寻找原因并加以控制,消除其对进度产生的影响,才能有效地控制工程进度。进度控制的影响因素包括以下几个:

1. 人为因素

人为因素包括建设单位对工程方面的决策、勘察单位人员地质勘察的进度和提供的地质勘察报告质量、设计人员对设计工作时间的控制、施工单位项目团队的管理和技术能力、建设各方的协调配合等,人为因素对进度影响较大。

2. 施工材料和设备因素

施工材料和设备包括工程施工所需的建筑材料、施工周转材料、施工机械设备等。施工材料和设备因素的影响包括:建筑材料不能及时供应导致进度滞后;供应的建筑设备出现质量问题,不满足设计要求,或机电设备及其配件等各种设备不能在预定的日期进场等。

3. 成本投入因素

当建设单位缺乏资金或未投入足够的资金,造成工程没有足够的成本运营,或承包商没有足够的工程垫付资金能力时,工程会被搁置,甚至无法运营下去,施工进度难以得到保证。

4. 工程设计因素

工程设计因素包括两个方面:一是工程的规模、技术难度;二是施工过程中发生的工程设计变更。两者均可能对工程进度造成影响。一般而言,工程规模越大、技术难度越大,则工期越长。在工程施工的过程中,各种原因均可能导致设计变更:从发生设计变更的原因看,包括不限于建设单位对工程功能的要求发生变化、现场施工条件或施工环境发生变化、设备材料的可获性等;从提出设计变更的主体看,包括建设单位、设计单位、监理单位、勘察单位和施工单位。施工单位通常由于现场施工条件或环境发生变化而提出设计变更。

5. 管理因素

施工单位对项目管理不当,如施工组织设计安排不完善、施工平面布置欠考虑,没有做好管理人员的安排,施工质量问题没有及时处理,材料供应计划不当等,都会对施工进度造成影响。

6. 施工环境和条件因素

当出现暴风雨、雷电、台风、洪水、地震等异常天气时,工程进度会受到影响。同样,复杂的地下和地上管网、周边既有的建筑物、构筑物等施工环境和条件因素可能对工程进度产生不利影响。

7. 其他因素的影响

政治环境、经济环境、政策环境、技术限制、建筑材料可获性等其他因素也会对工程的进度造成影响。

为了有效地控制建设工程进度,监理工程师应在设计准备阶段向建设单位提供有关工期的信息,协助建设单位确定工期总目标,并进行环境及施工现场条件的调查和分析。在设计阶段和施工阶段,监理工程师应审查设计单位和施工单位提交的进度计划,更要编制监理进度计划,以确保进度控制目标的实现。在施工过程中,监理工程师要审批承包商编制的施工进度计划,并对已批准的进度计划的执行情况进行监督,从全局出发,掌握影响施工进度计划所有条件的变化情况,对进度计划的执行实行控制。

6.1.3 进度控制任务、方法和措施

1. 进度控制的任务

建设监理进度控制是对工程项目各建设阶段的工作内容、工作程序、持续时间和衔接关系等在实施过程中的监督管理。建设全过程各阶段的进度控制的主要工作内容如图 6-1 所示。

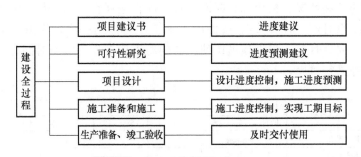

图 6-1 进度控制的主要工作内容

分阶段开展进度控制任务概括如下：

（1）设计准备阶段

需要向建设单位提供有关工期的信息，进行工期目标和进度控制的决策，编制工程项目总进度计划和设计准备阶段详细工作计划，并控制该计划的执行，还应进行环境及施工现场条件的调查和分析。

（2）设计阶段

设计准备阶段需要向建设单位提供有关工期的信息，进行工期目标和进度控制的决策，编制工程项目总进度计划和设计准备阶段详细工作计划，并控制该计划的执行，还应进行环境及施工现场条件的调查和分析。

（3）施工阶段

施工阶段需要审核施工总承包单位编制的施工总进度计划并且控制该计划的执行；审核施工年、季、月实施计划并且控制该计划的执行等。当无施工总承包单位时，应由监理工程师编制施工总进度计划，施工年、季、月实施计划，并控制计划的执行。监理工程师不仅要审核设计单位和施工单位提交的进度计划，还要编制监理单位的进度计划，调整进度计划，采取有效措施，确保进度计划目标的实现。

2. 进度控制的方法

（1）行政方法

进度控制的行政方法是指本单位领导、上级单位及上级领导，利用其行政地位和权利，通过发布进度指令进行指导、协调、考核。利用激励、监督、督促等方式进行进度控制。用行政方法进行进度控制的优点是直接、迅速、有效。行政方法控制进度的重点是对控制目标的决策和指导，在具体实施中应由实施者自己控制，尽量减少行政干预。

（2）经济方法

进度控制的经济方法是指有关部门和单位用经济手段对进度控制进行影响和制约，主要包括通过资金的投放速度控制工程项目的实施进度；在建设工程合同中写进有关工期的进度

条款；建设单位通过招标的进度优惠条件鼓励施工单位加快进度；建设单位通过工期提前奖励和工期延误罚款实施进度控制；通过调节建设物资的供应进行控制等。

(3) 技术方法

进度控制的技术方法是指通过各种计划的编制、优化、实施、调整来实现进度控制。下面简单介绍常用的两种技术方法。

1) 横道图。横道图是最简单也运用最广泛的传统计划方法。横道图中，横道线段表示计划任务各工作的开展情况，横坐标是时间标尺，项目进展在时间表格上表示，包括工作持续时间、开始和结束时间（图 6-2）。按照所表示工作的详细程度，横道图采用的时间单位可以为小时、天、周、月等。根据横道图使用者的要求，工作可按照时间先后、责任、项目对象、同类资源等进行排序。

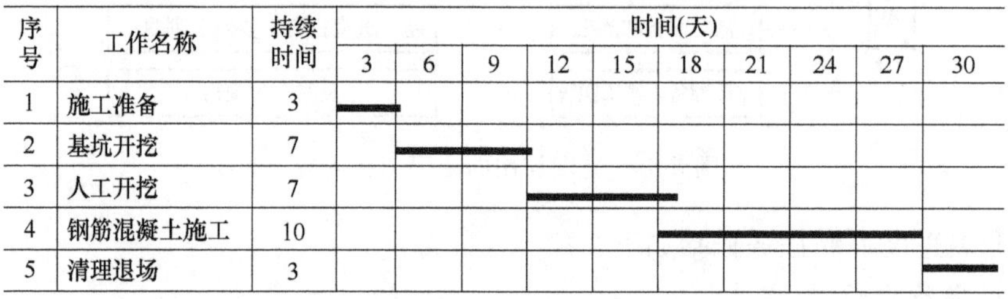

序号	工作名称	持续时间	时间（天）									
			3	6	9	12	15	18	21	24	27	30
1	施工准备	3										
2	基坑开挖	7										
3	人工开挖	7										
4	钢筋混凝土施工	10										
5	清理退场	3										

图 6-2 某住宅楼高支模施工进度横道图

横道图表达方式简便直观、易于管理使用。横道图进度计划法的局限性主要体现为：①工序（工作）之间的逻辑关系可以设法表达，但不易表达清楚；②适用于手工编制计划；③没有通过严谨的进度计划时间参数计算，不能确定计划的关键工作、关键路线与时差；④横道图计划调整只能采用手工方式进行，工作量较大；⑤难以适应较大项目的进度计划编制。

2) 网络图。网络图由箭线和节点组成，是表示工作流程的网状图形。我国《工程网络计划技术规程》（JGJ/T 121—2015）推荐的常用的工程网络计划类型包括双代号网络计划、双代号时标网络计划、单代号网络计划、单代号搭接网络计划，网络计划有着横道图无法比拟的优点。

双代号网络计划是以箭线及其两端节点的编号表示工作的网络计划。每一条箭线表示一项工作，任意一条实箭线都要占用时间、消耗资源；虚线表示之间的逻辑关系，是实际工作中并不存在的一项虚拟工作，既不占用时间，也不消耗资源，双代号网络计划图如图 6-3 所示。双代号时标网络计划则是以水平时间坐标为尺度编制的双代号网络计划。双代号时标网络计划图如图 6-4 所示。

单代号网络计划是以节点及其编号表示工作，以箭线表示工作之间逻辑关系的网络计划。单代号网络计划图在节点中加注工作代号，名称和持续时间，如图 6-5 所示。

单代号搭接网络计划以节点表示工作，以节点之间的箭线表示工作之间的逻辑顺序和搭接关系，其特点是当前一项工作没有结束的时候，后一项工作即可插入进行，从而实现前后工作的搭接，单代号搭接网络计划图如图 6-6 所示。其中，FTS 代表结束到开始的搭接关系；STS 代表开始到开始的搭接关系；FTF 代表结束到结束的搭接关系；STF 代表开始到结束的搭接关系。

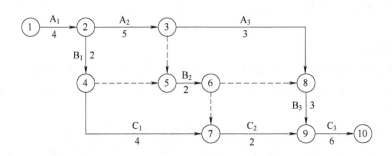

图 6-3　双代号网络计划图

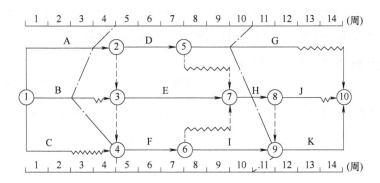

图 6-4　双代号时标网络计划图

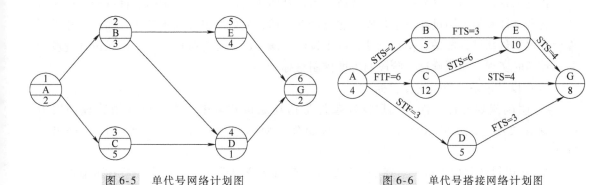

图 6-5　单代号网络计划图　　　　图 6-6　单代号搭接网络计划图

3. 进度控制的措施

（1）组织措施

建立进度控制目标体系，明确建设工程现场监理组织机构中进度控制人员及其职责分工；建立工程进度报告指导及进度信息沟通网络；建立进度计划审核指导和进度计划实施中的检查分析制度；建立进度协调会议制度，包括协调会议举行的时间、地点、协调会议的参加人员等；建立图纸会审、工程变更管理、工程例会、质量验收等制度。

（2）技术措施

审查承包商提交的进度计划，使承包商能在合理的状态下施工；编制进度控制工作细则，指导监理人员实施进度控制；采用网络计划技术及其他科学适用的计划方法，并结合计算机软件应用，对建设工程实施动态管理；采用适用的、先进的技术、材料、工艺和设备等。

（3）经济措施

及时办理工程预付款及工程进度款支付手续；对应急赶工给予优厚的赶工费用；对工期提前给予奖励；对工程延误收取误期损失赔偿金；加强索赔管理，公正地处理索赔。

（4）合同措施

对建设工程实行分段设计、分段发包和分段施工；加强合同管理，协调合同工期与进度计划之间的关系，保证合同中进度目标的实现；严格审查控制工程变更；加强风险管理，在合同中应充分考虑风险因素对进度的影响，以及相应的处理方法。

（5）信息管理措施

信息管理措施主要是实施动态控制，通过不断地收集施工实际进度的有关资料，经过整理、统计，与计划进度进行比较，定期地向建设单位提供比较报告。

6.2 建设工程设计阶段进度控制

为了有效地控制设计进度，将进度控制总目标按设计进展阶段和专业进行分解，形成设计阶段的控制目标体系。

6.2.1 设计阶段进度控制目标体系

1. 设计进度控制各阶段目标

建设工程设计通常分为初步设计和施工图设计两个阶段，技术复杂的项目可分为初步设计、技术设计和施工图设计三个阶段。在设计开始前，要做好设计准备工作。因此，建设工程设计主要包括设计准备、初步设计、技术设计、施工图设计等阶段。为了确保设计进度控制总目标的实现，应明确每一阶段的进度控制目标。

（1）设计准备阶段的进度目标

1）明确规划设计条件。规划设计条件是指在城市建设中，由城市规划管理部门根据国家有关规定，从城市总体规划的角度出发，对拟建项目在规划设计方面所提出的要求。

2）提供设计基础资料。监理工程师应代表建设单位向设计单位提供完整、可靠的设计基础资料，包括：经批准的可行性研究报告、"规划设计条件通知书"和地形图、水文地质和工程地质勘察报告、建筑总平面布置图、建筑构配件的适用要求、建筑物的装饰标准及要求、对"三废"的处理要求等。

3）选定设计单位，签订设计合同。设计单位的选定可以采用直接指定、设计招标及设计方案竞标等方式。当选定设计单位之后，建设单位和设计单位应就设计费用及委托设计合同中的一些细节进行谈判、磋商，双方取得一致意见后即可签订建设工程设计合同。在设计合同中，应明确设计进度及设计图提交的时间节点。

（2）初步设计、技术设计阶段的进度目标

初步设计应根据建设单位提供的设计基础资料进行编制；技术设计则根据初步设计文件进行编制。应根据建设工程的具体情况，确定合理的初步设计和技术设计周期。

(3) 施工图设计阶段的进度目标

施工图设计是工程设计的最后一个阶段，其工作进度将直接影响建设工程的施工进度，进而影响建设工程进度总目标的实现。只有确定合理的施工图设计交付的时间，才能最终确保建设工程设计进度总目标的实现。

2. 设计进度控制的专业目标

为了有效地控制建设工程设计进度，还可以将各个设计阶段的进度目标按照专业内容进行进一步的分解，如：将初步设计工作进度目标分解为初步方案进度目标和初步设计进度目标；将施工图设计进度目标分解为基础设计进度目标、结构设计进度目标、装饰设计进度目标等。

6.2.2 工程设计进度的影响因素和监控

1. 工程设计进度的影响因素

(1) 建设单位工程变更的影响

所有的工程设计都是建设单位要求的体现，在设计过程中，如建设单位改变其建设意图和要求，将会引起设计变更甚至设计返工，必然会对设计工作进度造成影响。

(2) 设计审批时间的影响

建设工程的设计是分阶段进行的，如果前一阶段（如初步设计）的设计文件不能顺利得到批准，必然会影响到下一阶段（如施工图设计）的设计。因此，设计审批时间的长短，会影响到对设计进度的控制。

(3) 设计各专业之间协调配合的影响

建设工程设计是多专业、多方面协调合作的复杂过程，涉及建筑、结构、电气、给水排水、燃气、装修等专业，如设计单位各专业之间协调不当，会对进度产生影响；还有一种情况，对于复杂的工程项目，建设单位可能单独委托专业设计院做专项设计，如装修深化设计、玻璃幕墙设计、钢结构深化设计等，需要主体设计单位的配合，否则也会影响总体设计工作的顺利进行。

(4) 设计单位的工程变更影响

工程变更在建设项目中难以避免，如果采用分阶段设计、分阶段施工，则上一阶段出现的变更会影响到后一阶段的设计工作进度，这种情况常发生在复杂的项目中。

(5) 材料代用、设备选用失误的影响

材料代用、设备选用失误将导致原有工程设计失效而重新进行，也将影响设计工作的进度。

总之，在进度控制实施过程中，应事先制定预防措施，事中采取有效办法，事后进行妥善补救，缩小实际进度与计划进度的偏差，争取对工程进度实施主动控制和动态控制。

2. 工程设计进度的监控

监理单位受建设单位的委托进行工程设计监理时，应按照合同要求落实有关的设计进度监理工作，对设计进度的监控实施动态控制。在设计工作开始之前，监理工程师应审查设计单位所编制的进度计划的合理性和可行性；在进度计划实施过程中，监理工程师应定期检查设计工作的实际完成情况，并与计划进度进行比较分析；一旦发现偏差，应在分析原因的基础上提出纠偏措施，以加快设计工作进度，必要时应对原进度计划进行调整或修订。

在设计进度控制中，监理工程师应对设计单位填写的设计图进度表（表6-1）进行核查分析,并提出自己的见解,将各设计阶段每一设计文件发生的进度都纳入监控中。

表 6-1 设计图进度表

工程项目名称			项目编号	
监理单位			设计阶段	
图纸编号		图纸名称	图纸版次	
设计负责人			制表日期	
设计步骤	监理工程师批准的计划完成时间		实际完成时间	
草图				
制图				
设计单位自审				
监理工程师审核				
发出设计文件				
偏差原因分析				
措施及对策				

6.3 建设工程施工阶段进度控制

施工阶段是建设工程实体的形成阶段,是建设工程进度控制的重点。做好施工进度计划与项目建设总进度计划的衔接,跟踪检查施工进度计划的执行情况,在必要时对施工进度计划进行调整,对于建设工程进度控制总目标的实现具有十分重要的意义。

监理工程师在建设工程施工阶段实施监理时,其任务就是在满足工程项目总进度计划要求的基础上,编制或审核施工进度计划,并对其执行情况加以动态控制,确保工程项目按期竣工交付使用。

6.3.1 施工阶段进度控制目标的确定

1. 建立施工阶段进度控制的目标体系

施工合同规定的施工工期是工程建设项目施工阶段进度控制的最终目标。为了控制施工工期总目标,应采用目标分解的方式,将施工阶段总工期目标分解为不同形式的分目标,从而建立施工阶段进度控制的目标体系。

(1) 根据项目构成分解的施工进度目标

可分解为各单项工程的工期目标、各单位工程的工期目标及各分部分项工程的工期目标,并以此编制工程建设项目施工阶段的总进度计划、单项工程施工进度计划、单位工程施工进度计划和各分部、分项工程施工的作业计划。

(2) 根据施工承包方式分解的施工进度目标

可分为总包方的施工工期目标、各分包方的施工工期目标,并以此编制工程项目总包方的施工总进度计划、各分包方的项目施工进度计划。

(3) 根据施工阶段分解的施工进度目标

可分为基础工程施工进度目标、结构工程施工进度目标、砌筑工程施工进度目标、屋面工程施工进度目标、楼地面工程施工进度目标、装饰工程施工进度目标及其他工程施工进度目标,并以此分别编制各施工阶段的施工进度计划。

(4) 根据时间计划期分解的施工进度目标

可分为年度施工进度目标、季度施工进度目标、月度施工进度目标,并以此编制工程项目施工年度进度计划,工程项目施工的季度、月度施工进度计划。

2. 确定施工阶段的进度控制目标

为了提高进度计划的预见性和进度控制的主动性,在确定施工进度控制目标时,必须全面分析与建设工程进度有关的各种有利和不利因素。确定施工进度控制目标的主要依据包括:①建设工程总进度目标对施工工期的要求;②工期定额、类似工程项目的实际进度;③工程难易程度和工程条件的落实情况等。

确定施工阶段的进度控制目标应从以下方面加以考虑:

1) 对于大型建设工程项目,应根据尽早提供可动用单元的原则,集中力量分期、分批建设,以使尽早投入使用,尽快发挥投资效益。

2) 合理安排土建与设备的综合施工。包括安排土建施工与设备基础、设备安装的先后顺序及搭接、交叉或平行作业,明确设备工程对土建工程的要求和土建工程为设备工程提供施工条件的内容及时间等。

3) 结合本工程的特点及施工难度,参考同类建设工程的经验确定施工进度目标。

4) 应结合资金供应计划、原材料及设备供应计划,协调施工项目的目标工期。

5) 施工外部条件应与施工进度目标相协调。施工过程中及项目竣工动用所需的水、电、气、通信、道路及其他社会服务项目应与项目的进度目标相协调。

6) 项目所在地的地形、地貌、水文地质、气象、地下和地上管网、周边建(构)筑物等限制条件对进度的影响。

6.3.2 施工阶段进度控制的主要工作

建设工程施工进度控制工作从审核承包单位提交的施工进度计划开始,直至建设工程保修期满结束。其主要工作内容包括以下几项:

1. 编制施工进度控制工作细则

施工进度控制工作细则是对建设工程监理规划中有关进度控制内容的深化和补充,对监理工程师的进度控制工作起着具体的指导作用。施工进度控制工作细则包括:①施工进度控制目标分解图;②施工进度控制的主要工作和深度;③进度控制人员的职责分工;④与进度控制有关各项工作的时间安排及工作流程;⑤明确进度控制方法;⑥进度控制具体措施;⑦进度控制风险分析;⑧其他。

2. 编制或审核施工进度计划

为保证建设工程的施工任务,监理工程师必须审核承包单位提交的施工进度计划。对于大型建设工程,当单位工程较多,施工工期较长,且采取分期分批发包的情况下,当没有该建设工程的总承包单位时,需要监理工程师编制施工总进度计划。当项目由多个承包单位采取平行承包时,监理工程师也需要编制总进度计划。

施工总进度计划应确定:①分期分批的项目组成;②各批工程项目的开工、竣工顺序及时间安排;③全场性准备工程,特别是首批准备工程的内容与进度安排等。

当建设工程有总承包单位时，监理工程师只需对总承包单位提交的施工总进度计划进行审核；而对于单位工程施工进度计划，监理工程师只负责审核而不需要编制。施工进度计划审核的内容包括以下几点：

1）进度安排是否符合工程项目建设总进度计划中总目标和分目标的要求，是否符合施工合同中开工、竣工日期的规定。

2）施工总进度计划中项目是否有遗漏，分期施工是否满足分批动用的需要和配套动用的要求。

3）施工顺序的安排是否符合施工工艺的要求。

4）劳动力、材料、构配件、设备及施工机具，水、电等生产要素是否能保证施工进度计划的实现，供需是否均衡，需求高峰期是否有足够的能力满足要求。

5）总包、分包单位各自编制的各项单位工程施工进度计划之间是否协调，专业分工与计划衔接是否合理。

6）对于建设单位负责提供的施工条件，在施工进度计划中安排是否明确、合理，是否有造成因建设单位违约导致工期延期和费用索赔的因素存在。

3. 按年、季、月编制工程综合计划

在按计划期编制的进度计划中，监理工程师应着重解决各承包单位施工进度之间、施工进度计划与资源保障计划之间以及外部协作条件的延伸性计划之间的综合平衡与相互衔接问题，并根据上期计划的完成情况对本期计划做必要的调整，并作为承包单位近期的指令性计划。

4. 下达工程开工令

监理工程师应根据承包单位和建设单位双方关于工程开工的准备情况以及针对承包单位的开工申请，选择时机发布工程开工令。工程开工令的发布要尽可能及时，如果开工令发布拖延，就等于推迟了竣工时间，可能会引起承包单位的索赔。

5. 协助承包单位实施进度计划

监理工程师要随时了解施工进度计划执行过程中存在的问题，并协助承包单位予以解决，特别是承包单位无力解决的内外关系协调问题。

6. 监督施工进度计划的实施

监理工程师应及时检查承包单位报送的施工进度计划，进行必要的现场实地检查，核实所报送的已完项目的时间及工程量。在对资料进行整理的基础上，监理工程师应将工程实际进度与计划进度进行比较，判定项目实际进度是否出现偏差，并进一步分析偏差对进度控制目标的影响程度及其产生的原因，以便研究对策，提出纠偏措施。

7. 组织现场协调会

监理工程师应每月、每周定期组织召开不同层次的现场协调会议，解决工程施工过程中的协调配合问题。在平行、交叉施工单位多，工序交接频繁且工期紧迫的情况下，现场协调会甚至需要每日召开。在会上通报和检查当天的工程进度，确定薄弱环节，部署当天的赶工任务，为次日正常施工创造条件。对于某些未曾预料的突发变故或问题，监理工程师还可以通过发布紧急协调指令，督促有关单位采取应急措施维护施工的正常秩序。

在每月召开的高级协调会上，应通报工程项目建设的重大变更事项，协商其后果处理，解决各个承包单位之间以及建设单位与承包商之间的重大协调配合问题。在每周召开的管理层协调会上，通报各自进度状况、存在的问题及下周的安排，解决施工中的协调配合问题。

8. 签发工程进度款支付凭证

监理工程师应对承包单位申报的已完分项工程量进行核实,在质量监理人员检查验收后,签发工程进度款支付凭证。

9. 审批工程延期

造成工程进度拖延的原因主要有承包商自身原因和承包商以外原因两种。承包商自身原因者造成的进度拖延称为工程延误,承包商以外原因造成的进度拖延称为工程延期。出现工期延误时,监理工程师有权要求承包商采取有效措施加快施工进度,赶工的全部额外开支和延误损失由承包商承担。工程延期情况下,承包商有权提出延长工期的申请,监理工程师应根据合同规定审批工程延期时间,经过监理工程师批准的工程延期时间应纳入合同工期。

10. 向建设单位提供进度报告

监理工程师应随时整理进度资料,并做好工程记录,定期向建设单位提交工程进度报告。

11. 督促承包单位整理技术资料

监理工程师要根据工程进度进展情况,督促承包单位及时整理有关技术资料。

12. 签署工程竣工报验单、提交质量评估报告

当单位工程达到竣工验收条件后,承包单位在自行预验的基础上提交工程竣工报验单,申请竣工验收。监理工程师在对竣工资料及工程实体进行全面检查、验收合格后,签署工程竣工报验单,并向建设单位提出质量评估报告。

13. 整理工程进度资料

在工程完工以后,监理工程师应进行工程进度资料的收集、归类、编目和建档,为今后其他类似工程项目的进度控制提供参考。

14. 工程移交

监理工程师应督促承包单位办理工程移交手续,颁发工程移交证书。在工程保修期内,要处理验收后发现的质量问题,并督促责任单位及时保修。保修期结束且再无争议时,建设工程进度控制的任务即告完成。

6.3.3 施工进度计划实施中的检查与调整

在施工进度计划的实施过程中,各种影响因素常常会打乱计划而出现进度偏差。监理工程师必须对施工进度计划的执行情况进行动态检查,并分析进度偏差产生的原因,以便为施工进度计划的调整提供必要的信息。

1. 施工进度检查方式

在建设工程施工过程中,监理工程师可以通过以下检查方式获得实际进度情况:

(1) 定期收集由承包单位提交的有关进度报表资料

施工过程进度报表不仅是监理工程师实施进度控制的依据,也是核对工程进度款的依据。在一般情况下,进度报表格式由监理单位提供给施工承包单位,施工承包单位按时填写后提交监理工程师核查。报表的内容一般包括工作的开始时间、完成时间、持续时间、工程量和工作量,以及工作时差的利用情况等。

(2) 驻地监理人员现场跟踪检查建设工程的实际进展情况

为了避免施工承包单位超报完成工程量,驻地监理人员有必要进行现场实地检查和监督。检查间隔时间的长短,要考虑建设工程的类型、规模、监理范围及施工现场的条件等多方面原因后确定。可以每月或每半月检查一次,也可以每旬或每周检查一次。特殊情况下需要每天检查。

2. 施工进度的检查方法

施工进度的检查方法主要是比较法,常用的进度比较法有横道图比较法、S 曲线比较法、香蕉曲线比较法、前锋线比较法以及列表比较法。

(1) 横道图比较法

将项目实施过程中检查实际进度收集到的数据,经加工整理后直接用横道线绘于原计划的横道线处,进行实际进度与计划进度的比较。这种方法的特点是形象、直观地反映实际进度与计划进度的比较情况,主要应用于工程项目中某些工作实际进度与计划进度的局部比较,如图 6-7 所示。

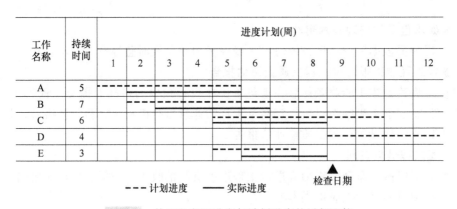

图 6-7 某工程实际进度与计划进度的局部比较

(2) S 曲线比较法

S 曲线比较法是以横坐标表示时间,纵坐标表示累计完成任务量,绘制一条按计划时间累计完成任务量的 S 曲线,然后将工程项目实施过程中各检查时间实际累计完成任务量的 S 曲线绘制在同一坐标系中,进行实际进度与计划进度的比较,如图 6-8 所示。

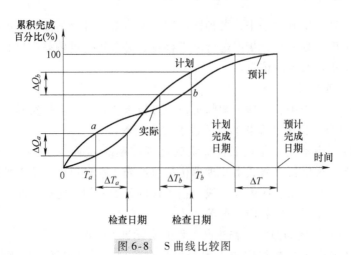

图 6-8 S 曲线比较图

（3）香蕉曲线比较法

香蕉曲线是由两条曲线组合而成的闭合曲线。其中一条曲线是以各项工作最早开始时间 ES 安排进度计划而绘制的曲线，称为 ES 曲线；另一条曲线是以各项工作最迟开始时间 LS 安排进度计划而绘制的曲线，称为 LS 曲线。两条曲线具有相同的起点和终点，因此两条曲线是闭合的。由于该闭合曲线形似"香蕉"，故称为香蕉曲线。香蕉曲线比较图如图 6-9 所示。

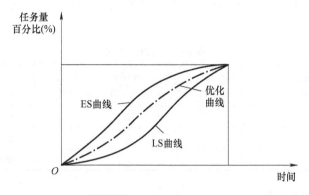

图 6-9　香蕉曲线比较图

香蕉曲线比较法能够直观地反映工程项目的实际进度情况，并获得比 S 曲线更多的信息。通过香蕉曲线比较法能够实现合理安排工程项目进度计划、定期比较工程项目的实际进度与计划进度，以及预测后期工程进展趋势。

（4）前锋线比较法

前锋线是指在时标网络计划上，从检查时刻的时标点出发，用点画线依次将各项工作实际进展位置点连接而成的折线。前锋线比较法是通过绘制某个检查时刻工程项目实际进度前锋线，进行工程实际进度与计划进度比较的方法，主要适用于时标网络计划。前锋线比较法通过实际进度前锋线与原进度计划中各工作箭线交点的位置来判断工作实际进度与计划进度的偏差，进而判定该偏差对后续工作及总工期的影响程度（图 6-10）。

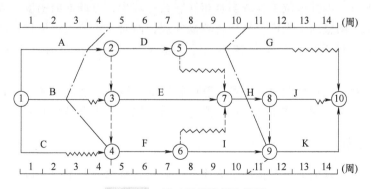

图 6-10　某工程前锋线比较图

采用前锋线比较法进行分析，可知：

第 4 周周末：①A 工作滞后 1 周，使总工期延迟 1 周；②B 工作滞后 2 周，使总工期延迟 1 周；③C 工作进度正常，不影响总工期。

第 10 周周末：①G 工作滞后 1 周，不影响总工期；②H 工作进度正常，不影响总工期；③I 工作提前 1 周工作进度正常，不影响总工期。

（5）列表比较法

当工程进度计划用非时标网络计划表示时，可以采用列表比较法进行实际进度与计划进度的比较。这种方法是记录检查日期应该进行的工作名称及已经作业的时间，然后列表计算有关时间参数，并根据工作总时差进行实际进度与计划进度比较的方法列表比较法见表 6-2。

表 6-2 列表比较法

工作代号	工作名称	检查计划时尚需作业周数（周）	到计划最迟完成时尚余周数（周）	原有总时差（周）	尚有总时差（周）	情况判断
1-2	A	6	6	2	1	拖后 1 周，但不影响工期
3-5	D	2	1	0	-1	拖后 1 周，影响工期 1 周
6-8	F	4	5	3	2	拖后 1 周，但不影响工期

3. 施工进度计划的调整

通过检查分析，如果发现原有进度计划已不能适应实际情况，为了确保进度控制目标的实现或确定新的计划目标，就必须对原有进度计划进行调整，以形成新的进度计划目标，作为进度控制的新依据。施工进度计划的调整方法主要有以下两种：

（1）压缩关键工作的持续时间

这种方法的特点是不改变工作之间的先后顺序关系，通过缩短网络计划中关键线路上工作的持续时间来缩短工期。可以通过特定的组织措施、技术措施、经济措施和其他配套措施来实现进度控制。进行工期压缩时，应利用费用优化原理选择费用增加最小的关键工作作为压缩对象。

（2）组织搭接作业或平行作业

这种方法不改变工作的持续时间，而只是改变某些工作的开始时间和完成时间，对于大、中型建设项目，因其单位工程较多且相互制约比较少，可调整的幅度比较大，所以采用平行作业的方法来调整施工进度计划比较容易实现，而对于单位工程项目，由于受工作之间工艺关系的限制，可调整的幅度比较小，所以通常采用搭接作业的方法来调整施工进度计划。

当采用某一种方法进行调整，而可调整的幅度受到限制不能满足要求时，还可以考虑同时利用上述两种方法对同一施工进度计划进行调整，以满足工期目标的要求。

6.3.4 工程延期

造成工程进度拖延的原因包括两个方面：承包商自身原因及承包商以外原因。承包商自身原因造成的进度拖延称为工程延误；承包商以外原因造成的进度拖延称为工程延期。

出现工期延误时，监理工程师有权要求承包商采取有效措施加快施工进度。如果经过一段时间后，实际进度没有明显改进，仍然拖后于计划进度，而且显然将影响工期按期完成时，监理工程师应要求承包商修改进度计划，并提交监理工程师重新确认。监理工程师对修改后的施工进度计划的确认,并不是对工程延误的批准,只是要求承包商在合理的状态下施工。监理工程师对进度计划的确认,并不能解除承包商应负的一切责任,赶工的全部额外开支和延误损失仍由承包商承担。

如果属于工程延期,则承包商不仅有权要求延长工期,而且还有权向业主提出赔偿费用的要求以弥补由此造成的额外损失。因此,监理工程师是否同意将施工过程中的工期延长批准为工程延期,对建设单位和承包单位都十分重要。监理工程师应根据合同规定审批工程延期时间。经过监理工程师批准的工程延期时间应纳入合同工期。

1. 申报工程延期的条件

1) 监理工程师发出工程变更指令而导致工程量增加。
2) 合同所涉及的任何可能造成工程延期的原因。
3) 异常恶劣的气候条件。
4) 由建设单位造成的任何延误、干扰或障碍。
5) 除承包单位自身以外的其他任何原因。
6) 在规定的时效内提出索赔。

2. 工程延期的审批程序

当工程延期发生后,承包单位应在合同规定的有效期内以书面形式向监理工程师发出工程延期索赔的意向通知,并在合同规定的有效期内向监理工程师提交详细的申述报告,说明延期的理由、依据和延期时间,监理工程师在收到报告后进行调查核实。

当工程延期具有持续性时,承包单位应按合同规定或监理工程师同意的时间提交阶段性的详情报告。监理工程师在调查核实后,应尽快做出临时延期决定。当临时延期结束后,承包单位应在合同规定的期限内向监理工程师提交最终的详情报告。监理工程师复查详情报告后,做出最终的延期时间决定。监理工程师在做出工程延期决定时应与建设单位和承包商进行协商。

按照监理规范,承包商在申请工程延期时,需填写工程临时延期申请表;监理工程师处理工程延期时,需向承包单位发出工程最终(临时)延期审批表。

3. 工程延期的审批原则

监理工程师在审批工程延期时应遵循下列原则:

(1) 以施工合同条件为依据

监理工程师批准的工程延期必须符合合同条件。造成工期延长必须属于承包单位自身以外的原因,否则不能批准为工程延期。

(2) 影响工程总工期

无论发生工程延期事件的工程部位是否处于施工进度的关键线路还是非关键线路,只有当所延长的时间超过其相应的总时差时,才能批准工程延期。若没有超过总时差,即使是非承包单位的原因造成局部工作的延误,仍然不能批准工程延期。

(3) 实际情况

承包单位必须能够提供足够的证据。承包单位应对使工期延长发生的各种情况进行详细记录,并及时向监理工程师提交详细报告。与此同时,监理工程师也应对施工现场进行详细考察和分析,并做好有关记录,以便为合理确定工程延期提供可靠依据。

4. 工程延期的控制

监理工程师应做好以下工作,以减少或避免工程延期事件的发生:

（1）选择合适的时机下达开工令

监理工程师在下达工程开工令之前，应考虑建设单位的前期准备工作是否充分，特别是征地、拆迁问题是否已解决，设计图能否及时提供，付款方面有无问题等，以避免缺乏准备而造成工程延期。

（2）提醒建设单位履行施工承包合同中所规定的职责

在施工过程中，监理工程师应经常提醒建设单位履行自己的职责，包括做好提供设计图，准备施工现场，及时支付工程进度款等，以减少或避免由此而造成的工程延期。

（3）妥善处理工程延期

当工程延期发生后，监理工程师应按合同规定妥善处理。既要尽量减少工程延期的时间和损失，又要在详细调查研究的基础上合理批准工程延期时间。

思 考 题

1. 监理工程师施工进度控制工作包括哪些内容？
2. 影响建设工程施工进度的因素有哪些？
3. 监理工程师检查实际施工进度的方式有哪些？
4. 施工进度计划控制的措施有哪些？
5. 施工进度计划的调整方法有哪些？
6. 简述横道图与网络图的特点。
7. 举例说明如何运用前锋线比较法判断进度情况？
8. 监理工程师审批工程延期时应遵循什么原则？
9. 监理工程师如何减少或避免工程延期事件的发生？
10. 如何处理工程延误？
11. 你如何看待建设工程市场盲目抢工期的现象？结合实际，提出意见和建议。

练 习 题

1. 【背景资料】某建筑基础工程包括 A、B、C 和 D 四个工序，其工期和有关费用信息见表 6-3，并经过监理工程师核实。

表 6-3 基础工程工序信息

紧前工作	A		C	
紧后工作	B、D		D	
内容	工作			
	A	B	C	D
持续时间（天）	5	5	4	4
费用（万元）	100	80	60	40
工期压缩费用（元/天）	1000	1500	2000	2500
可压缩天数（天）	1			

问题一：根据表中信息，画出双代号网络计划图，并计算总工期。

问题二：由于建设单位原因导致 D 工作延误 3 天，施工单位可索赔几天？

问题三：为保证总工期不变，如何压缩工期？

【参考答案】

问题一：10 天。

问题二：2 天。

问题三：先压缩 A 工作 1 天，费用 1000 元，再压缩 D 工作 1 天，费用 1500 元，总费用 2500 元。

2.【背景资料】某教学楼工程，建筑面积 6500m²，地上 5 层，框架结构，独立柱基础，上设基础梁，独立柱基础埋深为 5.6m，地质勘察报告中地基基础持力层为中等风化基岩，基础施工钢材由建设单位供应。基础工程施工分为两个施工流水段，组织流水施工，施工单位根据工期要求编制了工程基础项目的施工进度计划，并绘出施工双代号网络计划图，如图 6-11 所示（单位：天）。

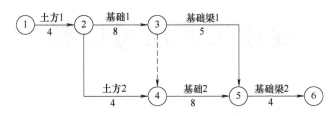

图 6-11 双代号网络计划图

在工程施工中发生如下事件：

事件一：土方 2 施工中，开挖后发现局部基础地基持力层为软弱层需处理，工期延误 7 天。

事件二：基础梁 1 施工中，因施工用钢材未按时进场，工期延期 3 天。

事件三：基础 2 施工时，因施工总承包原因造成工程质量事故，返工致使工期延期 6 天。

问题如下：

问题一：指出基础工程网络计划的关键线路，写出该基础工程的计划工期。

问题二：针对本案例上述各事件，施工总承包单位是否可以提出工期索赔，并分别说明理由。

问题三：对索赔成立的事件，总工期可以顺延几天？实际工期是多少天？

问题四：上述事件发生后，本工程网络计划的关键线路是否发生改变，如有改变，请指出新的关键线路。

【参考答案】

问题一：

根据总时差为零的线路为关键线路的判定原则，关键线路为：

①→②→③→④→⑤→⑥

计划工期为：(4+8+8+4)天 = 24 天。

问题二：

事件一，监理工程师批准施工单位的工期索赔。因为属于建设单位应承担的责任，而且延误时间超过了工作的总时差。

事件二，监理工程师不批准施工单位的工期索赔。因为基础梁 1 延期虽属于建设单位的责任，但延误的时间未超过总时差。

事件三，监理工程师不批准施工单位的工期索赔。因为基础 2 工期延误是施工单位的责任。

问题三：

可以索赔 (4+7-8)天 = 3 天，实际工期为：(24+3+6)天 = 33 天。

问题四：

上述事件发生后，关键线路发生变化，新的线路为：①→②→④→⑤→⑥。

第7章

建设工程质量控制

本章概要

建设工程具有建设周期长，涵盖范围大及不可逆的特性，因此其质量是否符合规范和设计要求是整个工程的成败关键。建设工程质量关乎项目的品质，关乎国家和人民的生命财产安全，也关乎执业人员的法律责任，需要采取有效的措施和手段进行控制。本章对建设工程质量控制的基本概念、特点以及影响因素进行了介绍，系统地介绍了工程设计阶段和施工阶段的质量控制，并对施工质量事故的预防和处理进行了说明。

学习要求

1. 了解建设工程质量控制的基本概念、特点和影响因素。
2. 熟悉设计阶段和施工阶段的质量控制内容。
3. 掌握施工质量事故的分类和特点，以及施工质量问题处理的基本方法。

◆【案例导读1】

为加强房屋建筑和市政基础设施工程质量管理，提高质量责任意识，强化质量责任追究，保证工程建设质量，根据《中华人民共和国建筑法》《建设工程质量管理条例》等法律法规，2014年住房和城乡建设部发布了《建筑工程五方责任主体项目负责人质量终身责任追究暂行办法》，在建筑工程领域实施工程质量终身负责制，要求承担建筑工程项目建设的建设单位项目负责人、勘察单位项目负责人、设计单位项目负责人、施工单位项目经理以及监理单位的总监理工程师等建筑工程五方责任主体项目负责人对工程质量终身负责。该办法指出,建筑工程发生工程质量事故,或发生投诉、举报、群体性事件,媒体报道并造成恶劣社会影响的严重工程质量问题,或由于勘察、设计或施工原因造成尚在设计使用年限内的建筑工程不能正常使用,或存在其他需追究责任的违法违规行为等情形的,应依法追究项目负责人的质量终身责任。

◆【案例导读2】

某监理单位承担了某工程的综合楼(地上18层,地下1层)的施工监理任务。施工到第2层结构时监理工程师发现,部分钢筋混凝土基础和地下室外墙出现开裂的情况。经调查发现,该质量事故是由于设计不当所致。项目监理机构处理该基础工程的质量事故的程序如下:

1)工程质量事故发生后,总监理工程师签发工程暂停令,要求停止进行质量缺陷部位和与其有关联部位及下道工序施工,并要求施工单位采取必要的措施(主要是技术措施和管理措施),防止事故扩大并保护好现场。同时,要求有关单位应当在24小时内向当地建设行政主管部门和其他有关部门报告。

2)监理工程师在事故调查组展开工作后,应积极协助,客观地提供相应证据。若监理方无责任,监理工程师可应邀参加调查组,参与事故调查;若监理方有责任,则应予以回避,但应配合调查组工作。

3)当监理工程师接到质量事故调查组提出的技术处理意见后,可组织相关单位研究,并责成相关单位完成技术处理方案,并予以审核签认。

4)技术处理方案核签后,监理工程师应要求施工单位制定详细的施工方案,必要时应编制监理实施细则,对工程质量事故技术处理施工质量进行监理,技术处理过程中的关键部位和关键工序应进行旁站,并会同设计、建设等有关单位共同检查认可。

5)对于施工单位完工自检后的报验结果,组织有关各方进行检查验收,必要时应进行处理结果鉴定。要求事故单位编写质量事故处理报告,并审核签认,组织将有关技术资料归档。

6)签发工程复工令,恢复正常施工。

7.1 建设工程质量控制概述

7.1.1 建设工程质量概念

建设工程质量是指建设工程满足相关标准规定的程度,包括其在安全、使用功能及其耐久性能、节能与环境保护等方面符合国家法律、法规、技术标准规范、设计文件以及合同规定的特性综合。

建设工程质量通过以下几个方面表现出来:

1. 功能

功能是指工程满足使用目的的各种性能，包括：物理性能（尺寸、规格、保温、隔热、隔声等性能），化学性能（耐酸、耐碱、耐腐蚀、防火、防风化、防尘等性能），结构性能（结构的强度、刚度和稳定性），使用性能（如民用住宅工程应能使居住者安居，工业厂房要能满足生产活动需要等）。

2. 寿命

寿命是指工程在规定的条件下，满足规定功能要求使用的年限，也就是工程竣工后的合理使用寿命。如民用建筑主体结构耐用年限分为15～30年，30～50年，50～100年，100年以上四个等级；公路工程设计年限一般按等级控制在10～20年；城市道路工程设计年限，根据不同道路构成和所用的材料，设计的使用年限不同；桥梁的设计使用年限一般为100年。

3. 安全

安全是指工程建成后在使用的过程中保证结构安全、人身和环境免受危害的程度。建设工程产品的结构安全度，抗震、耐火及防火能力，人民防空工程的抗辐射、抗核污染、抗冲击波等能力，都是安全的重要标志。工程交付使用之后，必须保证人身财产、工程整体都有能免遭工程结构破坏及外来危害的伤害。

4. 可靠

可靠是指工程在规定的时间和规定的条件下完成规定功能的能力。工程不仅要求在交工验收时要达到规定的指标，而且在一定的使用时期内要保持应有的正常功能，如工程设计要求的防洪抗震、防水隔热、恒温恒湿、建筑节能等都属于可靠性的质量范畴。

5. 经济

经济是指工程从规划、勘察、设计、施工到整个产品使用寿命周期内的成本和消耗的费用。工程经济性包括设计成本、施工成本和使用成本，涵盖了从征地拆迁到勘察、设计、采购、施工、配套设施建设等全过程的总投资和工程使用阶段的用水、耗能和防护保养以及改建、更新的费用。通过一系列投入产出比的分析，判断工程是否具有经济可行性。

6. 节能

节能是指工程在设计与建造过程及使用过程中满足节能减排、降低能耗的标准和有关要求的程度。通过对整体建设工程外在体形的设计，屋顶和外墙保温隔热节能材料的使用，控制其传热系数，对整个建筑的采暖、通风和电气照明系统采取节能设计和措施，满足节能要求。

7. 环境

环境是指工程与周围生态环境协调，与所在地区经济环境协调以及与周围已建工程相协调，以适应可持续发展的要求。不因工程建设而导致周围自然环境和社会环境的破坏，尽可能保持和适应周围环境，保证建设工程做到经济效果和生态环境效果、社会效果的协调发展，不能以舍弃牺牲环境的代价来达到单方面的经济效果。

7.1.2 建设工程质量的特点

建设工程质量的特点是由建设工程本身和建设生产的特点决定的。建设工程及其生产的特点包括：建设工程产品固定、生产流动；产品类别多样、生产产品单件；产品形体庞大、投入巨大、生产周期较长、具有一定风险；建筑产品具有社会性、生产具有较强的外部约束性。总体来说，建设工程质量的特点包括以下几点：

1. 质量波动较大

不同于一般工业产品具有固定的生产流水线、规范化的生产工艺、完善的检测技术、成套的生产设备和稳定的生产环境，建筑生产通常是产品单件、生产流动的。影响工程质量的偶然性因素和系统性因素较多，其中任何因素发生变动，都会使工程质量发生变化，因此建筑工程的质量容易产生较大波动。如材料规格品种使用错误、施工方法不当、操作未按规程进行、机械设备过度磨损或出现故障、设计计算失误等，均会导致质量波动甚至出现工程质量事故。

2. 影响因素较多

建设工程因为其复杂性，质量容易受到多因素影响，如决策、设计、材料、机具设备、施工方法、施工工艺、技术措施、人员素质、工期、工程造价等，都能够直接或间接地影响工程项目质量。工程的建设周期一般比较长，任何影响因素的变化都有可能导致工程质量偏差，一旦出现问题而不做任何纠正措施，则可能出现各种质量隐患，甚至出现重大质量事故。

3. 竣工验收存在局限

工程项目建成后不可能像一般工业产品那样依靠最终检验来判断产品质量是否合格，或将产品拆卸、解体来检查其内在质量，或对不合格零部件进行更换。工程项目的竣工验收无法对工程内在质量进行全面检验，发现隐蔽的质量缺陷。因此，工程项目竣工验收存在一定的局限性。这就要求工程质量控制应以预防为主，防患于未然。在工程的每一个重要质量检查部分都要做好质量检查，尤其是隐蔽工程的检验，要做到及时跟进，及时发现问题，尽可能做到提前预防隐患，发现问题及时纠正。

4. 质量隐蔽现象

在施工过程中，建设工程分项工程交接多、中间产品多、隐蔽工程多，因此质量存在隐蔽性。若不及时进行质量检查，事后就只能做表面检查，很难发现内在的质量问题，这样就容易产生判断失误。质量的隐蔽性要求在隐蔽工程的下一步工作开始之前及时检查纠正，做到预防为主，若不满足质量要求，则应进行返工。

5. 评价方法特殊

工程质量的检查评定及验收是按检验批、分项工程、分部工程、单位工程进行的。检验批的质量是分项工程乃至整个工程质量检验的基础，检验批合格质量主要取决于主控项目和一般项目检验的结果。隐蔽工程在隐蔽前要检查合格后验收。涉及结构安全的试块、试件以及有关材料，应按规定进行见证取样检测。涉及结构安全和使用功能的重要分部工程应进行抽样检测。工程质量是在施工单位按合格质量标准自行检查评定的基础上，由项目监理机构组织有关单位、人员进行检验确认验收。

7.1.3　建设工程施工质量影响因素

因为建设工程本身的复杂性，影响其施工质量的因素有很多种。总结起来包括人（Man）、材料（Material）、机械（Machine）、方法（Method）和环境（Environment）五个方面，简称"4M1E"。

1. 人

人是生产经营活动的主体,也是工程项目建设的决策者、管理者、操作者。人的综合素质,包括文化水平、技术水平、决策能力、管理能力、组织能力、作业能力、控制能力、身体素质及职业道德等,都将直接或间接地对整个工程的质量产生影响。

2. 材料

材料是指构成工程实体的各类建筑材料、构配件、半成品等,它是工程建设的物质条件,是构成工程质量的基础。工程材料选用是否合理、产品是否合格、材质是否经过检验、保管使用是否得当等,都将直接影响建设工程的结构刚度和强度,影响工程外在观感,影响工程的使用性能以及工程的使用安全。

3. 机械

机械设备包括两类:一类是组成工程实体及配套的工艺设备和各类机具,如电梯、泵机、通风设备等,属于建筑设备安装工程或工业设备安装工程,其产品质量直接影响工程使用功能质量;另一类是各类操作工具、施工安全设施、测量仪器和计量器具等,简称施工机具设备,它们是施工生产的手段,对工程质量会产生重要影响。

4. 方法

方法是指工艺方法、操作方法和施工方案。在工程施工中,施工方案、施工工艺、施工操作对工程质量有显著影响,而新技术、新工艺、新方法,有利于工程质量的稳定提高,如装配式建筑技术、高性能混凝土技术、高强度钢筋和预应力技术、新型模板及脚手架应用技术、钢结构技术、建筑防水技术以及BIM等信息技术,对保证建设工程质量起到积极作用。

5. 环境

环境因素包括施工现场自然环境因素、施工质量管理环境因素和施工作业环境因素。环境对工程质量的影响,具有复杂多变和不确定性的特点。

7.1.4 建设工程的质量控制任务

1. 建设单位的质量控制任务

(1) 遵循有关法律及合同规定

建设单位应根据建设工程特点和有关技术要求,按规定选择相应资质等级的各有关单位,并在合同中明确相应的质量条款,明确质量责任,完整地提供工程真实原始资料。规定工程建设以及设备材料采购必须进行招标的,建设单位应按照规定进行招标择优选定中标单位,不得将工程任务肢解成若干部分发包;不得强迫承包单位以低于成本的价格竞标;不得随意压缩工程合理工期;不得诱导施工单位违反建设强制性标准,降低建设工程质量标准。

(2) 积极配合设计、施工等单位工作

开工前,建设单位应办理有关施工图设计文件审查、工程施工许可证和工程质量监督手续,组织设计和施工单位进行设计交底。在施工过程中,应按有关工程建设法规、技术标准及合同规定,对工程质量进行监督检查。工程项目竣工后,应及时组织设计、勘察、施工、工程监理等有关单位进行竣工验收,未经验收备案或验收备案不合格的,不得交付使用。

(3) 应根据工程特点，合理配备质量管理人员

对规定强制实行监理的工程项目，建设单位必须委托有相应资质等级的工程监理单位进行监理。建设单位应和监理单位签订监理合同，明确双方的责任和义务。

2. 施工单位的质量控制任务

(1) 建立健全质量管理体系，落实质量责任制

施工单位应确定相应的项目经理、技术负责人和施工管理负责人。实行总承包的工程，总承包单位应对建设工程质量负全部责任；实行总分包的工程，分包单位应按照分包合同约定对其分包工程的质量向总承包单位负责，总承包单位对分包工程的质量承担连带责任。

(2) 施工单位须按工程设计图和施工技术规范标准组织施工

未经设计单位同意，施工单位不得擅自修改工程设计图。施工过程中，必须按照工程设计要求、施工技术规范标准和合同约定，对材料、构配件和设备进行检验；不得偷工减料，不得使用未经检验或检验不达标的以及不符合设计要求和标准规范的产品。

3. 监理单位的质量控制任务

(1) 代表建设单位对工程质量实施监理

工程监理单位应依照法律、法规以及有关技术标准、设计文件和建设工程承包合同，与建设单位签订监理合同，代表建设单位对工程质量实施监理，并对工程质量承担监理责任。

(2) 明确工程监理业务范围

工程监理单位应按其资质等级许可的范围承担工程监理业务，不得超越本单位资质等级许可的范围或以其他工程监理单位的名义承担工程监理业务，不得转让工程监理业务，不得让其他单位或个人以本单位的名义承担工程监理业务。

7.2 设计阶段的质量控制

工程质量与设计质量密切相关，设计质量的好坏直接影响到竣工投产后的使用。

7.2.1 设计阶段监理质量控制的原则

设计质量是在经济合理的基础上，在建筑造型、使用功能及设计标准方面满足业主的要求，符合城市规划要求和其他有关部门的规定，符合国家和地方的相关设计标准和规范。作为设计监理，应充分了解业主的要求，并将其转化成有关的设计语言详细在设计招标文件、设计任务书以及设计合同中描述。

设计阶段监理质量控制的主要原则包括以下几项：

1) 建设工程设计应当与社会、经济发展水平相适应，做到经济效益、社会效益和环境效益相统一。

2) 建设工程设计应当按工程建设的基本程序，坚持"先勘察、后设计、再施工"的原则。

3) 建设工程设计应力求做到适用、安全、美观、经济。

4) 建设工程设计应符合设计标准、规范的有关规定，计算要准确，文字说明要清楚，

设计图要清晰、准确,避免"错、漏、碰、缺"。

7.2.2 设计阶段监理质量控制的任务

设计阶段监理质量控制的主要任务包括以下几项:
1) 审查设计基础资料的正确性和完整性。
2) 协助建设单位编制设计招标文件或方案竞赛文件,组织设计招标或方案竞赛。
3) 审查设计方案的先进性和合理性,确定最佳设计方案。
4) 督促设计单位完善质量体系,建立内部专业交底及会签制度。
5) 进行设计质量跟踪检查,控制设计图的质量。
6) 组织施工图会审。
7) 评定、验收设计文件。

7.2.3 设计质量控制的方法

设计质量控制的主要方法是进行设计质量跟踪,也就是在设计过程及阶段设计完成时,以设计招标文件,设计合同,监理合同,政府有关批文,各项技术规范和规定,气象、地区等自然条件,以及相关资料、文件为依据,对设计文件进行深入细致的审核。审核内容主要包括:设计图的规范性,建筑造型与立面设计,平面设计,空间设计,装修设计,结构设计,工艺流程设计,设备设计,水、电、自控设计,城市规划、环境、消防、卫生等部门的要求满足情况,专业设计的协调一致情况,施工可行性等方面。

必须强调的是,设计监理对设计文件进行审查,并不代表设计单位可以取消原来的逐级校核审核制度。

7.3 施工阶段的质量控制

施工阶段的监理是整个工程监理中历时最长,同时也是工作量最大和工程建设质量管控的最重要阶段。通过施工准备阶段的质量控制、施工阶段的质量控制以及竣工验收阶段的质量验收,监理机构实现了对工程质量建设的监督。

7.3.1 施工准备阶段监理的质量控制工作

在施工准备阶段,监理机构的质量控制工作包括以下几项:

1. 组织监理人员熟悉设计文件,参加设计交底并对会议纪要进行签认

监理规范规定在设计交底前,总监理工程师应组织监理人员熟悉设计文件,并对图设计中存在的问题通过建设单位向设计单位提出书面意见和建议。总监理工程师应组织监理人员参加由建设单位组织的设计技术交底会,对设计人员交底及施工承包单位提出的涉及工程质量的问题认真记录,参与讨论。对三方协商达成一致的会议纪要,总监理工程师应进行签认。

2. 主编监理规划,建立监理机构的技术管理体系和质量控制体系

监理规划是由总监理工程师主持编制的全面开展项目监理工作的指导性文件,经监理单位技术负责人批准,报经业主确认的监理工作文件。监理规划中的工作内容、目标、组织结构、人员配备、岗位职责、工作程序、工作方法及措施、制度等内容包括质量控制方面内容。

3. 审查施工单位现场的质量保证体系

开工前，总监理工程师应审查施工单位的质量保证体系、相应的施工技术标准、施工质量检验制度和综合施工质量水平评定考核制度。

审核内容包含组织结构设置、岗位设置、管理工作制度、专职管理人员配备、特种作业人员配备等方面（见表7-1）。检验合格后，由总监理工程师签字确认。

4. 对分包单位资格的审核及签认

建设单位与施工单位签订施工合同后，施工单位往往会将部分工程分包出去。分包单位良莠不齐，会给工程带来质量、安全等方面的风险。因此，分包工程开工前，监理机构应审核施工单位报送的分包单位资格报审表（表7-2），专业监理工程师提出审核意见后，由总监理工程师签发。

表7-1 施工现场质量管理检查记录

工程名称			施工许可证号		
建设单位			项目负责人		
设计单位			项目负责人		
监理单位			总监理工程师		
施工单位		项目负责人		项目技术负责人	
序号	项 目		主 要 内 容		
1	项目部质量管理体系				
2	现场质量责任制				
3	主要专业工种操作岗位证书				
4	分包单位管理制度				
5	图纸会审记录				
6	地质勘察资料				
7	施工技术标准				
8	施工组织设计编制及审批				
9	物资采购管理制度				
10	施工设施和机械设备管理制度				
11	计量设备配备				
12	检测试验管理制度				
13	工程质量检查验收制度				
自检结果：			检查结论：		
施工单位项目负责人（签字）： 年 月 日			总监理工程师（签字）： 年 月 日		

表7-2 分包单位资格报审表

工程名称： 编号：

致：_____（项目监理机构）

经考察，我方认为拟选择的_____（分包单位）具有承担下列工程的施工/安装资质和能力，可以保证本工程按施工合同第_____条款的约定进行施工或安装，请予以审查。

分包工程名称（部位）	分包工程量	分包工程合同额
合计		

附件：1. 分包单位资质材料。
 2. 分包单位业绩材料。
 3. 分包单位专职管理人员和特种作业人员的资格证书。
 4. 施工单位对分包单位的管理制度。

施工项目经理部（盖章）：
项目经理（签字）：
年 月 日

审查意见：

专业监理工程师（签字）：
年 月 日

审核意见：

项目监理机构（盖章）：
专业监理工程师（签字）：
年 月 日

分包单位资格审核的基本内容及流程如图 7-1 所示。

（1）审核分包单位的营业执照、企业资质等级证书及特殊行业施工许可证

专业监理工程师对分包单位的"建筑业企业资质证书""企业法人营业执照"和"安全生产许可证"等各种资质文件应查看原件，并审查证件的有效期及载明的经营范围和承包工程范围。分包单位的各种资质文件应留存复印件，复印件上应加盖其单位公章，法人代表要对施工现场的负责人出具法人授权委托书。

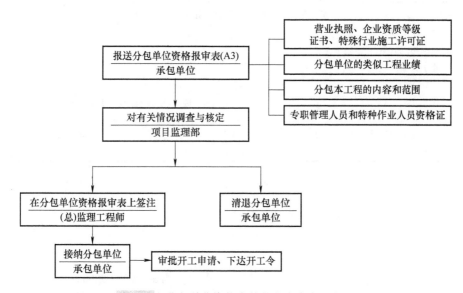

图 7-1 分包单位资格审核的基本内容及流程

（2）审核分包单位的专职管理人员和特种作业人员资格证

分包单位应认真审查关键岗位人员和特种作业人员的资格证、上岗证。

（3）审核分包单位的类似工程业绩

分包单位应提供近年来类似工程业绩，要求提供工程名称、工程质量验收等证明文件。重点审查分包单位施工组织者及管理者的资格与质量管理水平；审查特殊专业工种和关键施工工艺或新技术、新工艺、新材料等应用方面操作者的素质与能力。

（4）审核分包本工程的内容和范围

专业监理工程师应审核施工承包合同是否允许分包，分包的范围和工程部位是否允许进行分包，分包单位是否具有按工程承包合同规定的条件完成分包工程任务的能力，必要时可以会同承包单位进行实地考察和调查，核实承包单位申报材料与实际是否相符。注意拟承担分包工程内容与资质等级、营业执照是否相符。

若专业监理工程师认为该分包单位基本具备分包条件，则应在进一步调查后由总监理工程师予以书面确认。

5. 审查施工单位编制的施工组织设计及施工方案

开工前，总监理工程师要组织专业监理工程师审查施工单位施工组织设计及施工方案（表 7-3），对其质量保证措施重点审查。

施工组织设计是指导施工单位现场全面施工的实施性文件，是承包单位编制专项工程施工技术方案的基础与依据。经监理机构审查批准的施工组织设计及其专项施工技术方案是监

理机构实施质量与安全监督检查以及进行质量、安全、进度监督管理的依据,也是建设单位与承包单位进行工程结算的依据。对施工组织设计以及专项施工技术方案的审查,是监理机构实施事前控制的一项重要内容和措施。

表 7-3　施工组织设计(专项)施工方案报审表

工程名称:　　　　　　　　　　　　　　　　　　　　　　　　　编号:

致:＿＿＿＿＿＿＿＿＿＿(项目监理机构) 　　我方已完成＿＿＿＿＿＿＿＿＿＿工程施工组织设计(专项)施工方案的编制,请予以审查。 　　附件:1. 施工组织设计。 　　　　　2. 专项施工方案。 　　　　　3. 施工方案。   　　　　　　　　　　　　　　　　　　　　　　　施工项目经理部(盖章): 　　　　　　　　　　　　　　　　　　　　　　　项目经理(签字): 　　　　　　　　　　　　　　　　　　　　　　　　　　　　　年　月　日
审查意见: 　　　　　　　　　　　　　　　　　　　　　　　专业监理工程师(签字): 　　　　　　　　　　　　　　　　　　　　　　　　　　　　　年　月　日
审核意见: 　　　　　　　　　　　　　　　　　　　　　　　项目监理机构(盖章): 　　　　　　　　　　　　　　　　　　　　　　　总监理工程师(签字、加盖执业印章): 　　　　　　　　　　　　　　　　　　　　　　　　　　　　　年　月　日
审批意见: 　　　　　　　　　　　　　　　　　　　　　　　建设单位(盖章): 　　　　　　　　　　　　　　　　　　　　　　　建设单位代表(签字): 　　　　　　　　　　　　　　　　　　　　　　　　　　　　　年　月　日

注:本表一式三份,项目监理机构、建设单位、施工单位各一份。

项目监理机构应审查施工单位的施工组织设计、专项施工方案，将符合要求的经总监理工程师签认后报建设单位。施工单位应按照已批准的施工组织设计以及专项施工方案组织施工。

施工组织设计审查的主要内容包括以下几点：
1）施工进度、施工方案及工程质量保证措施应符合施工合同要求。
2）资源（资金、劳动力、材料、设备）供应计划应满足工程施工需要。
3）安全技术措施应符合工程建设强制性标准。
4）施工总平面布置应科学合理。

7.3.2 施工阶段监理的质量控制工作

在施工阶段，建筑工程采用的主要材料、半成品、成品、建筑构配件、器具和设备应进行进场检验。凡涉及安全、节能、环境保护和主要使用功能的重要材料、产品，应按各专业工程施工规范、验收规范和设计文件等规定进行复验，并应经监理工程师检查认可。各施工工序应按施工技术标准进行质量控制，每道施工工序完成后，经施工单位自检符合规定后，才能进行下道工序的施工。各专业工种之间的相关工序应进行交接检验，并应记录。对于监理单位提出检查要求的重要工序，应经监理工程师检查认可，才能进行下道工序施工。

总体来看，施工阶段监理机构质量控制的主要工作包括以下几项：

1. 核查建设项目的单位工程、分部工程、分项工程和检验批的划分

核查建设项目的单位工程、分部工程、分项工程和检验批的划分是否符合《建筑工程施工质量验收统一标准》，并制定质量控制的工作流程以及监理措施。

2. 组织制定和审批质量控制的监理实施细则、规定及相关管理制度

对规模较大和专业性较强的工程项目，为更好地进行质量控制，应以监理规划为依据，编制监理实施细则。开工前，监理实施细则应编制完成，并必须经总监理工程师审核批准。

3. 工程材料、构配件和设备的质量控制

专业监理工程师对施工单位报送的工程材料、构配件及设备的质量证明文件（表7-4）进行审核，并按有关规定和合同约定，对用于工程的材料进行见证取样、平行检验。未经监理机构检验的工程材料、构配件及设备，监理机构应拒绝签认。对已进场、经检验不合格的工程材料，构配件、设备，应要求施工单位限期将其撤出施工现场。

（1）资料核查

1）外购的主要材料进场时，监理工程师应核查厂家生产许可证、出厂合格证、材质化验单及性能检测报告，审查不合格则不得用于工程。

2）对于现场配制的材料，承包单位应进行级配设计与配合比试验，合格后才能使用。

3）对于进口的材料、构配件和设备，监理工程师应要求承包单位报送进口商检证明文件，并会同建设单位、承包单位、供货单位等相关单位按合同约定进行联合验收。联合验收由承包单位提出申请，监理单位组织，建设单位主持。

4）对工程采用新设备、新材料的，应核查相关部门鉴定证书或工程应用的证明材料、实地考察报告或专题论证材料。当专业验收规范对工程中的验收项目未做出相应规定时，应由建设单位组织监理、设计、施工等相关单位制定专项验收要求。涉及安全、节能、环境保护等项目的专项验收要求的，应由建设单位组织专家论证。

（2）材料、构配件和设备的质量检验

1）原材料、构配件进场时，监理工程师应检查其尺寸、规格、型号、产品标志、包装等外观质量，并判定其是否符合设计规范、合同等要求。

2）工程设备检查验收前，设备安装单位应提交设备检查验收方案，包括验收方法、质量标准、检查验收的依据，经监理工程师审查同意后实施。

3）对于进场的工艺设备，监理工程师应会同供货商等进行开箱检验，检查其是否符合设计文件、合同文件和规范等所规定的各种技术参数，检查设备图、说明书、配件等是否齐全。

表7-4 工程材料/设备/构配件报审表

工程名称： 编号：

致：_____（项目监理机构） 　　我方于____年____月____日进场的用于工程_____部位的_____（工程材料/设备/构配件），已完成自检，现将相关资料（见附件）报上，请予以审查 附件：1. 工程材料/设备/构配件清单。 　　　2. 质量证明文件。 　　　3. 自检结果。 　　　　　　　　　　　　　　　　　　　　　　　施工单位（盖章）： 　　　　　　　　　　　　　　　　　　　　　　　项目经理（签字）： 　　　　　　　　　　　　　　　　　　　　　　　　　年　月　日
审查意见：   　　　　　　　　　　　　　　　　　　　　　　　项目监理机构（盖章）： 　　　　　　　　　　　　　　　　　　　　　　　专业监理工程师（签字）： 　　　　　　　　　　　　　　　　　　　　　　　　　年　月　日
审核意见：   　　　　　　　　　　　　　　　　　　　　　　　项目监理机构（盖章）： 　　　　　　　　　　　　　　　　　　　　　　　总监理工程师（签字、加盖执业印章）： 　　　　　　　　　　　　　　　　　　　　　　　　　年　月　日

注：本表一式两份，项目监理机构、施工单位各一份。

4）对所有进场材料或构件按照规范规定确定抽检比例或进行全检。抽检取样和送检必须有专业监理工程师在场，必要时监理工程师应采取平行检验。

5）对不能送实验室检验的材料或构件，应按照规范规定的办法进行现场检验或试验，监理机构应进行监督。

6）凡是标志不清、疑有质量问题或与合同规定不符的一般材料，应进行抽样检验。进口材料和重要工程或关键部位使用的材料应进行全检。

（3）设备、材料、构配件堆放的审查

监理工程师应对承包单位的原材料及构配件存放保管条件进行审查以保证存放质量。如果存放保管条件不良，监理工程师应要求施工承包单位加以改善并达到要求。

（4）见证取样与平行检验

材料质量检验的取样必须按国家或地方（行业）的试验取样办法进行。

见证取样是指项目监理机构对施工单位进行的涉及结构安全的试块、试件及工程材料现场取样、封样、送检工作的监督活动。在房屋建筑工程与市政工程项目中，对工程材料、承重结构的混凝土试块、承重墙体的砂浆试块、结构工程的受力钢筋（包括接头）、钢结构构件等应进行见证取样。

1）见证取样的工作程序。

① 工程项目施工前，由施工单位和项目监理机构共同对见证取样的检测机构进行考察确定。对于施工单位提出的实验室，专业监理工程师要进行实地考察。实验室属于第三方机构，应具有相应的资质，经国家或地方计量、试验主管部门认证，试验项目满足工程需要。实验室出具的报告对外具有法定效果。

② 项目监理机构要将选定的实验室报送负责本项目的质量监督机构备案并得到认可，同时要将项目监理机构中负责见证取样的专业监理工程师在该质量监督机构备案。

③ 施工单位应按照规定制订检测试验计划，配备取样人员，负责施工现场的取样工作，并将检测试验计划报送项目监理机构。

④ 施工单位在对进场材料、试块、试件、钢筋接头等实施见证取样前要通知负责见证取样的专业监理工程师，在专业监理工程师现场监督下，施工单位按相关规范的要求，完成材料、试块、试件等的取样。

⑤ 完成取样后，施工单位取样人员应在试样或其包装上做出标识、封志。标识和封志应标明工程名称、取样部位、取样日期、样品名称和样品数量等信息，并由见证取样的专业监理工程师和施工单位取样人员签字。

2）平行检验。平行检验是指项目监理机构在施工单位自检的同时，按有关规定对同一检验项目进行的检测试验活动。

平行检验的项目、数量、频率和费用等应符合建设工程监理合同的约定。对平行检验不合格的，项目监理机构应签发监理通知单，要求施工单位在指定的时间内整改并重新报验。

4. 巡视和旁站

项目监理机构应对施工过程进行巡视，并根据工程特点和施工单位报送的施工组织设计，确定旁站的关键部位、关键工序，安排监理人员进行旁站，并及时填写旁站记录。

（1）巡视

总监理工程师制定巡视制度。监理人员应按巡视计划和巡视检查要点每天定时巡视施工现场，采用记录、拍照、摄影、封存原样等方式留存原始记录。监理人员对巡视中发现的问题应根据发生的时间、部位、性质及严重程度等采取口头或书面形式（监理工作联系单或监理工程师通知单）及时通知施工单位进行整改。

对于不按施工图和施工方案施工、工程材料未经检测合格即投入使用或存在其他严重安全隐患，可能造成或已经造成安全质量事故的，监理人员应及时向总监理工程师或上级责任人报告，总监理工程师应按程序及时签发"工程暂停令"，要求施工单位停工整改。

（2）旁站

旁站是指监理人员在施工过程中，对建设工程关键部位、关键工序的施工质量实施全过程的现场监督。

项目开工前监理机构按监理规划中旁站监理方案明确的关键部位和工序旁站范围，编制"关键部位和工序的旁站清单"，经总监理工程师审批后，分送建设单位和施工企业，同时按要求抄送工程所在地的建设行政主管部门或工程质量监督机构。

施工单位在实施旁站监理的关键部位或工序施工时，必须提前48小时以书面形式通知项目监理机构。接到施工单位书面通知后，项目监理机构落实有关的旁站监理人员，并提前24小时将信息反馈给施工单位。旁站监理人员还应提前对施工单位关键岗位的人员、机械、材料及施工方案、安全措施及上一道工序质量进行检查。

1）旁站准备工作的主要内容。接到施工单位关键部位或关键工序的施工通知后，监理旁站人员应熟悉旁站项目的设计图、旁站方案、规程规范、技术及质量验收标准等资料，为现场旁站监理做好准备。同时应对拟施工项目的人员到位情况、施工机械准备情况、施工材料准备情况和上一工序的验收情况进行检查，只有在施工准备完全符合要求时才允许施工。

2）旁站监督工作的主要内容。

① 旁站监理人员应全过程跟班监督，严格执行旁站监理方案。

② 旁站监理人员应根据关键部位或工序施工所要求的气候条件来判断其施工的可行性以及是否需要施工单位采取相应的作业措施。

③ 旁站监理人员应检查使用的材料是否符合要求，如有偏差应立即进行处理，禁止不合格的材料用在工程上。

④ 旁站监理人员应检查施工过程中的施工方法、施工工艺以及质量和安全保证措施的执行情况。

⑤ 旁站监理人员对施工中出现的偏差应及时纠正，保证施工的质量。

⑥ 旁站监理人员应注意观察危险性较大的工程施工中出现的严重异常隐情，一旦发生此类情况应立刻采取停止施工的紧急措施，并查找原因；查找原因无果时，及时通知建设方项目负责人和总监理工程师。

⑦ 旁站监理人员对施工操作过程不符合规定的情况，先口头指出，令其纠正；施工单位拒不纠正时，报告总监理工程师处理。

⑧ 旁站监理人员不能即时判断施工操作过程或产品质量是否符合规定时，应要求施工方送检。

⑨ 应执行旁站监理的关键部位和工序的施工，应实施旁站监理并进行旁站监理记录，必要时可进行拍照和摄影。施工中所发生的一切异常情况及所采取的处理措施和现场检验结

果均应详细记录在"旁站记录"中（表7-5）。未实施旁站监理并进行记录的，专业监理工程师或总监理工程师不得在相应文件上签字。

⑩ 旁站监理的考勤制度。小型项目由专业监理工程师或总监理工程师不定时到现场检查旁站人员到位情况，大型项目或晚间施工时，由专业监理工程师或总监理工程师不定时用电话与现场施工负责人员联系，防止旁站人员脱岗。

⑪ 总监理工程师或专业监理工程师应定期检查"旁站记录表"，总结经验并与施工单位一起制定预防措施，确保工程施工质量。

5. 检验批、隐蔽工程以及分项分部工程的质量控制

专业监理工程师应对承包单位报送的分项工程质量验评资料进行审核，确定符合要求后再签字确认。总监理工程师应组织对分部工程和单位工程质量验评资料审查和现场检查，符合要求后签字确认。

表7-5 旁站记录

工程名称： 编号：

旁站的关键部位、关键工序		施工单位	
旁站开始时间	年 月 日 时 分	旁站结束时间	年 月 日 时 分
旁站的关键部位、关键工序施工情况：			
发现的问题及处理情况：			
旁站监理人员（签字）： 年 月 日			

注：本表一式一份，项目监理机构留存。

专业监理工程师应根据施工单位报验的检验批隐蔽工程、分项工程进行验收：提出验收意见。总监理工程师应组织监理人员对施工单位报验的分部工程进行验收，签署验收意见。

对验收不合格的检验批、隐蔽工程、分项工程和分部工程，项目监理机构应拒绝签认，并严禁施工单位进行下一道工序施工。

（1）检验批的验收

检验批是指按相同的生产条件或按规定的方式汇总起来供检验用的，由一定数量样本组成的检验体，是工程质量验收划分中的最小验收单位。检验批验收主要是核查各批次的质量保证资料、施工操作依据以及质量检查记录是否完整，对满足要求的检验批按质量验收记录表中所列的主控项目和一般项目进行验收。主控项目是指对安全、卫生、环境保护和公众利益起决定性作用的检验项目，一般项目是指除主控项目以外的检验项目。

检验批的验收应由施工承包单位先完成"自检""互检""专检"，"三检"评定合格后由项目专业质量检查员填写检验批质量验收记录。项目专业质量检查员与项目技术负责人分别签字后向项目监理机构提出验收申请，并提交检验批质量验收记录表及相关资料。

收到验收申请后，相关专业监理工程师首先组织相关现场监理员核查质量保证资料、施工操作依据和质量检查记录，确定资料齐全、完整后组织施工项目部技术负责人、验收合格后由专业监理工程师签署验收意见并签名，准许进行下道工序施工。如不同意则应当场指出存在的问题并责令整改，并严禁下道工序施工。

（2）隐蔽工程的验收

隐蔽工程是指后续工程完成后被掩盖的分部分项工程和检验批。项目专业质量检查员以及建设单位项目技术负责人或专业工程师到验收现场进行验收。

对属于隐蔽工程的分部分项工程和检验批进行检查、验收，并签署施工单位提交的报验申请表，需要进行验收的隐蔽工程包括：①基坑、基槽工程；②地基工程；③基础工程；④钢筋工程；⑤混凝土等承重结构工程；⑥防水工程；⑦工艺设备、管道油漆保温工程；⑧墙体工程；⑨国家规定必须实行隐蔽工程验收的其他检验批、分项工程及分部工程。

对隐蔽工程的验收应首先由施工单位开展自行检查和评定。施工单位自行检查评定合格后填写检验批、隐蔽工程及分项工程报验表（表7-6），并向项目监理机构提出验收申请。监理工程师组织现场检查验收，项目专业质量检查员以及建设单位项目技术负责人或专业工程师应到验收现场进行验收。经验收合格的可进入下一道工序；否则应待整改完成后进行验收。

（3）分项工程的验收

分项工程是分部工程的组成部分。分项工程按主要工种、材料、施工工艺、设备类别进行划分。如建筑工程的主体结构分部工程中，混凝土结构子分部工程划分为模板、钢筋、混凝土、预应力、现浇结构、装配式结构等分项工程。

承包单位在自检评定合格后，由项目专业质量检查员填写分项工程报验表和分项工程质量验收记录表，由项目技术负责人检查后评价并签字，然后向项目监理机构提出验收申请并提交相关资料。相关专业监理工程师组织监理人员逐项审查，并给出评价结果。如果同意验收则签字确认；不同意验收则指出存在问题，明确处理意见和完成时间。

表 7-6　检验批、隐蔽工程及分项工程报验表

工程名称：　　　　　　　　　　　　　　　　　　　　　　　　　编号：

致：_____（项目监理机构） 　　我方已完成_____工作，现报上该工程报验申请表，请予以审查、验收。   附件：1. 检验批/分项工程质量自检结果。 　　　2. 关键部位或关键工序的质量控制措施。 　　　3. 其他。   　　　　　　　　　　　　　　　　　　　　　　　施工单位（盖章）： 　　　　　　　　　　　　　　　　　　　　　　　项目经理（签字）： 　　　　　　　　　　　　　　　　　　　　　　　　　　年　月　日
审查、验收意见：   　　　　　　　　　　　　　　　　　　　　　　　项目监理机构（盖章）： 　　　　　　　　　　　　　　　　　　　　　　　专业监理工程师（签字）： 　　　　　　　　　　　　　　　　　　　　　　　　　　年　月　日

注：本表一式两份，项目监理机构、施工单位各一份。

（4）分部工程的验收

分部工程是单位工程的组成部分，多个分部工程组成一个单位工程。对于建筑工程，分部工程可按专业性质、工程部位确定，如建筑工程划分为地基与基础、主体结构、建筑装饰装修、屋面、建筑给水排水及供暖、通风与空调、建筑电气、智能建筑、建筑节能、电梯十个分部工程。当分部工程较大或较复杂时，可按材料种类、施工特点、施工程序、专业系统及类别将分部工程划分为若干子分部工程。如主体结构分部工程划分为混凝土结构、砌体结构、钢结构、钢管混凝土结构、型钢混凝土结构、铝合金结构和木结构等子分部工程。

承包单位在自检评定合格后，填写分部工程报验表（表7-7）和分部工程验收记录表，由项目经理交总监理工程师审查。总监理工程师在审查报送的资料后，对符合验收条件的分部工程应组织承包单位的项目经理、项目技术负责人及有关的技术、质量部门负责人（主要是地基与基础、主体结构及重要的安装分部）、勘察单位项目负责人（主要是地基与基础分部）、设计单位项目负责人（主要是地基与基础、主体结构及重要的安装分部）等进行分部工程的实体验收并召开验收会议。对地基与基础、主体结构及重要的安装分部工程的验收，验收应在当地建设行政主管部门相关人员监督下进行。

表 7-7　分部工程报验表

工程名称：　　　　　　　　　　　　　　　　　　　　　　　　　编号：

致：_____（项目监理机构）

　　我方已完成_____（分部工程）工作，经自检合格，请予以查收。

　　附件：分部工程质量资料。

施工项目经理部（盖章）：

项目经理（签字）：

　　　　年　月　日

验收意见：

专业监理工程师（签字）：

　　　　年　月　日

验收意见：

项目监理机构（盖章）：

专业监理工程师（签字）：

　　　　年　月　日

注：本表一式三份，项目监理机构、建设单位、施工单位各一份。

6. 监理通知单、工程暂停令和复工令的签发

（1）监理通知单的签发

在工程质量控制方面，项目监理机构发现施工存在质量问题的，或施工单位采用不适当的施工工艺，或施工不当，造成工程质量不合格的，应及时签发监理通知单。要求施工单位整改。监理通知单由专业监理工程师或总监理工程师签发，见表7-8。

表7-8 监理通知单

工程名称：	编号：

致：_____（施工项目经理部）

事由：_____
_____
_____

内容：_____
_____
_____

项目监理机构（盖章）：
总/专业监理工程师（签字）：
　　　　　　　　　　　　年　　月　　日

注：本表一式三份，项目监理机构、建设单位、施工单位各一份。

项目监理机构签发监理通知单时，应要求施工单位在发文本上签字，并注明签收时间。施工单位应按监理通知单的要求进行整改。整改完毕后，向项目监理机构提交监理通知回复单（表7-9）。项目监理机构应根据施工单位报送的监理通知回复单对整改情况进行复查，并提出复查意见。

（2）工程暂停令的签发

按照监理规范规定，出现下列情况之一时，总监理工程师可签发工程暂停令（表7-10）：①为了保证工程质量而需要进行停工处理；②建设单位要求暂停施工，并且工程需要暂停施工；③发生了必需暂时停止施工的紧急事件；④施工出现了安全隐患，总监理工程师认为有必要停工消除隐患；⑤承包单位未经许可擅自施工，或拒绝监理机构管理。

（3）工程复工令的签发

暂停施工事件发生时，项目监理机构应如实记录所发生的情况。当暂停施工原因消失、具备复工条件时，施工单位提出复工申请的，项目监理机构应审查施工单位报送的复工报审表及有关材料，符合要求后，总监理工程师应及时签发工程复工令（表7-11）。施工单位未提出复工申请的，总监理工程师应根据工程实际情况指令施工单位恢复施工。

项目监理机构应对施工单位的整改过程、结果进行检查、验收，符合要求的，总监理工程师应及时签发工程复工令。

表 7-9　监理通知回复单

工程名称：　　　　　　　　　　　　　　　　　　　　　　　　　编号：

致：＿＿＿＿＿＿＿＿＿＿（项目监理机构）

　　我方接到编号为＿＿＿＿＿的监理通知单后，已按要求完成相关工作，请予以复查。

附件：需要说明的情况。

施工项目经理部（盖章）：
项目经理（签字）：
年　　月　　日

复查意见：

项目监理机构（盖章）：
总监理工程师/专业监理工程师（签字）：
年　　月　　日

注：本表一式三份，项目监理机构、建设单位、施工单位各一份。

表 7-10　工程暂停令

工程名称：　　　　　　　　　　　　　　　　　　　　　　　　　　　　　　　　编号：

致：_____（施工项目经理部）

由于_____原因，现通知你方于____年____月____日____时起，暂停_____部位（工序）施工，并按下述要求做好后续工作。

要求：

项目监理机构（盖章）：
总监理工程师（签字、加盖执业印章）：
　　　年　　月　　日

注：本表一式三份，项目监理机构、建设单位、施工单位各一份。

表7-11 工程复工令

工程名称： 编号：

致：_____（施工单位）

　　我方发出的编号为_____"工程暂停令"，要求暂停施工的_____部位（工序），经查已具备复工条件。经建设单位同意，现通知你方于_____年_____月_____日_____时起恢复施工。

　　附件：工程施工报审表。

项目监理机构（盖章）：

总监理工程师（签字、加盖执业印章）：

年　　月　　日

注：本表一式三份，项目监理机构、建设单位、施工单位各一份。

7. 审核和签发工程变更单

工程施工中往往会出现需要进行变更的情况。设计单位对原设计存在的缺陷提出的工程变更，应编制设计变更文件；建设单位或施工单位提出的工程变更，应提交总监理工程师，总监理工程师组织专业监理工程师审查。经审查同意后，应由建设单位转交原设计单位编制设计变更文件。

7.3.3 竣工验收阶段监理的质量验收工作

工程施工质量验收是指工程施工质量在施工单位自行检查合格的基础上，由工程质量验收责任方组织，工程建设相关单位参加，对检验批、分项工程、分部工程、单位工程及其隐蔽工程的质量进行抽样检验，对技术文件进行审核，并根据设计文件和相关标准以书面形式对工程质量是否达到合格做出确认。工程施工质量验收包括工程施工过程质量验收和竣工质量验收，是工程质量控制的重要环节。

1. 建筑工程施工质量验收要求

1）工程质量验收均应在施工单位自检合格的基础上进行。
2）参加工程施工质量验收的各方人员应具备相应的资格。
3）检验批的质量应按主控项目和一般项目验收。
4）对涉及结构安全、节能、环境保护和主要使用功能的试块、试件及材料，应在进场时或施工中按规定进行见证检验。
5）隐蔽工程在隐蔽前应由施工单位通知监理单位进行验收，并应形成验收文件，验收合格后方可继续施工。
6）对涉及结构安全、节能、环境保护和使用功能的重要分部工程应在验收前按规定进行抽样检验。
7）工程的观感质量应由验收人员现场检查，并应共同确认。

2. 建筑工程施工质量验收合格应符合的规定

1）符合工程勘察、设计文件的规定。
2）符合《建筑工程施工质量验收统一标准》（GB 50300—2013）和相关专业验收规范的规定。

3. 检验批质量验收

检验批是工程施工质量验收的最小单位，是分项工程、分部工程、单位工程质量验收的基础，可根据施工、质量控制和专业验收的需要，按工程量、楼层、施工段、变形缝等进行划分。施工前，应由施工单位制定检验批的划分方案，并由监理单位审核。按检验批验收有助于及时发现和处理施工中出现的质量问题，确保工程质量。

检验批应由专业监理工程师组织施工单位项目专业质量检查员、专业工长进行验收。验收前，施工单位应对施工完成的检验批进行自检，对存在的问题自行整改处理，合格后报送项目监理机构申请验收，检验批质量验收记录见表7-12。

专业监理工程师对施工单位所报资料进行审查，并组织相关人员到现场进行实体检查、验收。对验收不合格的检验批，专业监理工程师应要求施工单位进行整改、自检合格后予以复验。对验收合格的检验批，专业监理工程师应签认检验批报审、报验表及质量验收记录，准许进行下道工序施工。

表 7-12　检验批质量验收记录

工程名称：　　　　　　　　　　　　　　　　　　　　　　　　　　　编号：

单位（子单位）工程名称		分部（子分部）工程名称		分项工程名称	
施工单位		项目负责人		检验批容量	
分包单位		分包单位项目负责人		检验批部位	
施工依据				验收依据	
	验收项目	设计要求及规范规定	最小/实际抽样数量	检查记录	检查结果
主控项目	1				
	2				
	3				
	4				
	5				
	6				
	7				
	8				
	9				
	10				
一般项目	1				
	2				
	3				
	4				
	5				
施工单位检查结果		专业工长（签名）： 项目专业质量检查员（签名）： 　　　　　　　　　　年　　月　　日			
监理单位验收结论		专业监理工程师（签名）： 　　　　　　　　　　年　　月　　日			

检验批质量验收合格应符合下列规定：①主控项目的质量经抽样检验均应合格；②一般项目的质量经抽样检验合格。

4. 隐蔽工程质量验收

隐蔽工程是指在下道工序施工后被覆盖或掩盖、难以进行质量检查的工程。

施工单位应对隐藏工程质量进行自检，对存在的问题自行整改处理，合格后形成隐蔽工程质量验收记录表（表 7-13）并将相关资料报送项目监理机构申请验收。专业监理工程师对施工单位所报资料进行审查，并组织相关人员到现场进行实体检查、验收。对验收不合格的，专业监理工程师应要求施工单位进行整改，自检合格后予以复验。对验收合格的，专业监理工程师应签认隐蔽工程报审、报验表及质量验收记录，准许进行下道工序施工。

表 7-13 隐蔽工程质量验收记录表

验收执行规范编号： 编号：

单位（子单位）工程名称				
分部（子分部）工程名称				
总承包施工单位			项目负责人	
专业承包施工单位			项目负责人	
分项工程名称		隐蔽工程项目		
隐蔽工程部位	施工质量验收规范的规定	施工单位检查记录	监理（建设）单位验收记录	
专业承包施工单位检查评定结果	专业工长（施工员）（签名）		施工班组长（签名）	
	项目专业质量检查员（签名）：		年　月　日	
监理（建设）单位验收结论	专业监理工程师（签名）：		年　月　日	

5. 分项工程质量验收

分项工程由专业监理工程师组织施工单位项目专业技术负责人等进行验收，可按主要工种、材料、施工工艺、设备类别等进行划分，施工前，应由施工单位制定分项工程划分方案，并由监理单位审核。

验收前，施工单位应对已完成的分项工程进行自检，对存在的问题自行整改处理，合格后报送项目监理机构申请验收（表 7-14），专业监理工程师对施工单位所报资料逐项进行审查。

分项工程的验收以检验批为基础。分项工程质量验收是检验批验收汇总统计的过程。分项工程质量合格的条件是构成分项工程的各检验批验收资料齐全完整，且各检验批已验收合格。

分项工程质量验收合格应符合下列规定：①所含检验批的质量均应验收合格；②所含检验批的质量验收记录应完整。

6. 分部工程质量验收

分部工程由总监理工程师组织施工单位项目负责人和项目技术负责人等进行验收。验收前，施工单位应对已完成的分部工程进行自检，对存在的问题自行整改处理，合格后报送项目监理机构申请验收（表 7-15）。总监理工程师组织相关人员进行检查、验收，对验收不合格的分部工程，应要求施工单位进行整改。施工单位再次自检合格后予以复查。对验收合格的分部工程，应签认分部工程报验表及验收记录。

表 7-14　分项工程质量验收记录

单位（子单位）工程名称			分部（子分部）工程名称			
分项工程数量			检验批数量			
施工单位			项目负责人		项目技术负责人	
分包单位			分包单位项目负责人		分包内容	
序号	检验批名称	检验批容量	部位/区段	施工单位检查结果		监理单位验收结论
1						
2						
3						
4						
5						
6						
7						
8						
9						
10						
说明：						
施工单位检查结果			项目专业技术负责人（签名）： 　　　　　　　年　　月　　日			
监理单位验收结果			专业监理工程师（签名）： 　　　　　　　年　　月　　日			

分部工程质量验收合格应符合下列规定：①所含分项工程的质量均应验收合格；②质量控制资料应完整；③有关安全、节能、环境保护和主要使用功能的抽样检验结果应符合相应规定；④观感质量应符合要求。

7. 单位工程质量验收

单位工程质量验收是建筑工程投入使用前的最后一次验收，也是最重要的一次验收。

（1）单位工程的预验收

单位工程完工后，施工单位应进行自检，对存在的问题进行整改处理，合格后报送项目监理机构申请预验收。

总监理工程师组织各专业监理工程师审查施工单位报送的竣工资料，并对工程质量进行竣工预验收。存在施工质量问题时，施工单位应及时整改。施工单位再次自检合格且复验合格后，总监理工程师应签认单位工程竣工验收的相关资料。项目监理机构应编写工程质量评估报告，经总监理工程师和工程监理单位技术负责人审核签字后报建设单位。施工单位向建设单位提交工程竣工报告，申请工程竣工验收。

表 7-15　分部工程质量验收记录

工程名称：　　　　　　　　　　　　　　　　　　　　　　　　编号：

单位（子单位）工程名称		分部（子分部）工程名称		分项工程数量	
施工单位		项目负责人		技术（质量）负责人	
分包单位		分包单位负责人		分包内容	
序号	子分部工程名称	分项工程名称	检验批数量	施工单位检查结果	监理单位验收结论
1					
2					
3					
4					
5					
6					
7					
8					
质量控制资料					
安全和功能检验结果					
观感质量检验结果					
综合验收结论					
施工单位 项目负责人： 　年　月　日		勘察单位 项目负责人： 　年　月　日		设计单位 项目负责人： 　年　月　日	监理单位 项目负责人： 　年　月　日

注：1. 地基与基础分部工程的验收应由施工、勘察、设计单位项目负责人和总监理工程师参加并签字。
　　2. 主体结构、节能分部工程的验收应由施工、设计单位项目负责人和总监理工程师参加并签字。

涉及分包的，分包单位应对所承包的工程项目进行自检及验收。验收时，总包单位应派人参加，验收合格后，分包单位应将所分包工程的质量控制资料整理完整，并移交给总包单位。建设单位组织单位工程质量验收时，分包单位负责人应参加验收。

（2）验收

建设单位收到工程竣工报告后，应由建设单位项目负责人组织监理、施工、设计、勘察等单位项目负责人进行单位工程验收。工程质量符合要求的，总监理工程师应在工程竣工验收报告中签署验收意见（表 7-16）。单位工程质量验收时，勘察、设计、施工、监理等单位的项目负责人应参加验收，其中施工单位的技术、质量负责人也应参加验收。

表 7-16 单位工程质量竣工验收记录

工程名称		结构类型		层数/建筑面积	
施工单位		技术负责人		开工日期	
项目负责人		项目技术负责人		完工日期	
序号	项目	验收记录		验收结论	
1	分部工程验收	共____分部,经查符合设计及标准规定____分部。			
2	质量控制资料核查	共____项,经核查符合规定____项。			
3	安全和使用功能核查及抽查结果	共核查____项,符合规定____项,共抽查____项,符合规定____项,经返工处理符合规定____项			
4	观感质量验收	共抽查____项,达到"好"和"一般"的项,经返修处理符合要求的____项			
综合验收结论					
参加验收单位	建设单位 (公章) 项目负责人: 年 月 日	监理单位 (公章) 总监理工程师: 年 月 日	施工单位 (公章) 项目负责人: 年 月 日	设计单位 (公章) 项目负责人: 年 月 日	勘察单位 (公章) 项目负责人: 年 月 日

注:单位工程验收时,验收签字人员应由相应单位的法人代表书面授权。

(3) 单位工程质量验收合格应符合的规定

1) 所含分部工程的质量均应验收合格。
2) 质量控制资料应完整。
3) 所含分部工程中有关安全、节能、环境保护和主要使用功能的检验资料应完整。
4) 主要使用功能的抽查结果应符合相关专业质量验收规范的规定。
5) 观感质量应符合要求。

7.4 工程质量缺陷与质量事故

7.4.1 工程质量缺陷与质量事故的概念

1. 工程质量缺陷

工程质量缺陷是指工程不符合国家或行业的有关技术标准、设计文件及合同要求。工程质量缺陷可分为施工过程中的质量缺陷和永久质量缺陷,其中施工过程中的质量缺陷可分为可整改质量缺陷和不可整改质量缺陷。

2. 工程质量事故

工程质量事故是指由于工程质量责任主体违反工程质量有关法律法规和工程建设标准,使工程产生结构安全、重要使用功能等方面的质量缺陷,造成人身伤亡或者重大经济损失的事故。

7.4.2 工程质量事故的分类

工程质量事故具有复杂性、严重性、可变性和多发性的特点。

按照住房和城乡建设部《关于做好房屋建筑和市政基础设施工程质量事故报告和调查处理工作的通知》(建质〔2010〕111号)，根据工程质量事故造成的人员伤亡或者直接经济损失，工程质量事故分为四个等级：

1) 特别重大事故，是指造成30人以上死亡，或者100人以上重伤，或者1亿元以上直接经济损失的事故。

2) 重大事故，是指造成10人以上30人以下死亡，或者50人以上100人以下重伤，或者5000万元以上1亿元以下直接经济损失的事故。

3) 较大事故，是指造成3人以上10人以下死亡，或者10人以上50人以下重伤，或者1000万元以上5000万元以下直接经济损失的事故。

4) 一般事故，是指造成3人以下死亡，或者10人以下重伤，或者100万元以上1000万元以下直接经济损失的事故。

该等级划分所称的"以上"包括本数，"以下"不包括本数。

7.4.3 工程质量缺陷的成因

1. 违背基本建设程序

基本建设程序是客观规律，违背基本建设程序可能会出现质量缺陷，如无水文及地质勘察资料就盲目进行设计和施工，边设计边施工，分部分项工程未经验收即进入下一道工序，未经竣工验收就交付使用等。

2. 技术原因

在工程项目实施中由于设计、施工在技术上的失误将造成质量缺陷，例如，结构设计计算错误，对地质情况估计错误，采用了不适当的施工方法或施工工艺等引发的质量事故。

3. 管理原因

管理原因包括管理上的不完善或失误，例如，施工单位或监理单位的质量管理体系不完善，检验制度不严密，质量控制不严格，质量管理措施落实不力，检测仪器设备管理不善而失准，材料检验不严，盲目追求利润而忽视工程质量，偷工减料，不按批准的施工方案施工等。

4. 使用不合格的原材料、构配件和设备

不合格的原材料、构配件和设备将导致工程质量缺陷和质量事故，严重危害人民生命财产和安全，如不合格的钢材、水泥、混凝土、混凝土制品、外加剂、预应力锚具和锚索等。

5. 盲目抢工

不遵守工程施工的客观规律，随意压缩工期，采用不适当的技术措施，从而导致质量缺陷。

6. 操作工人素质低

由于缺乏培训、流动性大、行业的吸引力减弱等原因导致操作工人技能不足，且质量和安全意识淡薄，操作工人素质低下将导致工程质量事故。

7. 自然环境因素

自然环境因素包括空气适度、温度、大风、暴雨、太阳辐射等。

8. 使用不当

使用不当包括改变建构筑物的使用功能；超荷载使用；随意在既有建筑物结构上加层；装修过程中，随意在结构上开槽打洞、削弱结构截面等。

7.4.4 工程质量缺陷的特点

1. 复杂性

影响工程质量的因素包括人、机、料、法、环，造成质量事故的原因也错综复杂，即使是同一类质量事故，其原因却可能千差万别。以主体结构钢筋混凝土墙体大面积开裂事故为例，裂缝产生的原因可能是：设计计算有误；地基不均匀沉降；温度应力、地震力、冻胀力的作用，养护不到位；施工质量低劣、偷工减料或材料不合格等。

2. 严重性

工程项目一旦出现质量事故，其影响较大。轻者影响工程顺利进行、拖延工期、增加工程费用，重者则会留下隐患，成为危险的建筑，影响作用功能或不能使用，更严重的还会引起建筑物的失稳、倒塌，造成人民生命、财产的巨大损失。

3. 可变性

有些在初始阶段并不严重的质量缺陷，如不及时处理和纠正，有可能发展成严重的工程质量事故，例如：混凝土裂缝如果在初期宽度较小且数量不多，对其进行了及时整改则不会造成工程结构安全问题，但如果对裂缝不予处理，则裂缝可能进一步发展，宽度加大，钢筋锈蚀，则后期可能发展为结构断裂甚至建筑物倒塌事故。

4. 多发性

工程质量缺陷类似于"常见病""多发病"，经常发生，例如，混凝土、砂浆强度不足，预制构件裂缝等。

7.4.5 工程质量缺陷处理的基本方法

当建筑工程施工质量不符合规定时，按下列规定进行处理：

1）经返工或返修的检验批，应重新进行验收。

2）经有资质的检测机构检测鉴定能够达到设计要求的检验批，应予以验收。

3）经有资质的检测机构检测鉴定达不到设计要求，但经原设计单位核算认可能够满足安全和使用功能的检验批，可予以验收。

4）经返修或加固处理的分项、分部工程，满足安全及使用功能要求时，可按技术处理方案和协商文件的要求予以验收。

经返修或加固处理仍不能满足安全或使用要求的分部工程及单位工程，严禁验收。

出现施工质量问题时，有以下几种处理方法：

1. 不进行处理

某些工程质量问题虽然达不到规定的要求或标准，但其情况不严重，对工程结构的使用及安全影响很小，经过分析、论证、法定检测单位鉴定和设计单位认可后可不专门进行处理。一般可不进行专门处理的情况包括：①不影响结构安全和生产工艺以及使用要求的质量缺陷；②可以利用后道工序弥补的质量缺陷；③经法定检测单位鉴定后满足合格的工程；④出现质量缺陷时，检测鉴定达不到设计要求，但是经过原设计单位核算，仍可满足结构安全和使用功能。

2. 加固

这种情况主要是针对危及承载力的质量缺陷。通过加固，使建筑物恢复原来设计的承载力或者提高承载力以消除危险，从而满足要求达到安全可靠。一般混凝土结构的加固主要方法包括：增大截面加固法、外包角钢加固法、粘钢加固法、增设支点加固法、增设剪力墙加固法和预应力加固法等。

3. 返修

如果工程中出现一些质量缺陷，但是经过返修后可以达到要求标准，不会影响外观和使用，可以采用返修处理。如混凝土结构出现蜂窝和麻面，或者其他仅仅只是表面或者局部的质量缺陷，甚至是出现裂缝，但是经过调查研究分析之后发现，可以通过对应的返修处理恢复原先的质量标准。

4. 限制使用

当工程质量出现缺陷，通过返修无法保证恢复或者无法返工的情况时，可降低结构荷载标准或者限制使用。

5. 返工

如果工程经过返修仍然不满足质量标准，则必须通过返工来处理。比如某框架柱的混凝土强度不满足设计要求，且设计复核仍不满足结构安全要求，则只能返工；某独立基础的换填土地基的承载力不符合设计要求，则必须进行返工处理。

6. 报废处理

工程出现质量问题以后，经过分析论证发现无法通过上述处理解决缺陷问题，则必须予以报废处理。

7.4.6 工程质量事故的处理

工程质量事故应按照《关于做好房屋建筑和市政基础设施工程质量事故报告和调查处理工作的通知》（建质〔2010〕111号）的要求，由各级政府建设行政主管部门开展质量事故调查，明确责任单位，提出相应的处理意见。

1. 工程质量事故处理的依据

（1）相关的法律法规

主要包括《中华人民共和国建筑法》《建设工程质量管理条例》等。

（2）国家和地方的规范、标准

例如《混凝土结构工程施工质量验收规范》《混凝土结构工程施工规范》《建筑桩基技术规范》《砌体结构工程施工质量验收规范》等。

（3）有关合同文件

有关合同文件包括工程承包合同、设计委托合同、监理合同、材料设备采购合同等。

（4）责任主体关于工程质量事故的调查报告

责任主体关于工程质量事故的调查报告包括以下两种：

1）施工单位的质量事故调查报告。质量事故发生后，施工单位应进行周密的调查和研究，写出调查报告，内容应详尽，包括：①质量事故发生的时间、地点、工程情况及部位；②质量事故发生的简要经过，造成的工程损失情况，伤亡人数，直接经济损失的初步估计；③质量事故发展的情况；④质量事故原因的初步判断；⑤收集的有关数据和资料；⑥事故的相关人员和主要责任者情况。

2) 项目监理机构的质量事故相关资料，包括：①监理机构独立编写的质量事故报告或说明，应客观、公正、科学，内容类似于施工单位的质量事故调查报告；②监理机构的相关资料，如监理日志、旁站记录、审批方案。

(5) 有关的工程技术文件、资料和档案

1) 设计文件。设计文件是处理质量事故的重要依据，依据设计文件，可以判断施工质量是否符合设计要求，找出质量偏差，同时可以核查设计文件是否存在问题或缺陷，如存在，核查其是否成为导致质量事故的原因。

2) 与施工有关的技术文件、资料和档案，包括：①施工组织设计、施工方案、施工计划；②施工日志、记录；③建筑材料有关的质量证明资料；④现场制备材料的质量证明资料；⑤质量事故发生后，对事故状态的观测记录、试验记录或试验报告等，如变形监测资料等。

2. 工程质量事故处理程序

工程质量事故发生后，项目监理机构可按图 7-2 所示的工程质量事故处理程序进行处理。

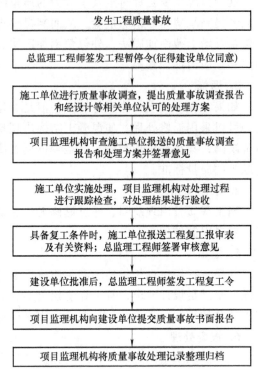

图 7-2　工程质量事故处理程序

思 考 题

1. 简述建设工程质量的特点。
2. 影响建设工程施工质量的因素有哪些？
3. 设计阶段监理质量控制的主要任务是什么？
4. 检验批和分项工程质量验收合格应符合什么规定？
5. 分部工程质量验收合格应符合什么规定？
6. 单位工程质量验收合格应符合什么规定？
7. 按事故造成损失的程度分级，质量事故分为哪几个等级？
8. 质量缺陷处理的方法有哪些？

练 习 题

1.【背景资料】某公寓建筑面积 $12306m^2$，框架剪力墙结构，设计为精装修，建设单位与施工单位签订了施工总承包合同，合同约定，室内精装修的涂料由建设单位提供，监理单位承担该工程的施工监理。经发包人同意，施工单位将室内精装修工程分包给某装修公司。施工过程中，监理工程师发现已施工的室内涂料出现开裂、流坠、透底情况，经检查，确定原因是甲供涂料不合格，于是装修公司向建设单位提出索赔，建设单位则认为，涂料在进场时，施工单位已经签字验收，出现的质量问题与建设单位无关。

问题一：索赔程序是否妥当？

问题二：建设单位的说法是否正确？说明原因。

【参考答案】

问题一：

索赔程序不妥当。分包单位应通过总包单位索赔，不应直接向建设单位提出索赔。

问题二：

建设单位的说法不妥当。施工单位签收甲供涂料后没有进行抽样检测，固然有责任，但作为提供涂料的建设建设单位应承担相应的责任，根据相关法规，建设单位应提供合格的建筑材料，施工单位的失误不能免除建设单位的责任。

2. 【背景资料】某综合楼为中外合资项目，高度18层，建筑面积为21550m² 基础部分采用钢筋混凝土桩基础，主体结构则为采用钢筋混凝土框架结构，监理单位承担了该项目的施工监理任务。在施工中发生以下事件：

事件一：桩基础施工完毕，经检测，发现有一根桩基础混凝土强度不满足设计和规范要求，但静载试验及其他项目均满足要求。

事件二：1层结构框架结构施工中，施工单位项目部进场了一批钢筋，为了抢进度，该批钢筋未经监理工程师签字且未现场取样检测即用于结构上。

事件三：在进行4层结构验收时，发现有2根柱的混凝土强度不满足设计和规范要求，但经实体检测，混凝土强度符合要求。

事件四：在进行4层结构验收时，发现有1根框架梁的混凝土强度不满足设计和规范要求，实体检测仍不符合要求。

事件五：施工到15层时，由于缺乏某种型号的钢筋，外资方提出采用储备的国外钢筋（国内尚未使用过）。

问题：针对上述事件，监理工程师应如何进行处理？

【参考答案】监理工程师的处理如下：

事件一：

桩基础可以进行验收。

事件二：

总监理工程师签发暂停施工令，封存现场钢筋，要求施工单位进行见证取样和检测，如果检测结果合格，则完善相关资料，恢复施工；如果检测不合格，则重新进行双倍抽样检测，如果结果合格，则可恢复施工，如双倍抽检不合格，则监理工程师会同建设各方协商处理。

事件三：

该2根柱子可以验收。根据规范，混凝土构件强度以实体检测结果为准，因此可以验收。

事件四：

设计单位以该框架梁的实际强度进行结构计算和复核，如果满足结构安全和使用功能，则可以验收，否则可以采取加固措施，当加固措施仍不能满足要求时则必须进行拆除后重新施工。

事件五：

当专业验收规范对工程中的验收项目未做出相应规定时，应由建设单位组织监理、设计、施工等相关单位制定专项验收要求。涉及安全、节能、环境保护等项目的专项验收要求应由建设单位组织专家论证。

3. 【背景资料】某办公楼工程，建筑面积1526m²，钢筋混凝土框架-剪力墙结构，地下一层，地上十二层，层高5m，在进行二层混凝土检验批验收时，经监理工程审核，该检验批主控项目的质量经抽样检验合格。施工单位向监理工程师提供了二层现浇结构尺寸检验批验收表，见表7-17。

表7-17 二层现浇结构尺寸检验批验收表

项目			允许偏差/mm	检查结果/mm								
一般项目	轴线位置	基础	15									
		独立基础	10	10	9	11	7	14	9	8	10	9	9
		柱梁墙	8	6	5	7	8	3	9	5	9	8	7
		剪力墙	5	4	4	5	2	7	4	3	2	0	3
	垂直度	≤5m	8	6	5	8	7	11	5	7	6	10	7
		>5m											
		全高（H）	H/1000且≤30										
	标高	层高	±10	5	7	5	11	5	7	6	12	8	7
		全高	±30										

问题：该检验批是否合格？

【参考答案】

根据《建筑工程施工质量验收统一标准》(GB 50300—2013)的规定，检验批合格质量应符合下列规定：①主控项目的质量经抽样检验合格；②一般项目的质量经抽样检验合格，当采用计数检验时，除有专门要求外，一般项目的合格点率应达到80%及以上，且不得有严重缺陷，其中有允许偏差的检验项目，其最大偏差不得超过规范规定允许偏差的1.5倍。

表中允许偏差合格率分别为：

独立基础80%，柱梁墙90%，剪力墙90%，层高70%，柱高层高80%，另外，所有一般项目的最大偏差均未超过允许偏差的1.5倍。

因此，该检验批合格。

4.**【背景资料】**某高层建筑建筑面积为23220m²，为钢筋混凝土框支剪力墙结构，其中地下2层，地上20层，5层为转换层，转换层以上为住宅，以下为商业用房。该建筑抗震设防烈度为6度。

基础采用人工挖孔桩，部分采用冲孔灌注桩，深度在15~25m，持力层为中风化砂岩。转换层混凝土强度为C40，框支柱混凝土为C50，大梁$b \times h = 1200mm \times 2500mm$，部分大梁的底部纵向受力筋为2排20Φ25，锚固在柱子内；柱子截面为1300mm×1300mm，转换层层高6m。

当施工至11层时，对转换层进行验收时发现大梁底出现铁锈，将底部梁混凝土剥离后，发现存在较大的孔洞和蜂窝，且呈连通状，混凝土较为疏松。经过检测机构检测，钢筋下部保护层严重不足，且钢筋间存在不同空隙，必须予以处理。

问题一：监理工程师应要求承包商提交哪些施工专项方案？

问题二：为了保证工程项目质量，简述对大梁的处理意见。

问题三：根据大梁的质量问题，你认为转换层梁柱节点可能存在什么质量隐患？该质量隐患将严重影响建筑的安全，必须予以处理，请提出处理方案。

【参考答案】

问题一：应提交以下专项方案：

1）临时用电。

2）高切坡施工方案。

3) 高回填土填筑方案。
4) 人工挖孔和冲孔灌注桩施工方案。
5) 转换层脚手架（含模板）方案及附着式提升架。
6) 转换层大梁及梁柱节点处理方案。
7) 深基坑开挖方案。

问题二：大梁的处理意见如下：

根据设计要求，采用加大截面法对大梁进行加固，步骤如下：

1) 剔打掉有质量问题的大梁底部有蜂窝和孔洞的混凝土，并将保护层剔除。
2) 绑扎好附加钢筋。
3) 将混凝土界面用界面剂处理，充分润湿。
4) 再搭设梁底模和侧模。
5) 浇筑混凝土，要求强度提高一个等级，并掺加膨胀剂。

问题三：

通过梁底的孔洞，可以推测转换层梁柱节点处下部钢筋网片至柱子施工缝可能存在有孔洞，且钢筋网之间也可能存在空隙。

处理方案和思路如下：

1) 探明孔洞节点的位置，可采用钻孔法和注水法。
2) 在节点处理前，可考虑在柱子两侧植筋形成支托卸载。
3) 采用混凝土节点分区域置换法和注胶法处理节点，即将孔洞剔打出来到大梁下部钢筋，然后埋设注胶管和排气管，再浇筑混凝土（强度高一等级且加微膨胀剂），达到设计强度后切割掉胶管。

第 8 章

建设工程安全生产管理

> **本章概要**
>
> 改革开放以来,我国建设规模逐年扩大,施工难度也逐步加大,建设工程质量整体水平不断上升,但是施工安全事故呈现出上升趋势。做好建设工程安全生产管理,减少施工过程中各类伤亡事故的发生,是建设工程监理工作的重要工作内容。本章介绍了工程监理单位的安全责任、义务以及安全生产监理的工作流程、安全生产监理工作内容、危险性较大的分部分项工程安全监理以及生产安全事故的分类和处理。
>
> **学习要求**
>
> 1. 了解建设工程安全生产管理的监理工作内容和程序。
> 2. 熟悉生产安全事故的分类和处理方法。
> 3. 掌握危险性较大的分部分项工程的安全监理工作。

◆【案例导读】

> 监理工程师在某工程项目施工期间进行巡视,发现施工单位未按批准的钢筋混凝土大跨度屋盖模板支撑体系安全专项施工方案组织施工,随即报告总监理工程师。总监理工程师征得建设单位同意后,及时下达了工程暂停令,要求施工单位停工整改。为了赶工期,施工单位未停工整改,仍继续施工。总监理工程师于是书面报告了政府建设行政主管部门。书面报告发出的第二天,该屋盖模板支撑体系整体坍塌,造成人员伤亡。

根据《建设工程安全生产管理条例》，这一事故中施工单位应承担责任。施工单位不服从监理单位管理，拒绝执行监理单位工程暂停令，违章作业，不按照审核的施工方案施工，导致生产安全事故，施工单位应承担全部责任。

监理单位按照法律法规和工程建设强制性标准实施监理，及时发现施工单位违章作业，下达了工程暂停令，并及时通知了建设单位，但施工单位拒不整改，项目监理机构已及时向政府建设行政主管部门报告。由此，项目监理机构已履行了相应的监理职责，根据《建设工程安全生产管理条例》，监理单位不承担责任。

8.1 安全生产管理制度

8.1.1 施工安全生产管理制度简介

为确保施工生产的安全、顺利进行，施工安全生产管理制度体系的建立极其重要。

根据《安全生产法》，建筑工程安全生产管理必须坚持安全第一、预防为主的方针，建立健全安全生产的责任制度和群防群治制度；建筑工程设计应符合按照国家规定制定的建筑安全规程和技术规范，保证工程的安全性能。

建设单位、勘察单位、设计单位、施工单位、工程监理单位及其他与建设工程安全生产有关的单位，必须遵守安全生产法律、法规的规定，保证建设工程安全生产，依法承担建设工程安全生产责任。

根据《建设工程安全生产管理条例》第三章"勘察、设计、工程监理及其他有关单位的安全责任"第14条规定：工程监理单位应审查施工组织设计中的安全技术措施或者专项施工方案是否符合工程建设强制性标准。工程监理单位在实施监理过程中，发现存在安全事故隐患的，应要求施工单位整改；情况严重的，应要求施工单位暂时停止施工，并及时报告建设单位。施工单位拒不整改或者不停止施工的，工程监理单位应及时向有关主管部门报告。工程监理单位和监理工程师应按照法律、法规和工程建设强制性标准实施监理，并对建设工程安全生产承担监理责任。

8.1.2 建设项目各参与方的安全责任

1. 建设单位的安全责任

建设单位的安全责任包括以下几点：

1）建设单位应当向施工单位提供施工现场及毗邻区域内供水、排水、供电、供气、供热、通信、广播电视等地下管线资料，气象和水文观测资料，相邻建筑物和构筑物、地下工程的有关资料，并保证资料的真实、准确、完整。

2）建设单位因建设工程需要，向有关部门或者单位查询上述规定的资料时，有关部门或者单位应当及时提供。

3）建设单位不得对勘察、设计、施工、工程监理等单位提出不符合建设工程安全生产法律、法规和强制性标准规定的要求，不得压缩合同约定的工期。

4）建设单位在编制工程概算时，应当确定建设工程安全作业环境及安全施工措施所需费用。

5）建设单位不得明示或者暗示施工单位购买、租赁、使用不符合安全施工要求的安全防护用具、机械设备、施工机具及配件、消防设施和器材。

6）建设单位在申请领取施工许可证时，应当提供建设工程有关安全施工措施的资料。依法批准开工报告的建设工程，建设单位应当自开工报告批准之日起15日内，将保证安全施工的措施报送建设工程所在地的县级以上地方人民政府建设行政主管部门或者其他有关部门备案。

7）建设单位应当将拆除工程发包给具有相应资质等级的施工单位。建设单位应当在拆除工程施工15日前，将下列资料报送建设工程所在地的县级以上地方人民政府建设行政主管部门或者其他有关部门备案：

① 施工单位资质等级证明。

② 拟拆除建筑物、构筑物及可能危及毗邻建筑的说明。

③ 拆除施工组织方案。

④ 堆放、清除废弃物的措施。实施爆破作业的，应当遵守国家有关民用爆炸物品管理的规定。

2. 勘察、设计及其他有关单位的安全责任

（1）勘察、设计单位的安全责任

勘察、设计单位的安全责任包括以下几点：

1）勘察单位在勘察作业时，应当严格执行操作规程，采取措施保证各类管线、设施和周边。

2）设计单位应当按照法律、法规和工程建设强制性标准进行设计，防止因设计不合理导致生产安全事故的发生。

3）设计单位应当考虑施工安全操作和防护的需要，对涉及施工安全的重点部位和环节在设计文件中注明，并对防范生产安全事故提出指导意见。

4）采用新结构、新材料、新工艺的建设工程和特殊结构的建设工程，设计单位应当在设计中提出保障施工作业人员安全和预防生产安全事故的措施建议。

5）设计单位和注册建筑师等注册执业人员应当对其设计负责。

（2）其他有关单位的安全责任

其他有关单位包括不限于租赁、检测、监测等单位。其他有关单位的安全责任包括以下几点：

1）在施工现场安装、拆卸施工起重机械和整体提升脚手架、模板等自升式架设设施，必须由具有相应资质的单位承担。

2）安装、拆卸施工起重机械和整体提升脚手架、模板等自升式架设设施，应当制定拆装方案和安全施工措施，并由专业技术人员现场监督。

3）施工起重机械和整体提升脚手架、模板等自升式架设设施安装完毕后，安装单位应当自检，出具自检合格证明，并向施工单位进行安全使用说明，办理验收手续并签字。

4）施工起重机械和整体提升脚手架、模板等自升式架设设施的使用达到国家规定的检验检测期限的，必须经具有专业资质的检验检测机构检测。经检测不合格的，不得继续使用。

5）检验检测机构对检测合格的施工起重机械和整体提升脚手架、模板等自升式架设设施，应当出具安全合格证明文件，并对检测结果负责。

3. 施工单位的安全责任

施工单位的安全责任包括以下几点：

1) 施工单位主要负责人依法对本单位的安全生产工作全面负责。施工单位应当建立健全安全生产责任制度和安全生产教育培训制度，制定安全生产规章制度和操作规程，保证本单位安全生产条件所需资金的投入，对所承担的建设工程进行定期和专项安全检查，并做好安全检查记录。

2) 施工单位的项目负责人应由取得相应执业资格的人员担任，对建设工程项目的安全施工负责，落实安全生产责任制度、安全生产规章制度和操作规程，确保安全生产费用的有效使用，并根据工程的特点组织制定安全施工措施，消除生产安全事故隐患，及时、如实报告生产安全事故。

3) 施工单位对列入建设工程概算的安全作业环境及安全施工措施所需费用，应当用于施工安全防护用具及设施的采购和更新、安全施工措施的落实、安全生产条件的改善，不得挪作他用。

4) 施工单位应当设立安全生产管理机构，配备专职安全生产管理人员。

专职安全生产管理人员负责对安全生产进行现场监督检查。发现安全事故隐患，应当及时向项目负责人和安全生产管理机构报告；对违章指挥、违章操作的，应当立即制止。

5) 建设工程实行施工总承包的，由总承包单位对施工现场的安全生产负总责，总承包单位和分包单位对分包工程的安全生产承担连带责任。

分包单位应当服从总承包单位的安全生产管理，分包单位不服从管理导致生产安全事故的，由分包单位承担主要责任。

6) 垂直运输机械作业人员、安装拆卸工、爆破作业人员、起重信号工、登高架设作业人员等特种作业人员，必须按照国家有关规定经过专门的安全作业培训，并取得特种作业操作资格证书后，方可上岗作业。

7) 施工单位应在施工组织设计中制定安全技术措施和施工现场临时用电方案，对达到一定规模的危险性较大的分部分项工程应编制专项施工方案，并附具安全验算结果，经施工单位技术负责人、总监理工程师签字后实施，由专职安全生产管理人员进行现场监督，对于超过一定规模的分部分项工程，还应组织专家进行论证。

8) 建设工程施工前，施工单位负责项目管理的技术人员应当对有关安全施工的技术要求向施工作业班组、作业人员做出详细说明，并由双方签字确认。

9) 施工单位应当在施工现场入口处、施工起重机械、临时用电设施、脚手架、出入通道口、楼梯口、电梯井口、孔洞口、桥梁口、隧道口、基坑边沿、爆破物及有害危险气体和液体存放处等危险部位，设置明显的安全警示标志。安全警示标志必须符合国家标准。

施工单位应当根据不同施工阶段和周围环境及季节、气候的变化，在施工现场采取相应的安全施工措施；施工现场暂时停止施工的，还应做好现场防护。

10) 施工单位应当将施工现场的办公、生活区与作业区分开设置，并保持安全距离；办公、生活区的选址应当符合安全性要求。职工的膳食、饮水、休息场所等应当符合卫生标准。施工单位不得在尚未竣工的建筑物内设置员工集体宿舍。

11) 施工单位对因建设工程施工可能造成损害的毗邻建筑物、构筑物和地下管线等，应当采取专项防护措施。

施工单位应当遵守有关环境保护法律、法规的规定，在施工现场采取措施，防止或者减少粉尘、废气、废水、固体废物、噪声、振动和施工照明对人和环境的危害和污染。在城市市区内的建设工程，施工单位应当对施工现场实行封闭围挡。

12）施工单位应当在施工现场建立消防安全责任制度，确定消防安全责任人，制定用火、用电、使用易燃易爆材料等各项消防安全管理制度和操作规程，设置消防通道、消防水源，配备消防设施和灭火器材，并在施工现场入口处设置明显标志。

13）施工单位应当向作业人员提供安全防护用具和安全防护服装，并书面告知危险岗位的操作规程和违章操作的危害。

作业人员有权对施工现场的作业条件、作业程序和作业方式中存在的安全问题提出批评、检举和控告，有权拒绝违章指挥和强令冒险作业。

在施工中发生危及人身安全的紧急情况时，作业人员有权立即停止作业或者在采取必要的应急措施后撤离危险区域。

14）作业人员应当遵守安全施工的强制性标准、规章制度和操作规程，正确使用安全防护用具、机械设备等。

15）施工单位采购、租赁的安全防护用具、机械设备、施工机具及配件，应当具有生产（制造）许可证、产品合格证，并在进入施工现场前进行查验。

施工现场的安全防护用具、机械设备、施工机具及配件必须由专人管理，定期进行检查、维修和保养，建立相应的资料档案，并按照国家有关规定及时报废。

16）施工单位在使用施工起重机械和整体提升脚手架、模板等自升式架设设施前，应组织有关单位进行验收，也可以委托具有相应资质的检验检测机构进行验收；使用承租的机械设备和施工机具及配件的，由施工总承包单位、分包单位、出租单位和安装单位共同进行验收，验收合格的方可使用。

《特种设备安全监察条例》规定的施工起重机械，在验收前应当经有相应资质的检验检测机构监督检验合格。

施工单位应当自施工起重机械和整体提升脚手架、模板等自升式架设设施验收合格之日起30日内，向建设行政主管部门或者其他有关部门登记。登记标志应当置于或者附着于该设备的显著位置。

17）施工单位的主要负责人、项目负责人、专职安全生产管理人员应当经建设行政主管部门或者其他有关部门考核合格后方可任职。

18）作业人员进入新的岗位或者新的施工现场前，应当接受安全生产教育培训。未经教育培训或者教育培训考核不合格的人员，不得上岗作业。

施工单位在采用新技术、新工艺、新设备、新材料时，应当对作业人员进行相应的安全生产教育培训。

19）施工单位应当为施工现场从事危险作业的人员办理意外伤害保险。

意外伤害保险费由施工单位支付。实行施工总承包的，由总承包单位支付意外伤害保险费。意外伤害保险期限自建设工程开工之日起至竣工验收合格止。

4. 工程监理单位的安全责任和义务

项目监理机构应根据法律法规、工程建设强制性标准，履行建设工程安全生产管理的监理职责，并应将安全生产管理的监理工作内容、方法和措施纳入监理规划及监理实施细则。

项目监理机构应审查施工单位现场安全生产规章制度的建立和实施情况，并应审查施工单位安全生产许可证及施工单位项目经理、专职安全生产管理人员和特种作业人员的资格，同时应核查施工机械和设施的安全许可验收手续。

项目监理机构应审查施工单位报审的专项施工方案，符合要求的，应由总监理工程师签认后报建设单位。超过一定规模的危险性较大的分部分项工程的专项施工方案，应检查施工单位组织专家进行论证、审查的情况，以及是否附具安全验算结果。项目监理机构应要求施工单位按已批准的专项施工方案组织施工。专项施工方案需要调整时，施工单位应按程序重新提交项目监理机构审查。

专项施工方案审查应包括下列基本内容：①编审程序应符合相关规定；②安全技术措施应符合工程建设强制性标准。

对于违反建设工程安全生产管理条例的，工程监理单位有下列行为之一的，责令限期改正；逾期未改正的，责令停业整顿，并处10万元以上30万元以下的罚款；情节严重的，降低资质等级，直至吊销资质证书；造成重大安全事故，构成犯罪的，对直接责任人员，依照刑法有关规定追究刑事责任；造成损失的，依法承担赔偿责任：

1）未对施工组织设计中的安全技术措施或者专项施工方案进行审查的。
2）发现事故隐患未及时要求施工单位整改或者暂时停止施工的。
3）施工单位拒不整改或者不停止施工，未及时向有关主管部门报告的。
4）未依照法律、法规和工程建设强制性标准实施监理的。

8.1.3 安全监理的工作方法、手段和工作流程

1. 安全监理的工作方法和手段

（1）安全监理的工作方法

安全监理的工作方法包括巡视、见证取样、平行检测等，对专业工程进行全面监控。对于某些由于施工质量而对施工安全有影响的工序可进行旁站监理。

（2）安全监理的手段

项目监理机构在实施安全监理过程中应及时、合理、充分地运用以下安全监理基本手段：

1）告知。

① 项目监理机构宜以监理工作联系单形式告知建设单位在安全生产方面的义务、责任以及相关事宜。

② 项目监理机构宜以监理工作联系单形式告知施工单位安全监理工作要求、对施工单位安全生产管理的提示和建议以及相关事宜。

2）通知。

① 项目监理机构在安全监理过程中发现安全事故隐患，或违反现行法律、法规、规章和工程建设强制性标准，未按照施工组织设计中的安全技术措施和专项施工方案组织施工的，安全监理工程师应及时签发安全隐患整改通知单，指令限期整改。

② 安全隐患整改通知单发送施工单位并报送建设单位。

③ 安全隐患整改消除后，施工单位应向项目监理机构报送隐患整改通知回复单，安全监理人员检查验证整改结果后签署复查意见。

3）停工。

① 项目监理机构发现施工现场安全事故隐患情况严重的、施工现场发生重大险情或安全事故时，总监理工程师应立即签发工程暂停令，并按实际情况指令局部停工或全面停工。

② 工程暂停令发送施工单位并报送建设单位。

③ 导致停工的安全事故隐患整改消除后，施工单位应向项目监理机构报送重大安全隐患整改复工报审表，安全监理人员应检查验证整改结果，整改合格后由总监理工程师签署复工审查意见。

4）报告。项目监理机构针对安全隐患发出书面整改通知或停工令后，施工单位拒不整改或不停工整改的，总监理工程师应及时向工程所在地建设主管部门或工程项目的行业主管部门报告，如以电话形式报告的应有通话记录，并及时补充书面报告。

2. 安全监理的工作流程

为了达到安全监理管理目标，监理单位应根据工程的规模、类别、工程范围、施工环境、环境工况、复杂程度、工期等结合监理单位的人员构成、人员素质及监理工作经验等多方面因素设计安全生产监理工作流程。安全监理工作应贯穿准备阶段、施工阶段和竣工验收阶段。

常见的安全监理工作流程如图 8-1 所示。

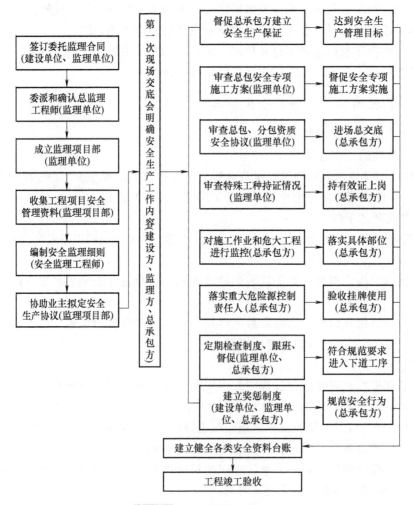

图 8-1 安全监理工作流程

8.2 施工安全监理主要工作内容

8.2.1 施工准备阶段安全监理的主要工作

施工准备阶段安全监理的主要工作包括以下几项：

1. 编制安全监理规划

总监理工程师主持编制安全监理规划，并签署意见，报监理单位技术负责人审批后实施。监理规划或安全监理方案应明确安全监理的范围、内容、工作程序和制度措施，以及人员配备计划和职责等，并具有针对性和指导性。

安全监理规划应包括以下内容：

1）工程概况。
2）安全监理工作依据。
3）安全监理工作目标。
4）安全监理范围和内容。
5）安全监理组织形式、安全监理人员配备及安全监理设备计划、安全监理人员岗位和职责。
6）安全监理工作制度及措施。
7）安全监理工作程序。
8）拟编制的专项安全监理实施细则一览表。

2. 编制安全监理实施细则

对中型及以上项目和危险性较大的分部分项工程，安全监理工程师应编制安全监理实施细则，报总监理工程师审批后实施。安全监理实施细则应明确安全监理的方法、措施和控制要点，做到详细、具体，且有可操作性。安全监理实施细则包括以下内容：

1）专业工程的概况、特点和施工现场环境工况。
2）安全监理工作流程。
3）安全监理控制要点。
4）安全监理工作方法及措施。

安全监理细则的编制依据包括以下几点：

1）安全监理规划。
2）工程建设相关法律、法规、规范性文件、标准、规范。
3）工程设计文件、地质勘察报告、相关咨询文件。
4）施工组织设计、专项施工方案等。

3. 开展安全监理交底工作

总监理工程师应组织将安全监理规划和安全监理实施细则的全部内容向相关监理人员进行交底。项目监理机构应将安全监理规划和安全监理实施细则中有关安全监理的内容、程序、方法、施工单位的安全生产责任及有关事宜向施工单位进行交底，并应将建设单位的安全责任和有关事项告知建设单位。

4. 审查安全技术措施

总监理工程师应组织安全监理人员审查施工单位编制的施工组织设计中的安全技术措施

是否符合工程建设强制性标准要求,并签署审查意见。施工过程中如有变化,应要求施工单位重新报审,如审查不符合要求,安全技术措施不得实施,项目监理机构不得签发开工令。

5. 审查应急救援预案和安全防护措施费用使用计划

总监理工程师应组织安全监理人员审查施工单位应急救援预案和安全防护措施费用使用计划,并签署审查意见。施工过程中如有变化,应要求施工单位重新报审,如审查不符合要求,项目监理机构应不予通过,并不得签发开工令。

6. 审查施工现场安全管理体系

总监理工程师应组织安全监理人员对施工单位施工现场安全管理体系进行审查,并做好审查记录。施工报审表中涉及的文件资料应有具体附件,施工过程中如有变化,应要求施工单位重新报审。项目监理机构要审查其是否符合相关法律法规要求,如审查不符合要求时应下达书面整改通知,且项目监理机构不予通过施工安全管理体系审查,并不得签发开工令。

7. 督促签订施工安全生产协议书

督促施工单位与建设单位、施工单位与分包单位签订施工安全生产协议书。

8. 督促施工单位检查分包单位的安全生产规章制度的建立和落实情况

1)分包单位的安全生产规章制度的审查内容包括以下几点:

① 安全生产责任制度。
② 安全生产检查制度。
③ 安全生产教育培训制度。
④ 安全施工技术交底制度。
⑤ 机械设备(包括租赁设备)管理制度。
⑥ 消防安全管理制度。
⑦ 安全生产事故报告处理制度。
⑧ 各工种安全技术操作规程。
⑨ 各机械设备安全操作规程。

2)审查施工现场安全生产管理机构和专职安全生产管理人员的设置与配备是否符合国家和地方的法律法规要求。

3)审查施工单位(包括分包单位)资质和安全生产许可证是否合法、有效。

9. 审查施工单位的安全专项施工方案

(1)审查安全专项施工方案的内容

1)基坑支护与降水、土方开挖与边坡支护、脚手架、模板、起重吊装、拆除、爆破、暗挖、临时用水、卸料平台、塔式起重机安装和拆卸、施工电梯、现场文明施工等专项施工方案是否符合要求。

2)施工现场临时用电施工组织设计或者安全用电技术措施和电气防火措施是否符合强制性标准要求。

3)冬期、雨期等季节性施工方案的制定是否符合强制性标准要求。

4)施工总平面布置图是否符合安全生产的要求,办公、宿舍、食堂、道路等临时设施设置以及排水、防火措施是否符合要求。

5)对于施工环境工况复杂的建设工程,还需督促施工单位编制地下管线、道路及周边建构筑物的专项保护措施方案,当方案涉及不同产权单位时,如电力管线、燃气管线、给水排水管、电力铁塔、桥梁基础等设施，还应督促进行远外层的沟通协调，就方案达成一致。

（2）审查安全专项施工方案的方法

1）程序性审查。

① 危险性较大的分部分项工程辨识清单。项目监理机构督促施工单位在工程开工前根据相关法律法规，结合施工组织设计、施工环境、施工条件、建设行政主管部门及相关方的要求，对危险性较大的分部分项工程进行辨识，并报送辨识清单（表8-1）。

② 危险性较大的分部分项工程安全专项施工方案，应由施工单位技术部门组织本单位施工技术、安全、质量等部门的专业技术人员进行审核，经审核合格的，由施工单位技术负责人签字。实行施工总承包的专项施工方案，应由总承包单位技术负责人及相关专业承包单位技术负责人签字。

对于超过一定规模的危险性较大的分部分项工程专项施工方案，应由施工单位组织召开专家论证会。

2）符合性审查。检查专项施工方案的编制依据是否全面、适用；是否符合合同要求；是否符合工程强制性标准。

3）针对性审查。监理机构应审查方案的针对性、适用性；应审查在方案计算中选取的研究对象是否具有代表性；施工所用的材料参数、设备选用是否合理；施工方案内容是否齐全、是否满足现场环境概况和施工条件；施工方案计算是否正确，当涉及结构安全时，可要求设计单位予以配合，进行结构计算或复核。

10. 专家论证会程序审查

项目监理机构对专家论证会的审查内容包括：

1）审查参加专家论证会的单位人员是否出席会议。超过一定规模的危大工程专项施工方案专家论证会的参会人员应当包括：专家；建设单位项目负责人；有关勘察、设计单位项目技术负责人及相关人员；总承包单位和分包单位技术负责人或授权委派的专业技术人员、项目负责人、项目技术负责人、专项施工方案编制人员、项目专职安全生产管理人员及相关人员；监理单位项目总监理工程师及专业监理工程师。

专家组成员应由五名及以上符合相关专业要求的专家组成，工程项目参建各方的人员不得以专家身份参与专家论证会。

2）审查会议签到表是否完善。专项施工方案经论证后，专家组应提交论证报告。专家组应对论证的内容提出明确的意见，并在论证报告上签字。

8.2.2 施工阶段安全监理主要工作

施工阶段安全监理的主要工作涉及工程项目施工安全的各个方面，通过使用合理的监理手段，保证工程项目能安全施工。施工阶段安全监理的工作内容包括以下几项：

1）监督、检查施工单位按照审查批准的施工组织设计中的安全技术措施和专项施工方案组织施工，及时制止违规施工作业，并做好检查记录。

2）结合危大工程专项施工方案编制监理实施细则，并对危大工程施工实施专项巡视检查，并做好巡视检查记录。

3）核查施工现场施工起重机械、整体提升脚手架、模板等自升式架设设施和安全设施的检测检验和验收许可手续，并做好核查记录。施工机械设备和安全设施未向安全监理人员进行报验或核查不合格的，不得投入使用。

4）检查施工现场各种安全标志和安全防护措施是否符合强制性标准要求，并应对照安全防护措施费用计划检查其使用情况，做好检查记录。

5）督促施工单位进行安全自查、安全交底、安全教育工作，并对施工单位自查、交底、教育情况进行抽查，参加建设单位组织的安全生产专项检查，做好抽查和检查记录。

6）巡视检查施工单位专职安全生产管理人员到岗情况，必要时抽查现场特种作业人员持证上岗情况和人证相符情况，并做好巡视检查记录。

7）施工阶段安全监理过程中，对施工现场安全生产状况和施工安全措施、安全生产责任制的落实情况进行巡视检查及定期和专项安全生产检查。

8）对施工现场安全生产状况的检查、整改、复查、报告等情况应记载在监理日志、监理月报中，总监理工程师应定期审阅监理日志并签署意见。

9）总监理工程师应定期召开安全生产例会或在定期召开的工地例会上，分析施工单位安全生产管理和现场安全文明施工现状，检查上次例会确定的整改事项落实情况，针对薄弱环节研究安全防范和预控措施，并提出整改要求，指定专人编写和签发会议纪要并督促整改。

10）总监理工程师应在监理月报中对当月施工现场的安全文明施工状况和安全监理工作实施情况做出评述，或单独编制安全监理工作月报表报送建设单位。

11）工程竣工后，监理工作总结中应包含工程项目安全监理措施、实施效果、施工过程中出现的安全问题，以及处理情况、安全监理工作的总体评价等内容。

8.2.3 竣工验收阶段安全监理的主要工作

施工项目竣工验收阶段安全生产管理的监理主要工作内容包括：

1）项目监理机构应建立安全监理资料台账。

2）总监理工程师应指定专人负责安全监理资料的管理工作。

3）安全监理资料应及时收集、整理，分类有序、真实完整、妥善保管。

4）项目监理机构应配合有关部门检查和安全事故调查处理，如实提供安全监理资料。

5）工程竣工后，项目监理机构应按委托监理合同的约定，将监理过程中有关安全监理的技术文件、检查记录、验收记录、安全监理规划及细则、安全例会纪要及相关书面通知等资料进行立卷归档并移交建设单位。

6）安全监理资料档案的验收、移交和管理应按委托监理合同或档案管理的有关规定执行。

8.3 危险性较大的分部分项工程安全监理

8.3.1 危险性较大的分部分项工程的范围与辨识

根据《危险性较大的分部分项工程安全管理规定》（中华人民共和国住房和城乡建设部令第37号），危险性较大的分部分项工程（以下简称"危大工程"）是指房屋建筑和市政基础设施工程在施工过程中，容易导致人员群死群伤或者造成重大经济损失的分部分项工程。

2018年住房和城乡建设部办公厅颁发《住房城乡建设部办公厅关于实施〈危险性较大的分部分项工程安全管理规定〉有关问题的通知》（建办质〔2018〕31号），对《危险性较大的分部分项工程安全管理规定》进行补充，明确了危大工程的范围。

1. 危险性较大的分部分项工程范围

（1）基坑工程

1）开挖深度超过3m（含3m）的基坑（槽）的土方开挖、支护、降水工程。

2）开挖深度虽未超过3m，但地质条件、周围环境和地下管线复杂，或影响毗邻建（构）筑物安全的基坑（槽）的土方开挖、支护、降水工程。

（2）模板工程及支撑体系

1）各类工具式模板工程：包括滑模、爬模、飞模、隧道模等工程。

2）混凝土模板支撑工程：搭设高度5m及以上，或搭设跨度10m及以上，或施工总荷载（荷载效应基本组合的设计值，以下简称设计值）10kN/m^3及以上，或集中线荷载（设计值）15kN/m及以上，或高度大于支撑水平投影宽度且相对独立无联系构件的混凝土模板支撑工程。

3）承重支撑体系：用于钢结构安装等满堂支撑体系。

（3）起重吊装及起重机械安装拆卸工程

1）采用非常规起重设备、方法，且单件起吊重量在10kN及以上的起重吊装工程。

2）采用起重机械进行安装的工程。

3）起重机械安装和拆卸工程。

（4）脚手架工程

1）搭设高度24m及以上的落地式钢管脚手架工程（包括采光井、电梯井脚手架）。

2）附着式升降脚手架工程。

3）悬挑式脚手架工程。

4）高处作业吊篮。

5）卸料平台、操作平台工程。

6）异型脚手架工程。

（5）拆除工程

可能影响行人、交通、电力设施、通信设施或其他建（构）筑物安全的拆除工程。

（6）暗挖工程

采用矿山法、盾构法、顶管法施工的隧道、洞室工程。

（7）其他

1）建筑幕墙安装工程。

2）钢结构、网架和索膜结构安装工程。

3）人工挖孔桩工程。

4）水下作业工程。

5）装配式建筑混凝土预制构件安装工程。

6）采用新技术、新工艺、新材料、新设备可能影响工程施工安全，尚无国家、行业及地方技术标准的分部分项工程。

2. 超过一定规模的危险性较大的分部分项工程范围

（1）深基坑工程

开挖深度超过5m（含5m）的基坑（槽）的土方开挖、支护、降水工程。

(2) 模板工程及支撑体系

1) 各类工具式模板工程：包括滑模、爬模、飞模、隧道模等工程。

2) 混凝土模板支撑工程：搭设高度 8m 及以上，或搭设跨度 18m 及以上，或施工总荷载（设计值）$15kN/m^2$ 及以上，或集中线荷载（设计值）20kN/m 及以上。

3) 承重支撑体系：用于钢结构安装等满堂支撑体系，承受单点集中荷载 7kN 及以上。

(3) 起重吊装及起重机械安装拆卸工程

1) 采用非常规起重设备、方法，且单件起吊重量在 100kN 及以上的起重吊装工程。

2) 起重量 300kN 及以上，或搭设总高度 200m 及以上，或搭设基础标高在 200m 及以上的起重机械安装和拆卸工程。

(4) 脚手架工程

1) 搭设高度 50m 及以上的落地式钢管脚手架工程。

2) 提升高度在 150m 及以上的附着式升降脚手架工程或附着式升降操作平台工程。

3) 分段架体搭设高度 20m 及以上的悬挑式脚手架工程。

(5) 拆除工程

1) 码头、桥梁、高架、烟囱、水塔或拆除中容易引起有毒有害气（液）体或粉尘扩散、易燃易爆事故发生的特殊建（构）筑物的拆除工程。

2) 文物保护建筑、优秀历史建筑或历史文化风貌区影响范围内的拆除工程。

(6) 暗挖工程

采用矿山法、盾构法、顶管法施工的隧道、洞室工程。

(7) 其他

1) 施工高度 50m 及以上的建筑幕墙安装工程。

2) 跨度 36m 及以上的钢结构安装工程，或跨度 60m 及以上的网架和索膜结构安装工程。

3) 开挖深度 16m 及以上的人工挖孔桩工程。

4) 水下作业工程。

5) 重量 1000kN 及以上的大型结构整体顶升、平移、转体等施工工艺。

6) 采用新技术、新工艺、新材料、新设备可能影响工程施工安全，尚无国家、行业及地方技术标准的分部分项工程。

针对住房和城乡建设部明确的危险性较大的分部分项工程范围，各地方建设行政主管部门可根据实际情况进行补充和完善。表 8-1 即为某市建设行政主管部门发布的施工项目危险性较大的分部分项工程辨识清单。

8.3.2 安全专项施工方案的内容和监理审批

1. 安全专项施工方案的内容

建筑工程实行总承包的，专项施工方案由施工总承包单位组织，项目经理主持编制。安全专项施工方案的内容包括以下几点：

1) 工程概况，包括危大工程概况和特点、施工平面布置、施工要求和技术保证条件。

2) 编制依据，包括相关法律、法规、规范性文件、标准、规范及施工图设计文件、施工组织设计等。

表8-1 施工项目危险性较大的分部分项工程辨识清单

序号	类别	危险性较大的分部分项工程范围	危大工程数量	已编制方案数量	超过一定规模的危险性较大的分部分项工程范围	超规模危大工程数量	已论证方案数量
1	基坑支护、降水工程	开挖深度超过3m（含3m）或虽未超过3m但地质条件和周边环境复杂的基坑（槽）支护、降水工程			开挖深度超过5m（含5m）或虽未超过5m，但地质条件、周边环境和地下管线复杂，或影响毗邻建筑（构筑）物安全的基坑（槽）的支护、降水工程		
2	土方开挖工程	以上条件或情况的土方开挖工程			以上条件或情况的土方开挖工程		
3	危险性较大的切坡、填方工程	依照文件要求，应按照危大工程进行管理的切坡、填方工程			依照文件要求，应按照超过一定规模的危大工程进行管理工程		
4	模板工程及支撑体系	各类工具式模板工程：包括大模板、滑模、爬模、飞模等工程			工具式模板工程：包括爬模、飞模等工程		
		混凝土模板支撑工程： 1. 搭设高度5m及以上 2. 搭设跨度10m及以上 3. 施工总荷载10kN/m² 及以上或楼板厚度0.22m及以上 4. 集中线荷载15kN/m及以上或梁截面积0.44m²及以上 5. 高度大于支撑水平投影宽度且相对独立无联系构件的混凝土模板支撑工程			1. 搭设高度8m及以上 2. 搭设跨度18m及以上 3. 施工总荷载15kN/m² 及以上或楼板厚度0.39m及以上 4. 集中线荷载20kN/m及以上或梁截面积0.6m²及以上		
		承重支撑体系：用于钢结构安装等满堂支撑体系			承重支撑体系：用于钢结构安装等满堂支撑体系，承受单点集中荷载7kN以上		

（续）

序号	类别	危险性较大的分部分项工程范围	危大工程数量	已编制方案数量	超过一定规模的危险性较大的分部分项工程范围	超规模危大工程数量	已论证方案数量
5	起重吊装及安装拆卸工程	采用非常规起重设备、方法，且单件起吊重量在10kN及以上的起重吊装工程			采用非常规起重设备、方法，且单件起吊重量在100kN及以上的起重吊装工程		
		采用起重机械进行安装的工程			起重量300kN及以上或高度200m及以上内爬起重设备的拆除工程		
		起重机械设备自身的安装、拆卸					
6	脚手架工程	搭设高度24m及以上的落地式钢管脚手架工程			搭设高度50m及以上的落地式钢管脚手架工程		
		附着式整体和分片提升脚手架工程			提升高度150m及以上附着式整体和分片提升脚手架工程		
		自制卸料平台、移动操作平台工程			架体高度20m及以上悬挑式脚手架工程		
		附着式整体和分片提升、悬挑式、吊篮脚手架或新型及异型脚手架工程					
7	拆除、爆破工程	建筑物、构筑物拆除工程			码头、桥梁、高架、烟囱、水塔或拆除中容易引起有毒有害气（液）体或粉尘扩散、易燃易爆事故发生的特殊建（构）筑物的拆除工程，可能影响行人、交通、电力设施、通信设施或其他建（构）筑物安全的拆除工程；文物保护建筑、优秀历史建筑或历史风貌控制范围的拆除工程		
		采用爆破拆除的工程			采用爆破拆除的工程		
8	其他				施工高度50m及以上的建筑幕墙安装工程；跨度大于36m及以上的钢结构安装工程；跨度大于60m及以上的网架和索膜结构安装工程；开挖深度超过16m的人工挖孔桩工程；地下暗挖、顶管工程、水下作业工程；采用新技术、新工艺、新材料，规范及设备尚无相关技术标准的危险性较大的分部分项工程		

注：表中"文件"是指某市建设行政主管部门发布的关于施工项目危险性较大的分部分项工程辨识清单文件。

施工企业（盖章）： 建设单位（盖章）： 监理企业（盖章）：
项目经理（签字）： 项目负责人（签字）： 项目总监（签字）：
项目技术负责人（签字）：
辨识日期：____年____月____日

3）施工计划，包括施工进度计划、材料与设备计划。

4）施工工艺技术，包括技术参数、工艺流程、施工方法、操作要求、检查要求等。

5）施工安全保证措施，包括组织保障措施、技术措施、监测监控措施等。

6）施工管理及作业人员配备和分工，包括施工管理人员、专职安全生产管理人员、特种作业人员、其他作业人员等。

7）验收要求，包括验收标准、验收程序、验收内容、验收人员等。

8）应急处置措施。

9）计算书及相关施工图。

2. 安全专项施工方案的监理审批

项目监理机构由总监理工程师亲自主持，专业监理工程师参与，对施工单位报送的施工方案进行审查，并由总监理工程师签认。项目监理机构对专项施工方案开展安全审查的程序与内容进行"三审查"，即程序性审查、符合性审查、针对性审查。

8.3.3 常见危险性较大的分部分项工程施工安全监理控制要点

危险性较大的分部分项工程将导致起重伤害、高处坠落、物体打击、触电、车辆伤害、机械伤害、淹溺、坍塌、火灾、灼烫等伤亡事故。

常见危险性较大的分部分项工程包括起重机械安装拆卸作业、起重机械使用、基坑工程、脚手架、模板支架等，施工安全监理控制要点如下：

1. 起重机械安装拆卸作业

1）安装拆卸作业必须按照规定编制、审核专项施工方案，超过一定规模的应组织专家论证。

2）安装拆卸单位必须具有相应的资质和安全生产许可证，严禁无资质、超范围从事起重机械安装拆卸作业。

3）安装拆卸人员、起重机械司机、信号工及司索工必须取得建筑施工特种作业人员操作资格证书。

4）安装拆卸作业前，安装拆卸单位应按照要求办理安装拆卸告知手续。

5）安装拆卸作业前，应督促总承包单位向现场管理人员和作业人员进行安全技术交底。

6）安装拆卸作业应严格按照专项施工方案组织实施，相关管理人员必须在现场监督，发现不按照专项施工方案施工的，应要求立即整改。

7）起重机械的顶升、附着作业必须由具有相应资质的安装单位严格按照专项施工方案实施。

8）遇大风、大雾、大雨、大雪等恶劣天气，严禁起重机械安装、拆卸和顶升作业。

9）塔式起重机顶升前，应将回转下支座与顶升套架可靠连接，并应进行配平。顶升过程中，应确保平衡，不得进行起升、回转、变幅等操作。顶升结束后，应将标准节与回转下支座可靠连接。

10）起重机械加节后需进行附着的，应按照先装附着装置、后顶升加节的顺序进行。附着装置必须符合标准规范要求。拆卸作业时应先降节，后拆除附着装置。

11）辅助起重机械的起重性能必须满足吊装要求，安全装置必须齐全有效，吊索具必须安全可靠，场地必须符合作业要求。

12）起重机械安装完毕及附着作业后，应按规定进行自检、检验和验收，验收合格后方可投入使用。

2. 起重机械使用

1）起重机械使用单位必须建立机械设备管理制度，并配备专职设备管理人员。

2）起重机械安装验收合格后应办理使用登记，在机械设备活动范围内设置明显的安全警示标志，如禁止、警告、指令和提示标志。

3）起重机械驾驶员、信号工及司索工必须取得建筑施工特种作业人员操作资格证书方可上岗。

4）起重机械使用前，施工单位应向作业人员进行安全技术交底。

5）起重机械操作人员必须严格遵守起重机械安全操作规程和标准规范要求，严禁违章指挥、违规作业。

6）遇大风、大雾、大雨、大雪等恶劣天气，不得使用起重机械。

7）起重机械应按规定进行维修、维护和保养，设备管理人员应按规定对机械设备进行检查，发现隐患及时整改。

8）起重机械的安全装置、连接螺栓必须齐全有效，结构件不得开焊和开裂，连接件不得严重磨损和塑性变形，零部件不得达到报废标准。

9）两台及以上塔式起重机在同一现场交叉作业时，应制定塔式起重机防碰撞专项方案或措施，任意两台塔式起重机之间的最小架设距离应符合规范要求。

10）塔式起重机使用时，起重臂和吊物下方严禁有人员停留。物件吊运时，严禁从人员上方通过。

3. 基坑工程施工

1）基坑工程必须按照规定编制、审核专项施工方案，超过一定规模的深基坑工程应组织专家论证，基坑支护必须由建设单位委托设计单位进行专项设计。

2）基坑工程施工企业必须具有相应的资质和安全生产许可证，严禁无资质、超范围从事基坑工程施工。

3）基坑施工前，应向现场管理人员和作业人员进行安全技术交底。

4）基坑施工要严格按照专项施工方案组织实施，相关管理人员必须在现场进行监督，发现不按照专项施工方案施工的，应要求立即整改。

5）基坑施工必须采取有效措施，保护基坑主要影响区范围内的建（构）筑物和地下管线安全。

6）基坑周边施工材料、设施或车辆荷载严禁超过设计要求的地面荷载限值。

7）基坑周边应按要求采取临边防护措施，设置作业人员上下专用通道。

8）基坑施工必须采取基坑内外地表水和地下水控制措施，防止出现积水和漏水、漏沙。汛期施工，应对施工现场排水系统进行检查和维护，保证排水畅通。

9）基坑施工必须做到先支护、后开挖，严禁超挖，及时回填。采取支撑的支护结构未达到拆除条件时严禁拆除支撑。

10）基坑工程必须按照规定实施施工监测和第三方监测，基坑工程设计应提出的监测的技术要求应包括监测项目、监测频率和监测报警值等,指定专人对基坑周边进行巡视,出现危险征兆时应立即报警。

4. 脚手架施工安全

1)脚手架工程必须按照规定编制、审核专项施工方案,超过一定规模的应组织专家论证。

2)脚手架搭设、拆除单位必须具有相应的资质和安全生产许可证,严禁无资质从事脚手架搭设、拆除作业。

3)脚手架搭设、拆除人员必须取得建筑施工特种作业人员操作资格证书。

4)脚手架搭设、拆除前,应向现场管理人员和作业人员进行安全技术交底。

5)脚手架材料进场使用前,必须按规定进行验收,未经验收或验收不合格的严禁使用。

6)脚手架搭设、拆除要严格按照专项施工方案组织实施,相关管理人员必须在现场进行监督,发现不按照专项施工方案施工的,应要求立即整改。

7)脚手架外侧、悬挑式脚手架、附着升降脚手架底层应封闭严密。

8)脚手架必须按专项施工方案设置剪刀撑和连墙件。落地式脚手架搭设场地必须平整坚实。严禁在脚手架上超载堆放材料,严禁将模板支架、缆风绳、泵送混凝土和砂浆的输送管等固定在架体上。

9)脚手架搭设必须分阶段组织验收,验收合格方可投入使用。

10)脚手架拆除必须由上而下逐层进行,严禁上下同时作业。连墙件应随脚手架逐层拆除,严禁先将连墙件整层或数层拆除后再拆脚手架。

5. 模板支架施工安全要点

1)模板支架工程必须按照规定编制,审核专项施工方案,超过一定规模的必须组织专家论证。不同结构体系的临时支撑架体不得混用。

2)模板支架搭设、拆除单位必须具有相应的资质和安全生产许可证,严禁无资质从事模板支架搭设、拆除作业。

3)模板支架搭设、拆除人员必须取得建筑施工特种作业人员操作资格证书。

4)模板支架搭设、拆除前,施工单位应向现场管理人员和作业人员进行安全技术交底。

5)模板支架材料进场验收前,必须按规定进行验收,未经验收或验收不合格的严禁使用。

6)模板支架搭设、拆除要严格按照专项施工方案组织实施,相关管理人员必须在现场进行监督,发现不按照专项施工方案施工的,应要求立即整改。

7)模板支架搭设场地必须平整坚实。必须按专项施工方案设置纵横向水平杆、扫地杆和剪刀撑;立杆间距、水平杆步距、立杆顶部自由端高度、顶托螺杆伸出长度、剪刀撑设置、架体拉结构造应符合规范和专项施工方案要求。

8)模板支架搭设完毕应组织验收,验收合格的,方可铺设模板。

9)混凝土浇筑时,必须按照专项施工方案规定的顺序进行,应指定专人对模板支架进行监测,发现架体存在坍塌风险时应立即组织作业人员撤离现场。

10）混凝土强度必须达到规范要求，并经监理单位确认后方可拆除模板支架。模板支架拆除应从上而下逐层进行。对于预应力结构应满足设计要求方可拆模。

【例8-1】 某中学综合楼建筑面积25400m²，地下1层，地上5层，建筑高度为22m，钢筋混凝土框架结构，地下室基坑底标高为-6.5m，为土质边坡，一楼层高为8.2m，屋顶结构梁包括300mm×1000mm、400mm×1200mm、500mm×1000mm、500mm×1500mm，基础部分为人工挖孔桩（深度最大为17m），监理单位进场后，发现基坑无支护设计，施工单位凭经验开始开挖。在结构施工中，外脚手架采用悬挑脚手架搭设，搭设高度23.5m。为了保证安全，施工单位将模板支撑体系与脚手架连在一起；模板支撑架采用扣件式脚手架搭设。施工过程中，由于缺货，项目经理决定采用盘扣式脚手架混合搭设，监理工程师检查时发现支撑架（扣件式）立杆顶部悬臂长度为900mm，部分节点处只有一个方向的水平杆。施工单位仅针对二层梁板结构组织了专家论证，其中一名专家为设计单位的总工，会议按程序进行，专家提出口头意见，随即离开，会议结束。

问题一：本工程有哪些超过一定规模的危险性较大的分部分项工程？
问题二：针对基坑施工，监理工程师应如何处理？
问题三：模板和脚手架搭设存在哪些问题？
问题四：专家论证存在什么问题？

【解析】
问题一：
超过一定规模的危险性较大的分部分项工程包括：①深基坑；②脚手架；③人工挖孔桩；④二层结构及屋面500mm×1500mm大梁的模板工程及支撑体系。

问题二：
监理机构正确做法如下：
1）下发暂停令，暂停基坑施工。
2）要求建设单位委托设计单位进行基坑边坡支护设计。
3）施工单位编制安全专项施工方案，并进行论证；监理机构编制安全监理规划。
4）按照设计文件和专项施工方案施工。

问题三：
模板和脚手架搭设存在的问题：
1）模板工程及支撑体系不应混合搭设。
2）脚手架与模板支撑架不应连在一起，应脱开。
3）节点处应设置两个方向的水平杆。
4）立杆的悬臂高度不得超过500mm。

问题四：
专家论证存在的问题：
1）专家组成不符合要求，设计单位总工作为参建单位人员不能参加。
2）专家行为不妥当。专家应留下书面意见并签字，作为方案修改的依据。

8.4 危险源辨识与安全事故处理

8.4.1 施工项目危险源类型

1. 项目危险源

根据《职业健康安全管理体系 要求及使用指南》(GB/T 45001—2020) 定义,危险源是可能导致人身伤害和（或）健康损害的根源、状态、行为,或其组合,是安全事故发生的源头。

施工项目危险源是在项目施工中存在的各类不安全因素和隐患,包括以下几种:

(1) 管理人员施工人员因素

1) 心理、生理性危险和有害因素。

2) 行为性危险和有害因素。

(2) 施工设备、设施、机械、机具材料等因素

1) 物理性危险和有害因素：如强度、刚度不足,稳定性差、设备存在缺陷等。

2) 化学性危险和有害因素：如现场存在易燃易爆品、腐蚀品、粉尘与气溶胶等。

3) 生物性危险和有害因素：如致病微生物、传染病媒介物等。

(3) 环境因素

1) 室内作业场所环境不良。

2) 室外作业场地环境不良。

3) 地下（含水下）作业环境不良。

(4) 管理因素

1) 职业安全卫生组织机构不健全。

2) 职业安全卫生责任制未落实。

3) 职业安全卫生管理规章制度不完善。

4) 职业安全卫生投入不足。

5) 职业健康管理不完善。

6) 其他管理因素缺陷。

2. 施工项目危险源类型

施工项目危险源可分为第一类危险源和第二类危险源。

(1) 第一类危险源

第一类危险源是指可能发生意外释放的能量（能源或能量载体）或危险物质,它决定了事故后果的严重程度,包括物的不安全状态及不安全的环境因素。

(2) 第二类危险源

第二类危险源是指可能导致能量或危险物质约束或限制措施破坏或失控的各种因素,决定了事故发生的可能性,主要包括人的不安全行为及管理缺陷。

两类危险源相互关联、相互依存,第一类危险源的存在是第二类危险源出现的前提,第二类危险源是第一类危险源导致事故的必要条件。

8.4.2 企业职工伤亡事故的分类

伤亡事故是指企业职工在生产劳动过程中。根据《企业职工伤亡事故分类》(GB 6441—1986),职业伤害事故分为20类,其中与建筑业相关的职业伤害事故包括:

1. 物体打击

物体打击是指失控物体的惯性力造成的人身伤害事故,如落物、滚石、锤击、碎裂、崩倒、砸伤等伤害,但不包括因爆炸引起的物体打击。

2. 车辆伤害

车辆伤害是指本企业内机动车辆和提升运输设备引起的人身伤害事故,如机动车辆在行驶中发生的挤、压、撞以及倾覆事故及车辆行驶中上、下车和提升运输中的伤害等。

3. 机械伤害

机械伤害是指机械设备与机械工具引起的绞、辗、碰、割、戳等人身伤害事故,如机械零部件、工件飞出伤人,切屑伤人,人的肌体或身体被旋转机械卷入,脸、手或其他部位被刀具碰伤等。

4. 触电

触电是指电流流经人体,造成的人身伤害事故,如人体接触裸露的临时线或接触带电设备的金属外壳,触摸漏电的手持电动工具,以及触电后坠落和雷击等事故。

5. 高处坠落

高处坠落是指由于重力势能差引起的伤害事故,如从各种架子、平台、陡壁、梯子等高于地面基准面2m以上(含2m)的坠落或由地面踏空坠入坑洞、沟以及漏斗内的伤害事故。由于其他事故类别为诱发条件而发生的坠落,如高处作业时由于人体触电坠落,不属于高处坠落事故。

6. 坍塌

坍塌是指建筑物、堆置物等倒塌和土石塌方引起的伤害事故,如脚手架坍塌、土石方边坡塌方、建(构)筑物倒塌等,但不包括由于矿山冒顶片帮或因爆破引起的坍塌的伤害事故。

7. 中毒和窒息

中毒是指人接触有毒物质,吃有毒食物、呼吸有毒气体引起的人体急性中毒事故,如煤气、油气、沥青、化学、一氧化碳中毒;窒息是指在坑道、深井、涵洞、管道、发酵池等通风不良处作业,由于缺氧造成的窒息事故。

8. 火灾、灼伤

火灾是指企业发生火灾事故及在扑救火灾过程中造成本企业职工或非本企业的人员伤亡事故;灼伤是指因火焰引起的烧伤,高温物体引起的烫伤,放射线引起的皮肤损伤,或强酸、强碱引起人体的烫伤,化学灼伤等伤害事故。

9. 淹溺

淹溺是指人淹没在水或其他液体介质中并受到伤害的事故。当水充满呼吸道和肺泡,引起缺氧窒息时,吸收到血液循环的水引起血液渗透压改变、电解质紊乱和组织损害,最后造成呼吸停止和心脏停搏而死亡。在基坑、挖孔桩及围堰工程施工中存在淹溺的事故隐患。

10. 其他伤害

凡不属上述伤害的事故均称为其他伤害，如扭伤、跌伤、冻伤、钉子扎伤、野兽咬伤、中暑等。

根据全国伤亡事故统计，建筑业伤亡事故率仅次于矿山行业，其中高处坠落、触电事故、物体打击、机械伤害、坍塌五种事故为建筑业最常发生的事故，占事故总和的85%以上，称为"五大伤害"。

8.4.3 生产安全事故的划分

生产安全事故等级是指根据生产安全事故造成的人员伤亡或者直接经济损失严重程度划分的事故等级。这种事故等级的划分，主要是为了便于生产安全事故报告和调查处理工作的分级管理。根据《生产安全事故报告和调查处理条例》，生产安全事故划分为四个等级，包括：特别重大事故、重大事故、较大事故、一般事故。

国务院安全生产监督管理部门可以会同国务院有关部门，制定事故等级划分的补充性规定。

8.4.4 生产安全事故的处理

根据国家法律法规的要求，在进行生产安全事故调查报告和调查处理时，要坚持实事求是、尊重科学的原则；既要及时、准确地确定产品事故原因、明确事故责任，使责任人受到追究，又要总结经验教训，落实整改和防范措施，防止类似事件再次发生。因此，施工项目一旦发生生产安全事故，报告和调查处理要坚持"四不放过"的原则：事故原因未查明不放过；事故责任者和员工未受到教育不放过；事故责任者未处理不放过；整改措施未落实不放过。

1. 事故报告

事故报告应当及时、准确、完整，任何单位和个人对事故不得迟报、漏报、谎报或者瞒报。

（1）施工单位事故报告

生产安全事故发生后，受伤者或最先发现事故的人员应立即将发生事故的时间、地点、伤亡人数、事故原因等情况，向施工单位负责人报告；施工单位负责人接到报告后，应当在1小时内向事故发生地县级以上人民政府建设主管部门和有关部门报告。

情况紧急时，事故现场有关人员可以直接向事故发生地县级以上人民政府建设主管部门和有关部门报告。

实行施工总承包的建设工程，由总承包单位负责上报事故。

（2）建设主管部门报告

安全生产监督管理部门和负有安全生产监督管理职责的有关部门接到事故报告后，应依照相关规定上报事故情况，并通知公安机关、劳动保障行政主管部门、工会和人民检察院。

安监部门和有关部门逐级上报事故情况时，每级上报的时间不得超过2小时。

（3）事故报告的内容

1）事故发生单位概况。

2）事故发生的时间、地点以及事故现场情况。

3）事故的简要经过。

4）事故已经造成或者可能造成的伤亡人数（包括下落不明的人数）和初步估计的直接经济损失。

5）已经采取的措施。

6）其他应报告的情况。

事故报告后出现新的情况，以及事故发生之日起30日内伤亡人数发生变化的，应及时补报。

2. 事故调查

事故发生后，应成立对应的事故调查组，并编写事故调查报告。事故调查报告内容包括以下几点：

1）事故发生单位概况。

2）事故发生经过和事故救援情况。

3）事故造成的人员伤亡和直接经济损失。

4）事故发生的原因和事故性质。

5）事故责任的认定和对事故责任者的处理建议。

6）事故防范和整改措施。

事故调查报告应附具有关证据材料，事故调查组成员应在事故调查报告上签名。

3. 事故处理

事故处理是落实"四不放过"原则的核心环节。事故发生后，事故发生单位应严格保护事故现场，做好标识，排除险情。采取有效措施抢救伤员和财产，防止事故蔓延扩大。事故现场是追溯判断事故原因和事故责任人的客观物质基础，因抢救人员疏导交通等需要移动现场物件时，应做出标志，绘制现场简图，并做出书面记录，妥善保存现场重要痕迹、物证，有条件的可以拍照或录像。

（1）事故登记

施工现场要建立安全事故登记表作为事故档案，对发生事故人员的姓名、性别、年龄、工种等级、负伤时间、伤害程度、负伤部门及情况、简要经过及原因记录归档。

（2）事故分析记录

施工现场要有生产安全事故分析记录，对于发生的轻伤、重伤、死亡、重大设备事故、未遂事故，必须按"四不放过"的原则组织分析；查出主要原因，分清责任，提出防范措施，吸取教训，并记录清楚；坚持安全事故月报制度。

（3）建设主管部门的事故处理

建设主管部门应依据有关人民政府对事故的批复和有关法律法规的规定，对事故相关责任者实施行政处罚。处罚权限不属于本级建设主管部门的，应在收到事故调查报告批复后15个工作日内，将事故调查报告（附有关证据材料）、结案批复、本级建设主管部门对有关责任者的处理建议等，转送有权限的建设主管部门。

建设主管部门应按照有关法律法规的规定，对因降低安全生产条件，导致事故发生的施工单位给予暂扣或吊销安全生产许可证的处罚。对事故负有责任的相关单位给予罚款、停业整顿、降低资质等级或吊销资质证书的处罚。

建设主管部门应依据有关法律法规的规定，对事故发生负有责任的注册执业资格人员给予罚款、停止执业、吊销其注册执业资格证书的处罚。

【例8-2】 2014年12月29日8时20分许,由A公司总承包、B公司劳务分包、C公司监理的某中学体育馆及宿舍楼工程工地,作业人员在基坑内绑扎钢筋过程中,筏板基础钢筋体系发生坍塌,造成10人死亡、4人受伤。

1. 工程基本情况

该中学体育馆及宿舍楼工程(以下简称"工程")总建筑面积20660m², 地上五层、地下两层,地上分体育馆和宿舍楼两栋单体建筑,地下为车库及人防区。2014年6月12日、7月18日,分别取得规划部门核发的《建设工程规划许可证》及住建部门核发的《建筑工程施工许可证》。

2. 现场勘验情况

事发部位为基坑3标段,深13m、宽42.2m、长58.3m。底板为平板式筏板基础,上下两层双排双向钢筋网,上层钢筋网用马凳支承。事发前,已经完成基坑南侧1、2两段筏板基础浇筑,以及3段下层钢筋的绑扎、马凳安放、上层钢筋的铺设等工作;马凳采用直径25mm和28mm的带肋钢筋焊制,安放间距为0.9~2.1m;马凳横梁与基础底板上层钢筋网大多数未固定;马凳钢筋与基础底板下层钢筋网少数未固定;上层钢筋网上多处存有堆放钢筋物料的现象。事发时,上层钢筋整体向东侧位移并坍塌,坍塌面积2000多平方米。事故现场如图8-2所示。

图8-2 事故现场

3. 工程承揽情况

经查,A公司及其和创分公司存在非本企业员工以内部承包的形式承揽工程的行为,年收取管理费用一千余万元。根据对相关人员调查的情况及上述认定的事实,经市住房城乡建设主管部门认定:在该工程项目投标、合同订立期间,A公司涉嫌允许杨某以本企业名义承揽该工程项目。

4. 事件经过

2014年7月,A公司项目部编制了"钢筋施工方案",经监理单位审批同意后,项目部未向劳务单位进行方案交底。

2014年10月,A公司与B公司签订了《建设工程施工劳务分包合同》,未按照要求将合同送工程所在地住房城乡建设主管部门备案。劳务单位相关人员进场后,在未接受交底的情况下,组织筏板基础钢筋体系施工作业。

2014年12月28日下午，劳务队长张某安排塔式起重机班组配合钢筋工向3标段上层钢筋网上部吊运钢筋物料，共计吊运24捆，用于墙柱插筋和挂钩。

2014年12月29日6时20分，作业人员到达现场实施墙柱插筋和挂钩作业。8时20分许，筏板基础钢筋体系失稳整体发生坍塌，将在筏板基础钢筋体系内进行绑扎作业和安装排水管作业的人员挤压在上下层钢筋网之间。

【解析】

经过事后综合调整，原因如下：

1. 直接原因

1）未按照方案要求堆放物料。施工时违反方案规定，将整捆钢筋直接堆放在上层钢筋网上，堆料过多，且局部过于集中，致使基础底板钢筋网片整体坍塌。

2）未按照方案要求制作和布置马凳，未按照方案规定的直径32mm钢筋加工马凳，未按照规定的1m间距布置马凳，导致马凳承载力下降。

3）马凳之间无有效的支撑，马凳与基础底板上、下层钢筋网未形成完整的结构体系，抗侧移能力较差，不能承担过多的堆料载荷。

2. 间接原因

1）施工现场管理缺失。一是技术交底缺失，未按照要求对作业人员实施钢筋作业的技术交底工作。二是安全培训教育不到位，未按照要求对全员实施安全培训教育。三是对劳务分包单位管理不到位，未及时发现其为抢工期、盲目吊运钢筋材料集中码放在上层钢筋网上的隐患，导致载荷集中并超载。

2）备案项目经理长期不在岗、专职安全员配备不足。一是A公司明知备案项目经理无法到现场履行职责，仍未及时履行相应的变更手续，致使备案的项目经理长期未到岗履职；建设单位发现备案项目经理长期不到岗的行为后，也未及时督促整改。二是未按照相关规定配备2名以上专职安全生产管理人员。

3）经营管理混乱。A公司存在非本企业员工以内部承包的形式承揽工程的行为。在该工程项目投标阶段，A公司涉嫌允许杨某以本企业名义承揽工程，致使不具备项目管理资格和能力的杨某成为项目实际负责人，客观上导致出现施工现场缺乏有专业知识和能力的人员统一管理、项目部管理混乱的局面。

4）监理不到位。一是对项目经理长期未到岗履职的问题监理不到位，且事故发生后，更是伪造了针对此问题下发的监理通知；二是对钢筋施工作业现场监理不到位，未及时发现并纠正作业人员未按照钢筋施工方案要求施工作业的违规行为；三是对项目部安全技术交底和安全培训教育工作监理不到位，致使施工单位使用未经培训的人员实施钢筋作业。

5）行业管理部门监督检查不到位。工程所在区住房城乡建设委作为该工程项目的行业监管部门，负责该工程的质量安全监督工作。事故发生后，该区住房城乡建设委提供了虚假的监督执法材料。

3. 处理结果

此案总共3家单位被给予罚款、吊销资质、吊销安全生产许可证等行政处罚。A公司被给予360万元的罚款、吊销其安全生产许可证、吊销房屋建筑工程施工总承包一级资质。C 公司（监理单位）被给予 200 万元的罚款、吊销房屋建筑工程监理甲级资质。B 公司被吊销其施工劳务资质和安全生产许可证。

该事故共有 15 人被追究刑事责任，14 人被给予党纪、政纪处分，4 人和 3 单位受到行政处罚，含政府机关 2 人，建设单位 2 人，总包单位 21 人，监理单位 5 人，劳务单位 6 人。其中项目实际负责人被判处有期徒刑 6 年，项目技术负责人被判处有期徒刑 4 年；劳务单位法人代表被判处有期徒刑 6 年，劳务单位现场负责人被判处有期徒刑 4 年 6 个月，技术负责人被判处有期徒刑 4 年；项目总监理工程师被判处有期徒刑 5 年，项目执行总监被判处有期徒刑 4 年 6 个月，安全监理工程师被判处有期徒刑 4 年；建设单位基建处处长被记过，项目负责人被撤职；监管单位工程所在区住房城乡建设委行业管理处副主任被严重警告并降职，管理处五科科长被严重警告并撤职。

思 考 题

1. 简述建设单位的安全责任。
2. 简述监理单位的安全责任。
3. 简述施工单位的安全责任。
4. 简述危险性较大的分部分项工程安全专项施工方案的编制内容。
5. 建设工程施工中有哪些常见的伤亡事故？监理工程师应如何进行相应的监理工作？
6. 建筑施工有哪些危险源？
7. 简述建设建筑施工中的"五大伤害"及控制要点。
8. 例 8-1 中，监理工程师应督促施工单位编制哪些专项施工方案？

练 习 题

1. **【背景资料】** 某 20 层综合楼，建筑面积 $18050m^2$，总高度 70m，外墙采用玻璃幕墙，结构采用钢筋混凝土框架-剪力墙结构，地下 1 层，地面标高为 -5.1m，地上 12 层，周边有管网。该建筑 1 层为结构转换层（层高为 5.40m），转换层梁截面包括 300×900、400×1100、400×2000 等（单位：mm），最大跨度为 7.8m，楼板厚度为 180mm，梁板混凝土强度为 C40。脚手架采用悬挑钢管脚手架（高度 23m），外挂密目安全网，塔式起重机作为垂直运输工具（周边还有若干塔式起重机）。施工中发生以下事件：

事件一：在地下室基坑开挖时，土质发生边坡局部垮塌。经查，该基坑边坡无支护设计。

事件二：在转换层施工时，监理工程师发现高大模板安全专项施工方案不完善，要求整改。

事件三：转换层施工完毕，为了加快进度，检测混凝土同条件强度达到 32MPa，于是项目经理决定拆模，监理工程师不同意。

事件四：在屋面结构施工时，吊运钢管时钢丝绳滑扣，起吊离地 25m 时，钢管散落，造成下面作业的 2 名人员死亡，1 人重伤。经事故调查发现：作业人员严重违章，起重机司机因事请假，工长临时指定一名钢筋工操作塔式起重机，钢管没有捆扎就托底兜着吊起，且钢丝绳挂在吊钩头上。

问题一：本工程存在哪些超过一定规模的危险性较大的分部分项工程？
问题二：事件一中监理工程师应如何处理？
问题三：事件二中高大模板安全专项施工方案应包括哪些施工图？
问题四：事件三中监理工程师做法是否妥当？说明原因。

问题五：事件四中事故发生的原因是什么？针对现场伤亡事故，项目经理应采取哪些应急措施？

【参考答案】

问题一：

本工程存在以下超过一定规模的危险性较大的分部分项工程：

①深基坑；②高大模板支撑系统；③悬挑钢管脚手架；④玻璃幕墙。

问题二：

针对事件一，监理工程师应做如下处理：

1）要求建设单位委托设计单位对基坑边坡进行专项设计。

2）督促施工单位根据设计文件编制深基坑安全专项施工方案，审核该方案，施工单位组织专家论证。

3）编制安全监理规划，实施监理工作。

问题三：

事件二中高大模板安全专项施工方案应包括以下施工图：

1）立杆平面图。

2）剪刀撑平面图和剖面图。

3）反映架体层数和构造的剖面图。

4）混凝土浇筑顺序图。

5）模板架体变形监测点布置图。

6）其他施工图（如人员上下通道图、刚性拉结大样图等）。

问题四：

事件三中，监理工程师做法妥当，因为混凝土高大模板的混凝土拆模强度要求达到设计强度标准值的100%方可拆模。

问题五：

事件四中的事故原因：

1）工长指定钢筋工操作塔式起重机并负责钢管起吊，没有将钢管捆绑，钢丝绳钩在了吊钩的端头上，致使起吊中钢管高空散落。

2）施工单位安全管理不到位，未发现并及时消除隐患。

3）监理单位安全监理工作不到位，未及时发现事故隐患，未督促施工单位整改。

发生事故后，项目经理应采取以下措施：

1）组织迅速抢救伤员。

2）保护好现场。

3）立即向本单位责任人报告。

4）启动应急预案。

5）协助事故调查。

6）其他合理的应急措施。

2. 【背景资料】某工程环境边坡高度为25m，一级边坡，边坡支护设计为板肋式锚杆挡土墙，施工单位编制了施工组织设计，项目未委托第三方变形监测单位进行边坡变形监测。施工的过程中，发生边坡局部坍塌。边坡支护现状如图8-3所示。

问题一：根据案例背景，简述监理机构在工作中存在的问题。

问题二：本工程存在哪些潜在的事故隐患？

问题三：针对边坡施工存在的问题，监理工程师应如何处理？

【参考答案】

问题一：

监理机构的工作存在以下问题：

图 8-3　边坡支护现状

1）未督促施工单位编制边坡安全专项施工方案，未进行专家论证。
2）未督促建设单位委托有资质的第三方监测单位对边坡变形进行监测。
3）施工单位未按设计进行逆作法施工，监理工作不到位。

问题二：

本工程存在以下潜在的事故隐患：
1）高处坠落。
2）物体打击。
3）坍塌。
4）起重伤害。
5）车辆伤害。
6）机械伤害等。

问题三：

针对边坡施工存在的问题，监理工程师应做如下处理：
1）要求建设单位委托设计单位和地勘单位对现状边坡进行评估，根据现状条件，进一步完善支护设计。
2）要求施工单位重新编制安全专项施工方案，尤其是完善下部边坡顺做法工艺，并进行专家论证。
3）监理机构编制边坡安全监理规划，开展监理工作。

3.【背景资料】某高层写字楼建筑建筑面积为13030m²，为钢筋混凝土框支剪力墙结构，其中地下2层，地上20层。该项目地处商业中心，四周已有建筑，场地较为狭窄。施工过程中，发生以下事件：

事件一：在施工过程中，居民反映施工现场粉尘污染大，纷纷到政府有关部门投诉。

事件二：在清除垃圾后，项目经理通知项目部将建筑垃圾作为回填土，其中部分垃圾含有有毒物质。

问题一：针对事件一，监理工程师应该如何处理？

问题二：事件二中项目经理的做法是否妥当？监理工程师如何处理？

【参考答案】

问题一：

针对投诉，监理工程师应督促施工单位按以下办法进行整改：
1）必须在工地大门处树立施工公告牌，做好对周围居民的解释工作，必要时予以经济补偿。
2）就施工的内容向有关部门汇报，争取其理解和支持。
3）采用有关措施，如密封容器或塑料口袋密封转运建筑垃圾，或其他方法以降低粉尘污染。

4) 对当事人员进行批评教育，提高文明施工和环保意识。

5) 加强现场文明施工管理，避免类似问题的发生。

问题二：

项目经理的做法不正确，因为建筑垃圾不得作为回填土，另外，部分回填土存在有毒物质，将造成环境污染。为此，监理工程师应该做如下工作：

1) 责令承包商停止回填垃圾土。

2) 责令承包商将已经回填的建筑垃圾清理出来。

3) 责令将建筑垃圾应运至城市垃圾处理中心进行消纳。

4) 责令承包商进行整改，提高环保意识，避免类似事件的再度发生。

第9章 建设工程合同管理

本章概要

为实现建设目标而订立的各种建设工程合同是订立合同的当事人在建设工程项目实施过程中的最高行为准则，是规范双方的经济活动、协调双方工作关系、解决合同纠纷的法律依据。合同管理贯穿于项目建设的全过程。通过合同管理，工程建设项目所涉及的各个单位在平等、合理的基础上建立对称的权利和义务关系，确保合同的履行，保障工程建设项目目标的顺利实现。工程建设项目所涉及的各个责任主体应树立合同意识，严格履行合同，按合同约定切实履行各自的权利和义务。本章阐述了监理在建设工程勘察合同、设计合同、施工合同、材料设备采购合同及监理合同管理中应发挥的主要作用和基本工作内容。

学习要求

1. 了解建设工程合同的种类和特征。
2. 熟悉监理人在建设工程勘察合同、设计合同及材料设备采购合同管理中的基本工作内容。
3. 掌握监理人在施工合同和监理合同管理中的基本工作内容。

◆【案例导读】

建设单位投资建设某写字楼项目。项目地下1层，地上6层，采用框架剪力墙结构，经过招标投标，建设单位与施工单位按照《建设工程施工合同（示范文本）》（GF—

2017—0201）签订了施工合同。合同采用固定总价承包方式。合同工期为 300 天，并约定提前或逾期竣工的奖罚标准为每天 5 万元。

在合同履行中发生了以下事件：

事件一：施工单位施工至 3 层框架柱和剪力墙钢筋时，建设单位书面通知将 3 层及以上各层由原设计层高 4.30m 变更为 4.80m，当日乙方停工，20 天后甲方才提供正式变更图，工程恢复施工，复工当日乙方立即提出停工损失 200 万元和顺延工期 20 天的书面报告及相关索赔资料，但甲方收到后始终未予答复。

事件二：在工程装修阶段，施工单位收到了经建设单位确认的设计变更文件，调整了部分装修材料的品种和档次。施工单位在施工完毕 3 个月后的结算中申请了该项设计变更增加费 180 万元。

事件三：从甲方下达开工令起至竣工验收合格止，该工程历时 305 天。甲方以乙方逾期竣工为由从应付款中扣减了违约金 100 万元，施工单位则认为逾期竣工的责任在于建设单位。

针对该案例，监理工程师的处理方法如下：

事件一：停工损失费 200 万元及 20 天的工期索赔成立。原因是该费用和工期延误是由于建设单位的原因（设计变更）造成的，且在规定的时效内（28 天）提出，建设单位未予答复，视为认可。

事件二：施工单位索赔的设计变更增加费 180 万元不成立，监理单位不予批准。该费用是由建设单位造成的，但施工单位未在规定的时效内（14 天）提出，视为放弃了索赔。

事件三：施工单位的正常工期应该是 320 天（300 天＋20 天），实际工期为 305 天，实际上提前了 15 天，按照合同，建设单位应该奖励施工单位 75 万元。

监理工程师必须按照合同来解决建设单位和施工单位之间的争议。

9.1 合同概述

9.1.1 合同的概念

《中华人民共和国民法典》第三编对合同的定义如下：合同是民事主体之间设立、变更、终止民事法律关系的协议。合同作为一种契约，旨在明确双方的责任、权利及经济利益的关系。合同的签订是法律行为，依法签订的合同具有法律约束力。在项目建设过程中，合同发挥的作用主要表现为以下几点：

1. 是双方在工程项目中各种活动的依据

合同中约定的工程规模、工期、质量以及价格等是工程项目应达到的目标以及与目标相关的主要细节，是合同各方在工程项目中开展相关工作的依据。

2. 是各方行使权利义务的最高行为准则

在合法前提下，合同一旦签订，除了不可抗力因素等特殊情况的影响导致合同不能实施外，合同各方必须全面地履行合同规定的责任和义务。如果不能认真履行自己的责任和义务，则必须受到经济或法律处罚。

3. 是解决各方争议的依据

基于合同各方对合同理解的不一致、合同实施环境的变化、有一方违反合同或未能正确的履行合同等情况，合同履行过程中难免出现争议。合同中通常会明确争议的解决方法和解决程序，当出现争议时，应依据相关合同条文判定争议的性质，明确主要责任方以及承担何种责任。

对使用范围广泛的合同，还可制定标准化的合同范本引导当事人使用。合同示范文本是将各类合同的主要条款、式样等制定出规范的、具有指导性的文本。建设工程合同示范文本包括《建设工程勘察合同（示范文本）》（GF—2016—0203）、《建设工程设计合同示范文本（房屋建筑工程）》（GF—2015—0209）、《建设工程设计合同示范文本（专业建设工程）》（GF—2015—0210）、《建设工程施工合同（示范文本）》（GF—2017—0201）、《建设工程委托监理合同（示范文本）》（GF—2012—0202）等示范性合同文本。

9.1.2 建设工程有关合同的特征

1. 合同主体的严格性

建设工程有关合同主体一般为法人。发包人是经过批准进行工程项目建设的法人，必须有国家批准的建设项目和落实的投资计划，并且应具备相应的协调能力。承包人也必须根据所从事的勘察、设计、施工等承包内容具备相应的法人资格。无营业执照或无承包资质的单位不能作为建设工程合同的主体，资质等级低的单位不能越级承包建设工程。

2. 合同标的的特殊性

建设工程有关合同的标的是各类建筑产品。建筑产品的不可移动性决定了每个建设工程合同标的都是独一无二的。建筑产品类别庞杂，外观、结构、使用目的和使用要求都各不相同，这就要求每个建筑产品都需单独进行勘察、设计和施工，即使利用标准设计或重复使用设计图，由于工程项目所在的位置各不相同，其勘察、设计和施工也具有唯一性。

3. 合同履行期限的长期性

建设工程由于结构复杂、体积大、建筑材料类型多、工作量巨大，因此建设项目的完成时间一般长于工业产品，合同履行时间较长。除此之外，在合同的履行过程中，因为不可抗力、工程变更、材料供应不及时等原因也可能导致合同履行时间进一步延长。

4. 计划和程序的严格性

由于工程建设对国家的经济发展、公民的工作和生活都有重大影响，因此国家对建设工程的计划和程序有严格的管理制度。订立建设工程合同必须以国家批准的投资计划为前提，即使是国家投资以外的、以其他方式筹集的投资也要受到当年的贷款规模和批准限额的限制，纳入当年投资规模，并经过严格的审批程序。建设工程相关合同的订立和履行必须符合国家关于工程建设程序的规定。

5. 合同形式的特殊要求

在一般情况下，合同形式可以采用书面形式或口头形式。但是考虑到建设工程的重要性和复杂性，在建设过程中经常发生的各种纠纷，仍要求建设工程合同采用书面形式，即要式合同。

9.1.3 建设工程有关合同的种类

由于规模庞大，工程建设通常是一个极其复杂的生产过程。工程项目建设过程中涉及参与方众多，包括建设单位、勘察单位、设计单位、施工单位、材料设备供应单位、监理单位等。各参与方之间权利义务关系的明确建立在其订立的各种合同基础上。根据《民法典合同编》的规定，建设工程项目主要的合同类型包括：

1. 建设工程合同

根据《民法典合同编》第十八章的规定，建设工程合同特指承包人进行工程建设，发包人支付价款的合同。建设工程合同包括工程勘察、设计和施工合同。

发包人可以与总承包人订立建设工程合同，也可以分别与勘察人、设计人、施工人订立勘察、设计、施工承包合同。

2. 建设工程材料设备采购合同

建设工程材料设备采购合同是出卖人转移建设工程材料设备的所有权于买受人，买受人支付价款的合同。建设工程材料设备采购合同属于买卖合同。

3. 建设工程监理合同

建设工程监理合同是委托人（建设单位）与监理人（工程监理单位）就委托的建设工程监理与相关服务内容签订的明确双方义务和责任的协议。建设工程监理合同属于委托合同。

9.2 建设工程勘察合同与设计合同管理

9.2.1 建设工程勘察合同与设计合同概述

1. 建设工程勘察合同与设计合同概念

建设工程勘察合同是根据建设工程的要求，查明、分析、评价建设场地的地质地理环境特征和岩土工程条件，编制建设工程勘察文件订立的协议。建设工程设计合同是根据建设工程的要求，对建设工程所需的技术、经济、资源、环境等条件进行综合分析、论证、编制建设工程设计文件的协议。

发包人通过招标方式订立合同。委托勘察与设计任务必须遵守《中华人民共和国民法典合同编》《中华人民共和国建筑法》《建设工程勘察设计管理条例》等法律和法规的要求。为规范工程勘察市场秩序，维护工程勘察合同与设计合同双方当事人的合法权益，住房和城乡建设部、国家工商行政管理总局制定了《建设工程勘察合同（示范文本）》（GF—2016—0203）以及《建设工程设计合同示范文本（房屋建筑工程）》（GF—2015—0209）、《建设工程设计合同示范文本（专业建筑工程）》（GF—2015—0210）。

2. 建设工程勘察合同与设计合同示范文本

（1）建设工程勘察合同示范文本

《建设工程勘察合同（示范文本）》为非强制性使用文本，合同当事人可结合工程具体情况，根据《建设工程勘察合同（示范文本）》订立合同，并按照法律法规和合同约定履行相应的权利义务，承担相应的法律责任。

《建设工程勘察合同（示范文本）》适用于岩土工程勘察、岩土工程设计、岩土工程物探/测试/检测/监测、水文地质勘察及工程测量等工程勘察活动，岩土工程设计也可使用《建设工程设计合同示范文本（专业建设工程）》（GF—2015—0210）。

(2) 建设工程设计合同（示范文本）

建设工程设计合同（示范文本）包括《建设工程设计合同示范文本（房屋建筑工程）》以及《建设工程设计合同示范文本（专业建筑工程）》。

1)《建设工程设计合同示范文本（房屋建筑工程）》适用于建设用地规划许可证范围内的建筑物构筑物设计、室外工程设计、民用建筑修建的地下工程设计及住宅小区、工厂厂前区、工厂生活区、小区规划设计及单体设计等，以及所包含的相关专业的设计内容（总平面布置、竖向设计、各类管网管线设计、景观设计、室内外环境设计及建筑装饰、道路、消防、智能、安保、通信、防雷、人防、供配电、照明、废水治理、空调设施、抗震加固等）等工程设计活动。

2)《建设工程设计合同示范文本（专业建筑工程）》适用于房屋建筑工程以外各行业建设工程项目的主体工程和配套工程（含厂/矿区内的自备电站、道路、专用铁路、通信、各种管网管线和配套的建筑物等全部配套工程）以及与主体工程、配套工程相关的工艺、土木、建筑、环境保护、水土保持、消防、安全、卫生、节能、防雷、抗震、照明工程等工程设计活动。

9.2.2 建设工程勘察合同与设计合同的履行管理

监理对建设工程勘察合同与设计合同的管理一般隐含在发包人的应尽义务中，了解建设工程勘察合同与设计合同中发承包双方的职责和权利义务，对发挥监理在勘察与设计阶段的作用有重要意义。

1. 建设工程勘察合同的履行管理

掌握建设工程勘察合同双方的职责，有利于监理相关工作的开展。建设工程勘察合同双方的一般职责如下：

(1) 发包人的责任

1) 在勘察现场范围内，不属于委托勘察任务而又没有资料、设计图的地区（段），发包人应负责查清地下埋藏物。若因未提供相关资料、设计图，或提供的资料、设计图不可靠、地下埋藏物不清，致使勘察人在勘察工作过程中发生人身伤害或造成经济损失时，由发包人承担民事责任。

2) 若勘察现场需要看守，尤其是在有毒、有害等危险现场作业时，发包人应派人负责安全保卫工作。按国家有关规定，对从事危险作业的现场人员进行保健防护，并承担费用。

3) 工程勘察前，属于发包人负责提供的材料，应根据勘察人提出的工程用料计划，按时提供各种材料及其产品合格证明，并承担费用和运到现场，派人与勘察人的工作人员一起验收。

4) 勘察过程中的任何变更，经办理正式变更手续后，发包人应按实际发生的工作量支付勘察费。

5) 为勘察人的工作人员提供必要的生产、生活条件，并承担费用。如不能提供时，应一次性付给勘察人临时设施费。

6）发包人若要求在合同规定时间内提前完工（或提交勘察成果资料）时，发包人应按每提前一天向勘察人支付计算的加班费。

7）发包人应保护勘察人的投标书、勘察方案、报告书、文件、资料、设计图、数据、特殊工艺（方法）、专利技术和合理化建议。未经勘察人同意，发包人不得复制、泄露、擅自修改、传送、向第三人转让或用于本合同以外的项目。

(2) 勘察人的责任

1）勘察人应按国家技术规范、标准、规程和发包人的任务委托书及技术要求进行工程勘察，按合同规定的时间提交质量合格的勘察成果资料，并对其负责。

2）由于勘察人提供的勘察成果资料质量不合格，勘察人应负责无偿给予补充完善使其达到质量合格。若勘察人无力补充完善，需另行委托其他单位时，勘察人应承担全部勘察费用。因勘察质量造成重大经济损失或工程事故时，勘察人除应负法律责任和免收直接受损失部分的勘察费外，还应根据损失程度向发包人支付赔偿金。

3）勘察过程中，勘察人可根据工程的岩土工程条件（或工作现场地形地貌、地质和水文地质条件）和技术规范要求，向发包人提出增减工作量或修改勘察工作的意见，并办理正式变更手续。

2. 建设工程设计合同的履行管理

掌握建设工程设计合同双方的职责，有利于监理相关工作的开展。建设工程设计合同双方的一般职责如下：

(1) 发包人的责任

1）提供必要的现场工作条件。发包人有义务为设计人在施工现场工作期间提供必要的工作、生活、交通等方面的便利条件，以及必要的劳动保护装备。

2）开展必要的外部协调工作。设计的阶段成果（初步设计、技术设计、施工图设计）完成后，发包人应组织鉴定和验收，并向发包人的上级或有管理资质的设计审批部门完成报批手续。施工图设计完成后，发包人应将施工图报送建设行政主管部门，由建设行政主管部门委托的审查机构进行结构安全和强制性标准、规范执行情况等内容的审查。

3）其他相关工作。发包人委托设计配合引进项目的设计任务，从询价、对外谈判、国内外技术考察直至建成投产的各个阶段，应吸收承担有关设计任务的设计人参加。发包人委托设计人承担合同约定委托范围之外的服务工作，需另行支付费用。

4）保护设计人的知识产权。发包人应保护设计人的投标书、设计方案、文件、资料、设计图、数据、计算软件和专利技术。如未经设计人同意，发包人对设计人交付的设计资料及文件擅自修改、复制、向第三人转让或用于本合同外的项目，则发包人应负法律责任，设计人有权向发包人提出索赔。

5）遵循合理设计周期的规律。如果发包人从施工进度的需要或其他方面考虑，要求设计人比合同规定的时间提前交付设计文件时，须征得设计人同意。发包人不应严重背离合理的设计周期规律，强迫设计人不合理地缩短设计的时间。若双方经过协商达成一致并签订提前交付设计文件的协议，发包人应支付相应的赶工费。

(2) 设计人的责任

1）保证设计质量。设计人应依据批准的可行性研究报告、勘察资料，在满足国家规定的设计规范、规程、技术标准的基础上，按合同规定的标准完成各阶段的设计任务，并对提交的设计文件质量负责。

根据《建设工程质量管理条例》，以下行为均违反法律和法规，应追究设计人的责任：设计单位未根据勘察成果文件进行工程设计；设计单位指定建筑材料、建筑构配件的生产厂、供应商；设计单位未按照工程建设强制性标准进行设计。

2）认真完成初步设计、技术设计、施工图设计等各设计阶段工作任务。

3）对外商的设计资料进行审查。委托设计的工程中，如果有部分属于外商提供的设计，如大型设备采用外商供应的设备需使用外商提供的制造图，则设计人应对外商的设计资料进行审查，并负责该合同项目的设计联络工作。

4）配合施工的义务主要包括以下几点：

① 设计交底。设计人在建设工程施工前，需向施工承包人和施工监理人说明建设工程勘察、设计意图，解释建设工程勘察、设计文件，以保证施工工艺达到设计预期的水平要求。

② 解决施工中出现的设计问题。设计人有义务解决施工中出现的设计问题，如果属于设计变更的范围，则按照变更原因的责任确定费用负担责任。

③ 工程验收。为了保证建设工程的质量，设计人应按合同约定参加重要部位的隐蔽工程验收、试车验收和竣工验收等验收工作。

5）保护发包人的知识产权。设计人应保护发包人的知识产权，不得向第三人泄露、转让发包人提交的产品图等技术经济资料。如果发生以上情况并给发包人造成经济损失，则发包人有权向设计人索赔。

9.3 建设工程施工合同管理

项目监理机构应依据建设工程监理合同约定进行施工合同管理，处理工程暂停及复工、工程变更、索赔及施工合同争议、解除等事宜。从法律意义上说，发包人和承包人订立的施工合同对监理人不具有法律约束力，但施工合同文本中涉及监理人的条款较多，有文字明示的条款，也有隐含在发包人应尽的义务中，实际应由监理人来完成的职责。监理对施工合同进行管理是专业性很强的工作，涉及施工过程中对项目投资、进度、质量、安全等目标实现的监督，除对监理工程师的技术、经济及合同管理知识和水平要求很高外，监理工程师也需要非常熟悉施工合同文本的全部条款，并依据自身工程经验和合同履行中的情况，对可能发生的风险做出一定的预判并采取相应的风险防范措施。

9.3.1 建设工程施工合同（示范文本）主要内容

国内建设工程施工中常用的施工合同文本主要有：

1）国家发展改革委等九部门联合制定发布的《标准施工招标文件》（2007 年版），适用于大型复杂工程项目。

2）《简明标准施工招标文件》（2012 年版），适用于工期在 12 个月之内的工程项目。

3）住房和城乡建设部与国家工商行政管理总局于 2017 年修订颁布的《建设工程施工合同（示范文本）》（GF—2017—0201），适用于房屋建筑工程、土木工程、线路管道和设备安装工程、装修工程等建设工程的施工承发包活动。

本书主要介绍《建设工程施工合同（示范文本）》（GF—2017—0201）。《建设工程施工合同（示范文本）》（GF—2017—0201）（以下简称《示范文本》）包括合同协议书、通用合同条款、专用合同条款三部分。

（1）合同协议书

合同协议书是施工合同的总纲性法律文件，主要包括工程概况、合同工期、质量标准、签约合同价和合同价格形式、项目经理、合同文件构成、承诺以及合同生效条件等重要内容，集中约定了合同当事人基本的合同权利和义务。

（2）通用合同条款

通用合同条款是合同当事人根据《建筑法》《民法典合同编》等法律法规的规定，就工程建设的实施及相关事项，对合同当事人的权利义务做出的原则性约定。

通用合同条款共计20条，包括：一般约定、发包人、承包人、监理人、工程质量、安全文明施工与环境保护、工期和进度、材料与设备、试验与检验、变更、价格调整、合同价格、计量与支付、验收和工程试车、竣工结算、缺陷责任与保修、违约、不可抗力、保险、索赔和争议解决。前述条款安排既考虑了现行法律法规对工程建设的有关要求，也考虑了建设工程施工管理的特殊需要。

（3）专用合同条款

专用合同条款是对通用合同条款原则性约定的细化、完善、补充、修改或另行约定的条款。合同当事人可以根据不同建设工程的特点及具体情况，通过双方的谈判、协商对相应的专用合同条款进行修改补充。在使用专用合同条款时，应注意以下事项：

1）专用合同条款的编号应与相应的通用合同条款的编号一致。

2）同当事人可以通过对专用合同条款的修改，满足具体建设工程的特殊要求，避免直接修改通用合同条款。

3）在专用合同条款中有横道线的地方，合同当事人可针对相应的通用合同条款进行细化、完善、补充、修改或另行约定；如无细化、完善、补充、修改或另行约定，则填写"无"或画"/"。

9.3.2 建设工程施工合同的履行与管理

根据《示范文本》，监理工程师在进行施工合同管理时的主要工作包括工程暂停及复工、工程变更、费用索赔、施工争议与合同解除等。

1. 工程暂停及复工

（1）工程暂停

施工过程中，暂停施工可能源于发包人责任，也可能源于承包人责任。

1）发包人原因引起的暂停施工。发包人原因引起的暂停施工包括以下几种：

① 发包人未履行合同规定的义务，包括发包人未能尽到管理责任，也包括第三者责任，如设计方原因导致的停工等。

② 不可抗力，包括施工期间发生地震、泥石流等自然灾害导致的停工。

③ 协调管理原因。同时在现场的两个承包人出现施工干扰，监理工程师协调考虑以后，指示其中一个承包人暂停施工。

④ 行政管理部门的指令。在特殊情况下，得到政府行政管理部门的指示，暂停项目施

工,比如重大节日或者国际盛会、运动会等。

因发包人原因引起暂停施工的,监理人经发包人同意后,应及时下达暂停施工指示。情况紧急且监理人未及时下达暂停施工指示的,应按照紧急情况下的暂停施工执行。

2）承包人原因引起的暂停施工。承包人原因引起的暂停施工包括以下几种：

① 承包人违约引起的暂停施工。

② 由于承包人原因为工程合理施工和安全保障所必需的暂停施工。

③ 承包人擅自暂停施工。

④ 承包人其他原因引起的暂停施工。

⑤ 专用合同条款约定由承包人承担的其他暂停施工。

因承包人原因引起的暂停施工,承包人应承担由此增加的费用和（或）延误的工期,且承包人在收到监理人复工指示后84天内仍未复工的,视为承包人无法继续履行合同的情形。

3）监理人指示暂停施工。监理人认为有必要的情况下,并经发包人批准后,可向承包人做出暂停施工的指示,承包人应按监理人指示暂停施工。

4）紧急情况下的暂停施工。因紧急情况需暂停施工,且监理人未及时下达暂停施工指示的,承包人可先暂停施工,并及时通知监理人。监理人应在接到通知后24小时内发出指示,逾期未发出指示,视为同意承包人暂停施工。监理人不同意承包人暂停施工的,应说明理由,承包人对监理人的答复有异议,按照相关争议解决约定处理。

（2）工程复工

监理人根据施工现场的实际情况,认为必要时可向承包人发出暂停施工的指示,承包人应按监理人指示暂停施工。无论由于何种原因引起的暂停施工,监理人应与发包人和承包人协商,采取有效措施积极消除暂停施工的影响。暂停施工期间由承包人负责妥善保护工程并提供安全保障。

当工程具备复工条件时,监理人应立即向承包人发出复工通知,承包人收到复工通知后,应在指示的期限内复工。承包人无故拖延和拒绝复工,由此增加的费用和工期延误由承包人承担。由于发包人原因无法按时复工时,承包人有权要求延长工期和（或）增加费用,并获得相应的合理利润。

2. 工程变更

工程变更是指在工程项目实施过程中,按照合同约定的程序对部分或全部工程在材料、工艺、功能、构造、尺寸、技术指标、工程数量及施工方法等方面做出的改变。项目监理机构应按照委托监理合同的约定进行工程变更的处理,不应超越所授权限。

在施工过程中,发包人和监理人均可以提出变更。变更指示均通过监理人发出,监理人在发出变更指示前应征得发包人同意。承包人在收到经发包人签认的变更指示后,方可实施变更。未经许可,承包人不得擅自对工程的任何部分进行变更。

涉及设计变更的,应由设计人提供变更后的设计图和说明,如变更超过原设计标准或批准的建设规模时,发包人应及时办理规划、设计变更等审批手续。

（1）变更范围

标准施工合同通用条款规定的变更范围包括：

1）增加或减少合同中任何工作,或追加额外的工作。

2）取消合同中任何工作，但转由他人实施的工作除外。

3）改变合同中任何工作的质量标准或其他特性。

4）改变工程的基线、标高、位置和尺寸。

5）改变工程的时间安排或实施顺序。

（2）发包人提出变更

发包人提出变更的，应通过监理人向承包人发出变更指示，变更指示应说明计划变更的工程范围和变更的内容。

（3）监理人指示工程变更

监理人提出变更建议的，需要向发包人以书面形式提出变更计划，说明计划变更工程范围和变更的内容、理由，以及实施该变更对合同价格和工期的影响。发包人同意变更的，由监理人向承包人发出变更指示。发包人不同意变更的，监理人无权擅自发出变更指示。

监理人指示工程变更包括监理人直接指示变更以及监理人通过与承包人协商后确定的变更两种。

1）监理人直接指示的变更。直接指示的变更属于必须实施的变更。直接指示的变更不需征求承包人的意见，监理人经发包人同意后即可发出变更指示要求承包人完成变更工作。

2）与承包人协商后确定的变更。某些情况下，比如需要增加承包范围外的某项新增工作或改变合同文件中的要求时，监理人应与承包人协商后确定的变更。与承包人协商后确定的变更程序包括：

① 监理人向承包人发出变更意向书，说明变更的具体内容、完成变更的时间等，并附必要的施工图和相关资料。

② 承包人收到监理人的变更指示后，如果认为可以执行的，应当书面说明实施该变更指示对合同价格和工期的影响，且合同当事人应当按照合同有关条款约定确定变更估价。如果认为不能执行，承包人也应立即通知监理人，提出不能执行该变更指示的理由，如不具备实施变更项目的施工资质、无相应的施工机具等原因。

③ 监理人审查承包人的建议书。承包人根据变更意向书要求提交的变更实施方案审查可行并经发包人同意后，监理机构可发出变更指示。如果承包人不同意变更，监理人与承包人和发包人协商后确定撤销、改变或不改变变更意向书。

（4）承包人提出工程变更

承包人提出的变更可能涉及建议变更和要求变更两类。

1）承包人建议的变更。承包人对发包人提供的施工图、技术要求及其他方面，提出了可能降低合同价格、缩短工期或者提高工程经济效益的合理化建议，均应以书面形式提交监理人。合理化建议书的内容包括建议工作的详细说明、进度计划和效益以及与其他工作的协调等，并附必要的设计文件。监理人与发包人协商是否采纳承包人提出的建议。建议被采用并构成变更的，监理人向承包人发出变更指示。

2）承包人要求的变更。承包人收到监理人按照合同约定发出的施工图和文件，经检查认为其中存在着属于变更范围的情况，可以向监理人提出书面变更建议。这些变更范围包括业主提高了工程质量标准、增加工作内容、变化工程位置或尺寸等。监理人在收到承包人的书面建议后，应与发包人共同研究，确认存在变更的，应在收到承包人书面建议后的14天内做出变更指示。如果不同意，则由监理人书面答复承包人。

(5) 工程变更程序

工程变更可能来自于多方面，无论任何一方提出的工程变更，均应由监理工程师签发工程变更指令。

项目监理机构可按照下列程序处理承包人的工程变更：

1) 总监理工程师组织专业监理工程师审查承包人提出的工程变更申请，提出审查意见。对涉及工程设计文件修改的工程变更，应由发包人转交原设计单位修改工程设计文件。必要时，项目监理机构应建议发包人组织设计、施工等单位召开论证工程设计文件修改方案的专题会议。

2) 总监理工程师组织专业监理工程师对工程变更费用及工期影响做出评估。

3) 总监理工程师组织发包人、承包人等共同协商确定工程变更费用及工期变化，会签工程变更单。

4) 项目监理机构根据批准的工程变更文件督促承包人实施工程变更。

(6) 变更估价

1) 变更估价的程序。承包人应在收到变更指示后 14 天内，向监理人提交变更估价申请。监理人应在收到承包人提交的变更估价申请后 7 天内审查完毕并报送发包人，监理人对变更估价申请有异议，通知承包人修改后重新提交。发包人应在承包人提交变更估价申请后 14 天内审批完毕。发包人逾期未完成审批或未提出异议的，视为认可承包人提交的变更估价申请。

2) 变更的估价原则。

① 已标价工程量清单中有适用于变更工作的子目，采用该子目的单价计算变更费用。

② 已标价工程量清单或预算书中无相同项目，但有类似项目的，参照类似项目的单价认定。

③ 变更导致实际完成的变更工程量与已标价工程量清单或预算书中列明的该项目工程量的变化幅度超过 15% 的，或已标价工程量清单或预算书中无相同项目及类似项目单价的，按照合理的成本与利润构成的原则，由合同当事人按照相关合同条款的规定商定或确定变更工作的单价。

3. 费用索赔

费用索赔是指承包单位在由于外界干扰事件的影响，自身工程成本增加而蒙受经济损失的情况下，按照合同规定提出的要求补偿损失的要求。

(1) 索赔程序

1) 发出索赔意向通知。承包人应在索赔事件发生后的 28 天内向监理人递交索赔意向通知，声明将对此事提出索赔。承包人未在约定时限内发出索赔意向通知书，则监理人和发包人有权拒绝承包人的索赔要求，承包人丧失要求追加付款和（或）延长工期的权利。

2) 索赔意向通知书提交后 28 天内，承包人应递交正式的索赔通知书，详细说明索赔理由以及要求追加的付款和（或）延长的工期，并附必要的记录和证明材料。

3) 如果索赔事件影响持续存在，承包人应按监理人合理要求的时间间隔（一般为 28 天），定期陆续报出每一个时间段内的索赔证据资料和索赔要求。在该项索赔事件的影响结束后的 28 天内，报出最终详细报告。

4) 对于设计变更，承包人应在收到变更指示后 14 天内，向监理人提交变更估价申请。

监理人应在收到承包人提交的变更估价申请后 7 天内审查完毕并报送发包人，监理人对变更估价申请有异议，通知承包人修改后重新提交。发包人应在承包人提交变更估价申请后 14 天内审批完毕。发包人逾期未完成审批或未提出异议的，视为认可承包人提交的变更估价申请。

因变更引起的价格调整应计入最近一期的进度款中支付。

（2）监理人判定索赔成立的原则

1）与合同进行对照并确认事件已造成承包人施工成本的额外支出或总工期延误。

2）根据合同有关条款约定，所造成费用增加或工期延误的原因不属于承包人承担。

3）承包人按合同规定的程序提交了索赔意向通知书和索赔报告。

同时具备以上条件时，监理人应认定索赔成立并处理索赔事件。

（3）监理人审查索赔

1）监理人应在收到索赔报告后 14 天内完成审查并报送发包人。监理人对索赔报告存在异议的，有权要求承包人提交全部原始记录副本。

2）发包人应在监理人收到索赔报告或有关索赔的进一步证明材料后的 28 天内，由监理人向承包人出具经发包人签认的索赔处理结果。发包人逾期答复的，则视为认可承包人的索赔要求。

3）监理人的处理决定对发包人和承包人不具有强制性的约束力。如果承包人接受最终的索赔处理，索赔事件的处理即告结束。如果承包人不同意，则会出现合同争议。协商处理争议是最理想方式，如果协商不成，则承包人可按合同中有关的争议条款提交约定的仲裁机构仲裁或诉讼。

（4）监理人对不可抗力索赔的处理

不可抗力是指合同当事人在签订合同时不可预见，在合同履行过程中不可避免且不能克服的自然灾害和社会性突发事件，如地震、海啸、瘟疫、骚乱、戒严、暴动、战争和专用合同条款中约定的其他情形。

不可抗力发生后，发包人和承包人应收集证明不可抗力发生及不可抗力造成损失的证据，并及时认真统计所造成的损失。

合同一方当事人遇到不可抗力事件，使其履行合同义务受到阻碍时，应立即通知合同另一方当事人和监理人，书面说明不可抗力和受阻碍的详细情况，并提供必要的证明。

不可抗力持续发生的，合同一方当事人应及时向合同另一方当事人和监理人提交中间报告，说明不可抗力和履行合同受阻的情况，并于不可抗力事件结束后 28 天内提交最终报告及有关资料。

监理人按照以下不可抗力后果的承担原则处理索赔：

1）不可抗力引起的后果及造成的损失由合同当事人按照法律规定及合同约定各自承担。

2）不可抗力导致的人员伤亡、财产损失、费用增加和（或）工期延误等后果，由合同当事人按以下原则承担：

① 永久工程、已运至施工现场的材料和工程设备的损坏，以及因工程损坏造成的第三方人员伤亡和财产损失由发包人承担。

② 承包人施工设备的损坏由承包人承担。

③ 发包人和承包人承担各自人员伤亡和财产的损失。

④ 因不可抗力影响承包人履行合同约定的义务,已经引起或将引起工期延误的,应当顺延工期,由此导致承包人停工的费用损失由发包人和承包人合理分担,停工期间必须支付的工人工资由发包人承担。

⑤ 因不可抗力引起或将引起工期延误,发包人要求赶工的,由此增加的赶工费用由发包人承担。

⑥ 承包人在停工期间按照发包人要求照管、清理和修复工程的费用由发包人承担。

不可抗力发生后,合同当事人均应采取措施尽量避免和减少损失的扩大,任何一方当事人没有采取有效措施导致损失扩大的,应对扩大的损失承担责任。

因合同一方迟延履行合同义务,在迟延履行期间遭遇不可抗力的,不免除其违约责任。

4. 施工争议与施工合同解除处理

(1) 施工争议的调解

施工合同当事人双方发生合同纠纷时,应先依据平等协商原则协商解决。协商无效时,则可采取调解的方式。项目监理机构接到合同争议的调解要求后应进行以下工作:

1) 及时了解合同争议的全部情况,包括进行调查和取证。

2) 及时与合同争议的双方进行磋商。

3) 在项目监理机构提出调解方案后,由总监理工程师进行争议调解。

4) 当调解未能达成一致时,总监理工程师应在施工合同规定的期限内提出处理该合同争议的意见。

5) 在争议调解过程中,除已达到了施工合同规定的暂停履行合同的条件之外,项目监理机构应要求施工合同的双方继续履行施工合同。

在总监理工程师签发合同争议处理意见后,若发包人或承包人在施工合同规定的期限内未对合同争议处理决定提出异议,在符合施工合同的前提下,此意见应成为最后的决定,双方必须执行。

如双方不同意该处理意见,可申请仲裁或诉讼。在合同争议的仲裁或诉讼过程中,项目监理机构接到仲裁机关或法院要求提供有关证据的通知后,应公正地向仲裁机关或法院提供与争议有关的证据。

(2) 施工合同解除处理

合同解除是指对已经发生法律效力,但尚未履行或者尚未完全履行的合同,因当事人一方的意思表示或者双方的协议而使债权债务关系提前归于消灭的行为。施工合同的解除必须符合法律程序。《建设工程监理规范》(GB/T 50319—2013)中规定:

1) 当发包人违约导致施工合同最终解除时,项目监理机构应就承包人按施工合同规定应得到的款项与发包人和承包人进行协商,并应按施工合同的规定从下列应得的款项中确定承包人应得到的全部款项,并书面通知发包人和承包人。

① 承包人已完成的工程量表中所列的各项工作所应得到的款项。

② 按批准的采购计划订购工程材料、设备、构配件的款项。

③ 承包人撤离施工设备至原基地或其他目的地的合理费用。

④ 承包人所有人员的合理遣返费用。

⑤ 合理的利润补偿。

⑥ 施工合同规定的发包人应支付的违约金。

2）由于承包人违约导致施工合同终止后，项目监理机构应按下列程序清理承包人的应得款项，或偿还发包人的相关款项，并书面通知发包人和承包人：

① 施工合同终止时，清理承包人已按施工合同规定实际完成的工作所应得的款项和已经得到支付的款项。

② 施工现场余留的材料、设备及临时工程的价值。

③ 对已完工程进行检查和验收、移交工程资料、该部分工程的清理、质量缺陷修复等所需的费用。

④ 施工合同规定的承包人应支付的违约金。

⑤ 总监理工程师按照施工合同的规定，在与发包人和承包人协商后，书面提交承包人应得款项或偿还发包人款项的证明。

3）由于不可抗力或非发包人、承包人原因导致施工合同终止时，项目监理机构应按施工合同规定处理合同解除后的有关事宜。

9.4 建设工程材料设备采购合同管理

建设工程材料设备采购合同是出卖人转移建设工程材料设备的所有权于买受人，买受人支付价款的合同。材料设备采购合同属于买卖合同。买卖合同的内容一般包括标的物的名称、数量、质量、价款、履行期限、履行地点和方式、包装方式、检验标准和方法、结算方式、合同使用的文字及其效力等条款。

2017年9月4日，国家发展改革委会同工业和信息化部、住房城乡建设部、交通运输部、水利部、商务部、国家新闻出版广电总局、国家铁路局、中国民用航空局九部委联合发布了《标准材料采购招标文件》（2017年版）和《标准设备采购招标文件》（2017年版），适用于依法必须招标的与工程建设有关的材料、设备采购项目。材料、设备采购合同文本均由通用合同条款、专用合同条款和合同附件格式构成。

9.4.1 建设工程材料采购合同履行管理

1. 合同价格与支付

（1）合同价格

合同价格包括卖方为完成合同全部义务应承担的一切成本、费用和支出以及卖方的合理利润。

（2）合同价款的支付

买方向卖方支付合同价款的方式包括：

1）预付款。合同生效后，买方在收到卖方开具的注明应付预付款金额的财务收据正本一份并经审核无误后28日内，向卖方支付签约合同价的10%作为预付款。买方支付预付款后，如卖方未履行合同义务，则买方有权收回预付款；如卖方依约履行了合同义务，则预付款抵作进度款。

2）进度款。卖方按照合同约定的进度交付合同材料并提供相关服务后，买方在收到卖方提交的有关单据并经审核无误后的28日内，应向卖方支付进度款，进度款支付至该批次合同材料的合同价格的95%。

3）结清款。全部合同材料质量保证期届满后，买方在收到卖方提交的由买方签署的质量保证期届满证书并经审核无误后28日内，向卖方支付合同价格5%的结清款。

（3）买方扣款的权利

当卖方应向买方支付合同项下的违约金或赔偿金时，买方有权从上述任何一笔应付款中予以直接扣除和（或）兑付履约保证金。

2. 包装、标记、运输和交付

（1）包装

卖方应对合同材料进行妥善包装，以满足合同材料运至施工场地及在施工场地保管的需要。包装应采取防潮、防晒、防锈、防腐蚀、防振动及防止其他损坏的必要保护措施。

（2）标记

除专用合同条款另有约定外，卖方应按合同约定在材料包装上以不可擦除的、明显的方式做出必要的标记，如"小心轻放""此端朝上，请勿倒置""保持干燥"等。如果合同材料中含有易燃易爆物品、腐蚀物品、放射性物质等危险品，卖方应标明危险品标志。

（3）运输

卖方应自行选择适宜的运输工具及线路安排合同材料运输。除专用合同条款另有约定外，卖方应在合同材料预计启运7日前，将合同材料名称、装运材料数量、重量、体积（用m^3表示）、合同材料单价、总金额、运输方式、预计交付日期和合同材料在装卸、保管中的注意事项等通知买方，并在合同材料启运后24小时之内正式通知买方。

（4）交付

除专用合同条款另有约定外，卖方应根据合同约定的交付时间和批次在施工场地卸货后将合同材料交付给买方，买方对卖方交付的合同材料的外观及件数进行清点、核验后应签发收货清单。买方签发收货清单不代表对合同材料的接受，双方还应按合同约定进行后续的检验和验收。

合同材料的所有权和风险自交付时起由卖方转移至买方，合同材料交付给买方之前包括运输在内的所有风险均由卖方承担。

3. 检验和验收

（1）检验

合同材料交付前，卖方应对其进行全面检验，并在交付合同材料时向买方提交合同材料的质量合格证书。

合同材料交付后，买方应在专用合同条款约定的期限内安排对合同材料的规格、质量等进行检验。

（2）验收

买方应在检验日期3日前将检验的时间和地点通知卖方，卖方应承担费用派遣代表参加检验。若卖方未按买方通知到场参加检验，则检验可正常进行，卖方应接受对合同材料的检验结果。

合同材料经检验合格，买卖双方应签署合同材料验收证书一式两份，双方各持一份。

4. 违约责任

违约责任包括：

(1) 卖方延迟交付违约金

卖方未能按时交付合同材料的,应向买方支付延迟交付违约金。卖方支付延迟交货违约金,不能免除其继续交付合同材料的义务。除专用合同条款另有约定外,延迟交付违约金计算方法如下:

$$延迟交付违约金 = 延迟交付材料金额 \times 0.08\% \times 延迟交货天数$$

延迟交付违约金的最高限额为合同价格的10%。

(2) 买方延迟付款违约金

买方未能按合同约定支付合同价款的,应向卖方支付延迟付款违约金。除专用合同条款另有约定外,延迟付款违约金的计算方法如下:

$$延迟付款违约金 = 延迟付款金额 \times 0.08\% \times 延迟付款天数$$

延迟付款违约金的总额不得超过合同价格的10%。

9.4.2 建设工程设备采购合同履行管理

1. 合同价格与支付

(1) 合同价格

合同价格包括卖方为完成合同全部义务应承担的一切成本、费用和支出以及卖方的合理利润。除专用合同条款另有约定外,签约合同价为固定价格。

(2) 合同价款的支付

买方向卖方支付合同价款的方式包括:

1) 预付款。合同生效后,买方在收到卖方开具的注明应付预付款金额的财务收据正本一份并经审核无误后28日内,向卖方支付签约合同价的10%作为预付款。买方支付预付款后,如卖方未履行合同义务,则买方有权收回预付款;如卖方依约履行了合同义务,则预付款抵作合同价款。

2) 交货款。卖方按合同约定交付全部合同设备后,买方在收到卖方提交的有关单据并经审核无误后28日内,向卖方支付合同价格的60%。

3) 验收款。买方在收到卖方提交的买卖双方签署的合同设备验收证书或已生效的验收款支付函正本一份并经审核无误后28日内,向卖方支付合同价格的25%。

4) 结清款。买方在收到卖方提交的买方签署的质量保证期届满证书或已生效的结清款支付函正本一份并经审核无误后28日内,向卖方支付合同价格的5%。

(3) 买方扣款的权利

当卖方应向买方支付合同项下的违约金或赔偿金时,买方有权从上述任何一笔应付款中予以直接扣除和(或)兑付履约保证金。

2. 监造及交货前检验

(1) 监造

专用合同条款约定买方对合同设备进行监造的,双方应按本款及专用合同条款约定履行。在合同设备的制造过程中,买方可派出监造人员,对合同设备的生产制造进行监造,监督合同设备制造、检验等情况。

买方监造人员在监造中如发现合同设备及其关键部件不符合合同约定的标准,则有权提出意见和建议。卖方应采取必要措施消除合同设备的不符之处,由此增加的费用和(或)

造成的延误由卖方负责。

（2）交货前检验

专用合同条款约定买方参与交货前检验的，双方应按合同条款约定履行。合同设备交货前，卖方应会同买方代表根据合同约定对合同设备进行交货前检验并出具交货前检验记录，有关费用由卖方承担。

除合同文件另有约定外，卖方应提前7日将需要买方代表检验的事项通知买方；如买方代表未按通知出席，不影响合同设备的检验。若卖方未依照合同约定提前通知买方而自行检验，则买方有权要求卖方暂停发货并重新进行检验，由此增加的费用和（或）造成的延误由卖方负责。

3. 包装、标记、运输和交付

（1）包装

卖方应对合同设备进行妥善包装，以满足合同设备运至施工场地及在施工场地保管的需要。包装应采取防潮、防晒、防锈、防腐蚀、防振动及防止其他损坏的必要保护措施。

（2）标记

除专用合同条款另有约定外，卖方应在每一包装箱四个侧面以不可擦除的、明显的方式标记必要的装运信息和标记，以满足合同设备运输和保管的需要。

（3）运输

卖方应自行选择适宜的运输工具及线路安排合同设备运输。除专用合同条款另有约定外，每件能够独立运行的设备应整套装运。该设备安装、调试、考核和运行所使用的备品、备件、易损易耗件等应随相关的主机一起装运。

除专用合同条款另有约定外，卖方应在合同设备预计启运7日前，将合同设备名称、数量、箱数、总毛重、总体积（用 m^3 表示）、每箱尺寸（长×宽×高）、装运合同设备总金额、运输方式、预计交付日期和合同设备在运输、装卸、保管中的注意事项等预通知买方，并在合同设备启运后24小时之内正式通知买方。

（4）交付

除专用合同条款另有约定外，卖方应根据合同约定的交付时间和批次在施工场地车面上将合同设备交付给买方。买方对卖方交付的包装的合同设备的外观及件数进行清点、核验后应签发收货清单，并承担风险和费用进行卸货。买方签发收货清单不代表对合同设备的接受，双方还应按合同约定进行后续的检验和验收。

合同设备的所有权和风险自交付时起由卖方转移至买方，合同设备交付给买方之前包括运输在内的所有风险均由卖方承担。

4. 开箱检验、安装、调试、考核、验收

（1）开箱检验

合同设备开箱检验可在下列任意一种时间进行：①合同设备交付时；②合同设备交付后的一定期限内。

开箱检验的检验结果不能对抗在合同设备的安装、调试、考核、验收中及质量保证期内发现的合同设备质量问题，也不能免除或影响卖方依照合同约定对买方负有的包括合同设备质量在内的任何义务或责任。

（2）安装、调试

安装、调试应按照下列任意一种方式进行：①卖方按照合同约定完成合同设备的安装、调试工作；②买方或买方安排第三方负责合同设备的安装、调试工作，卖方提供技术服务。

（3）考核

安装、调试完成后，双方应对合同设备进行考核，以确定合同设备是否达到合同约定的技术性能考核指标。

如由于卖方原因合同设备在考核中未能达到合同约定的技术性能考核指标，则卖方应在双方同意的期限内采取措施消除合同设备中存在的缺陷，并在缺陷消除以后尽快进行再次考核。由于卖方原因未能达到技术性能考核指标时，为卖方进行考核的机会不超过三次。

如由于买方原因合同设备在考核中未能达到合同约定的技术性能考核指标，则卖方应协助买方安排再次考核。由于买方原因未能达到技术性能考核指标时，为买方进行考核的机会不超过三次。

（4）验收

如合同设备在考核中达到或视为达到技术性能考核指标，则买卖双方应在考核完成后7日内或专用合同条款另行约定的时间内签署合同设备验收证书一式两份，双方各持一份。验收日期应为合同设备达到或视为达到技术性能考核指标的日期。如由于买方原因合同设备在三次考核中均未能达到技术性能考核指标，买卖双方应在考核结束后7日内或专用合同条款另行约定的时间内签署验收款支付函。

合同设备验收证书的签署不能免除卖方在质量保证期内对合同设备应承担的保证责任。

5. 技术服务

卖方应派遣技术熟练、称职的技术人员到施工场地为买方提供技术服务。卖方技术人员应遵守买方施工现场的各项规章制度和安全操作规程，并服从买方的现场管理。

6. 违约责任

违约责任包括：

（1）卖方延迟交付违约金

卖方未能按时交付合同设备（包括仅延迟交付技术资料但足以导致合同设备安装、调试、考核、验收工作推迟的）的，应向买方支付延迟交付违约金。除专用合同条款另有约定外，延迟交付违约金的计算方法如下：

1）从迟交的第一周到第四周，每周延迟交付违约金为迟交合同设备价格的0.5%。

2）从迟交的第五周到第八周，每周延迟交付违约金为迟交合同设备价格的1%。

3）从迟交第九周起，每周延迟交付违约金为迟交合同设备价格的1.5%。

在计算延迟交付违约金时，迟交不足一周的按一周计算。延迟交付违约金的总额不得超过合同价格的10%。

延迟交付违约金的支付不能免除卖方继续交付相关合同设备的义务，但如延迟交付必然导致合同设备安装、调试、考核、验收工作推迟的，相关工作应相应顺延。

（2）买方延迟付款违约金

买方未能按合同约定支付合同价款的，应向卖方支付延迟付款违约金。除专用合同条款另有约定外，延迟付款违约金的计算方法如下：

1) 从迟付的第一周到第四周，每周延迟付款违约金为延迟付款金额的 0.5%。
2) 从迟付的第五周到第八周，每周延迟付款违约金为延迟付款金额的 1%。
3) 从迟付第九周起，每周延迟付款违约金为延迟付款金额的 1.5%。

在计算延迟付款违约金时，迟付不足一周的按一周计算。延迟付款违约金的总额不得超过合同价格的 10%。

9.5 建设工程监理合同管理

住房和城乡建设部、国家工商行政管理局于 2012 年 3 月发布《建设工程委托监理合同（示范文本）》（GF—2012—0202）。

9.5.1 建设工程监理合同（示范文本）主要内容

《建设工程监理合同（示范文本）》规定建设监理合同由协议书、中标通知书或委托书、投标文件或监理与相关服务建议书、专用条件、通用条件和附录 A、B 等文件内容组成。

1. 协议书

协议书中需要明确工程概况（包括工程名称、工程地点、工程规模、工程概算投资额或建筑安装工程费）；总监理工程师（包括姓名、身份证号、注册号）；签约酬金（包括监理酬金、相关服务酬金）；服务期限（包括监理期限、相关服务期限）；双方承诺以及合同订立时间、地点、份数。

2. 通用条件

通用条件涵盖了建设工程监理合同中所用的词语定义与解释，监理人的义务，委托人的义务，合同双方的违约责任，酬金支付，合同的生效、变更、暂停、解除与终止，争议解决及其他诸如外出考察费用、检测费用、咨询费用、奖励、守法诚信、保密、通知、著作权等方面的约定。通用条件适用于各类建设工程监理活动。

3. 专用条件

专用条件是对通用条件的补偿和修正，包括对项目地域特点、专业特点、委托监理项目的特点以及委托监理的工作内容等部分条款进行的补充和修正。

"补充"是指通用条件中的某些条款明确规定，在该条款确定的原则下，在专用条件的条款中进一步明确具体内容，如通用条件 2.2.1 规定合同双方应"根据工程的行业和地域特点，在专用条件中具体约定监理依据"。

"修正"则是指如果双方认为通用条件中规定的关于履行程序方面的内容不合适的，可以协议修改，如关于委托人更换委托人代表应提前通知监理人的天数，通用条件规定为 7 天，在专用条件中双方可以协商一致形成其认为合适的天数，如 14 天。

4. 附录

附录包括附录 A 和附录 B 两部分。

附录 A 是对监理提供的相关服务的范围和内容进行界定。相关服务主要指来勘察阶段、设计阶段、保修阶段和其他（专业技术咨询、外部协调工作等）方面委托监理人完成的服务。附录 B 主要是明确委托人派遣的人员（各种工程技术人员、辅助工作人员和其他人员）以及委托人提供的房屋（面积、数量）、资料、设备等相关信息。

9.5.2 建设工程监理合同的履行管理

1. 监理人的义务

(1) 监理范围

建设工程监理范围可能是整个建设工程,也可能是其中一个或者若干个施工标段,还可能是一个或者若干个施工标段下的部分工程,如土建工程、机电安装工程、桩基工程等。

(2) 监理工作内容

1) 收到工程设计文件后编制监理规划,并在第一次工地会议7天前报委托人。根据有关规定和监理工作需要,编制监理实施细则。

2) 熟悉工程设计文件,并参加由委托人主持的图纸会审和设计交底会议。

3) 参加由委托人主持的第一次工地会议;主持监理例会并根据工程需要主持或参加专题会议。

4) 审查施工承包人提交的施工组织设计,重点审查其中的质量安全技术措施、专项施工方案与工程建设强制性标准的符合性。

5) 检查施工承包人工程质量、安全生产管理制度及组织机构和人员资格。

6) 检查施工承包人专职安全生产管理人员的配备情况。

7) 审查施工承包人提交的施工进度计划,核查承包人对施工进度计划的调整。

8) 检查施工承包人的实验室。

9) 审核施工分包人资质条件。

10) 查验施工承包人的施工测量放线成果。

11) 审查工程开工条件,对条件具备的签发开工令。

12) 审查施工承包人报送的工程材料、构配件、设备质量证明文件的有效性和符合性,并按规定对用于工程的材料采取平行检验或见证取样方式进行抽检。

13) 审核施工承包人提交的工程款支付申请,签发或出具工程款支付证书,并报委托人审核、批准。

14) 在巡视、旁站和检验过程中,发现工程质量、施工安全存在事故隐患的,要求施工承包人整改并报委托人。

15) 经委托人同意,签发工程暂停令和复工令。

16) 审查施工承包人提交的采用新材料、新工艺、新技术、新设备的论证材料及相关验收标准。

17) 验收隐蔽工程、分部分项工程。

18) 审查施工承包人提交的工程变更申请,协调处理施工进度调整、费用索赔、合同争议等事项。

19) 审查施工承包人提交的竣工验收申请,编写工程质量评估报告。

20) 参加工程竣工验收,签署竣工验收意见。

21) 审查施工承包人提交的竣工结算申请并报委托人。

22) 编制、整理工程监理归档文件并报委托人。

(3) 项目监理机构和人员

1) 项目监理机构。监理人应组建满足工作需要的项目监理机构,配备必要的检测设备。项目监理机构的主要人员应具有相应的资格条件。

2）项目监理机构人员的更换。在合同履行过程中，总监理工程师及重要岗位监理人员应保持相对稳定，以保证监理工作的正常进行。

监理人可根据工程进展和工作需要调整项目监理机构人员。监理人更换总监理工程师时，应提前7天向委托人书面报告，经委托人同意后方可更换；监理人更换项目监理机构其他监理人员，应以相当资格与能力的人员替换，并通知委托人。

3）监理人应及时更换有下列情形之一的监理人员：①严重过失行为的；②有违法行为不能履行职责的；③涉嫌犯罪的；④不能胜任岗位职责的；⑤严重违反职业道德的；⑥专用条件约定的其他情形。

4）委托人可要求监理人更换不能胜任本职工作的项目监理机构人员。

（4）履行职责

监理人应遵循职业道德准则和行为规范，严格按照法律法规、工程建设有关标准及本合同履行职责。

1）在监理与相关服务范围内，委托人和承包人提出的意见和要求，监理人应及时提出处置意见。当委托人与承包人之间发生合同争议时，监理人应协助委托人、承包人协商解决。

2）当委托人与承包人之间的合同争议提交仲裁机构仲裁或人民法院审理时，监理人应提供必要的证明资料。

3）监理人应在专用条件约定的授权范围内，处理委托人与承包人所签订合同的变更事宜。如果变更超过授权范围，应以书面形式报委托人批准。

在紧急情况下，为了保护财产和人身安全，监理人所发出的指令未能事先报委托人批准时，应在发出指令后的24小时内以书面形式报委托人。

4）除专用条件另有约定外，监理人发现承包人的人员不能胜任本职工作的，有权要求承包人予以调换。

（5）其他义务

1）提交报告。监理人应按专用条件约定的种类、时间和份数向委托人提交监理与相关服务的报告，包括监理规划、监理月报以及专项报告等。

2）文件资料。在监理合同履行期内，监理人应在现场保留工作所用的施工图、报告及记录监理工作的相关文件。工程竣工后，应当按照档案管理规定将监理有关文件归档。

3）使用委托人的财产。监理人无偿使用附录B中由委托人派遣的人员和提供的房屋、资料、设备。除专用条件另有约定外，委托人提供的房屋、设备属于委托人的财产，监理人应妥善使用和保管，在合同终止时将这些房屋、设备的清单提交委托人，并按专用条件约定的时间和方式进行移交。

2. 委托人的义务

（1）告知

委托人应在委托人与承包人签订的合同中明确监理人、总监理工程师和授予项目监理机构的权限。如有变更，委托人应以书面形式及时通知施工承包人和其他合同当事人。

（2）提供资料

委托人应按照约定无偿并及时向监理人提供最新的与工程有关的资料。

（3）提供工作条件

委托人应为监理人完成监理与相关服务提供必要的条件：

1）委托人应按照约定派遣相应的人员，提供房屋、设备供监理人无偿使用。

2）委托人应负责协调工程建设中所有外部关系，为监理人履行合同提供必要的外部条件。

（4）委托人代表

委托人应授权一名熟悉工程情况的代表，负责与监理人联系。委托人应在双方签订合同后7天内，将委托人代表的姓名和职责书面告知监理人。当委托人更换委托人代表时，应提前7天通知监理人。

（5）委托人意见或要求

在监理合同约定的监理与相关服务工作范围内，委托人对承包人的任何意见或要求应通知监理人，由监理人向承包人发出相应指令。

（6）答复

委托人应在约定的时间内对监理人以书面形式提交并要求做出决定的事宜，给予书面答复。逾期未答复的，视为委托人认可。

（7）支付

委托人应按合同（包括补充协议）的约定，向监理人支付酬金。

3. 违约责任

（1）监理人的违约责任

监理人未履行监理合同义务的，应承担相应的责任。

1）监理人违反监理合同约定给委托人造成损失的，监理人应当赔偿委托人损失。赔偿金额的确定方法在专用条件中约定。监理人承担部分赔偿责任的，其承担赔偿金额由双方协商确定。

2）监理人向委托人的索赔不成立时，监理人应赔偿委托人由此发生的费用。

（2）委托人的违约责任

委托人未履行本合同义务的，应承担相应的责任。

1）委托人违反本合同约定造成监理人损失的，委托人应予以赔偿。

2）委托人向监理人的索赔不成立时，应赔偿监理人由此引起的费用。

3）委托人未能按期支付酬金超过28天，应按专用条件约定支付逾期付款利息。

（3）除外责任

因非监理人的原因，且监理人无过错，发生工程质量事故、生产安全事故、工期延误等造成的损失，监理人不承担赔偿责任。

因不可抗力导致合同全部或部分不能履行时，双方各自承担其因此而造成的损失、损害。

4. 合同的生效、变更和终止

（1）建设工程监理合同生效

除合同有特殊约定外，监理合同经双方法定代表人（负责人）或委托代理人签字并加盖单位印章之日起生效。

（2）建设工程监理合同变更

任何一方申请并经双方书面同意时，可对合同进行变更。

出现合同变更时，监理企业应该坚持要求修改合同，口头协议或者临时性交换函件等都是不可取的。在实际履行中，可以采取正式文件、信件协议或委托单等几种方式对合同进行修改，如果变动范围太大，也可重新制定一个合同取代原有合同。

(3) 建设工程监理合同终止

1) 监理人向委托人办理完竣工验收或工程移交手续，承包人和委托人已签订工程保修合同，监理人收到监理酬金尾款结清监理酬金后，合同即告终止。

2) 当事人一方要求变更或解除合同时，应当在42日前通知对方，因变更或解除合同使一方遭受损失的，除依法可免除责任者外，应由责任方负责赔偿。

3) 变更或解除合同的通知或协议必须采取书面形式，协议未达成之前，原合同仍然有效。

4) 如果委托人认为监理人无正当理由而又未履行监理义务时，可向监理人发出指明其未履行义务的通知。若委托人在21天内没收到答复，可在第1个通知发出后35日内发出终止监理合同的通知，合同即行终止。

5) 监理人在应当获得监理酬金之日起30日内仍未收到支付单据，而委托人又未对监理人提出任何书面解释，或暂停监理业务期限已超过半年时，监理人可向委托人发出终止合同通知。如果14日内未得到委托人答复，可进一步发出终止合同的通知；如果第2份通知发出后42日内仍未得到委托人答复，监理人可终止合同，也可自行暂停履行部分或全部监理业务。

思 考 题

1. 简述建设工程有关合同的种类。
2. 简述建设工程施工合同的主要内容。
3. 简述索赔产生的原因。
4. 索赔成立的条件是什么？
5. 如何处理设计变更造成的索赔？
6. 不可抗力的后果的承担是如何划分的？
7. 简述建设工程材料采购合同的主要内容。
8. 简述建设工程设备采购合同的主要内容。
9. 简述监理单位在各类建设工程有关合同履行管理中的地位和作用。
10. 监理工程师应如何避免或减少合同纠纷？

练 习 题

1. **【背景资料】** 建设单位与施工单位就某一住宅建筑按照《建设工程施工合同（示范文本）》（GF—2017—0201）签订了施工合同（清单报价），工期为200天，提前或延迟1天奖励或罚款1万元。在施工过程中，由于甲方发生多次设计变更导致乙方工期延长20天，费用增加30万元，乙方采取相应措施加快施工进度，最终该工程以210天竣工。在竣工结算时，乙方认为甲方应奖励10万元进度提前奖，并应支付30万元，受到甲方拒绝，并要求对乙方罚款10万元。

问题：监理工程师应如何解决该争议？

【参考答案】

施工单位应被罚款10万元，同时30万元的费用也由施工单位自行承担。理由如下：

虽然工期延长和费用增加是由设计变更造成的，应由建设单位承担，但施工单位为在设计发生变更后未在14天之内提出索赔，视为放弃了索赔。实际工期延后10天，因此施工单位应罚款10万元。

2. 【背景资料】某写字楼建筑面积为23320m^2，建设单位与施工单位签订了清单施工合同。在主体结构施工过程中，施工单位于2019年6月1日收到建设单位关于一层结构将进行设计变更的通知，当即停工，于2019年6月13日收到下发的设计变更单，施工单位经过计算，在2019年6月29日向监理单位提出以下索赔：

1) 2019年6月1日到2019年6月13日期间的窝工损失10.5万元，工期12天。

2) 工程变更增加的工程量产生的费用180万元，工期延期20天。

问题：按照有关合同，监理工程师应如何处理该索赔？

【参考答案】

1) 2019年6月1日—2019年6月13日期间的窝工损失10.5万元，工期12天索赔成立，因为该费用和停工是由于建设单位原因造成的，且施工单位在规定时效内（28天）提出，故成立。

2) 工程变更增加的工程量产生的费用180万元，工期延期20天索赔不成立，虽然费用和工期由建设单位造成，但施工单位未在规定时效内（14天）提出，视为放弃索赔权利。

3. 【背景资料】建设单位就某一办公大楼进行招标，施工单位踏勘了现场，投标后中标，双方按照《建设工程施工合同（示范文本）》(GF—2017—0201)签订了施工合同（清单报价），并进场施工，施工过程中发生以下事件：

事件一：基础施工时，发现地下有污水管，保护管网的费用为10万元，经查，建设单位提供的管网资料并无该污水管。

事件二：进入装修阶段，施工单位发现当初考察的抹灰用砂不符合要求，为了保证质量，到100km以外的地方采购合格的中砂，导致费用65万元，为此，施工单位提出索赔。

问题：针对上述事件，监理工程师应如何处理索赔？

【参考答案】

事件一：

监理工程师应批准管网保护费用10万元，该索赔是由于建设单位提供的地下管网资料不完善造成的，应由建设单位承担。

事件二：

施工单位的10万元索赔不成立，因为该费用属于有经验的承包商应该预计到的风险。

4. 【背景资料】某商住楼项目建筑面积22300m^2，工程地下2层，地上21层。通过招标投标程序，建设单位与施工单位按照《建设工程施工合同（示范文本）》(GF—2017—0201)签订了施工总承包合同。合同总价款6023万元，采用固定总价一次性包死，合同工期400天。施工中发生了以下事件：

事件一：为了加快营销，建设单位未与总承包方协商便发出书面通知，要求本工程必须提前40天竣工。

事件二：总承包方与无劳务施工作业资质的包工头签订了主体结构施工的劳务合同，且按月足额向包工头支付了劳务费，但包工头却拖欠作业班组两个月的工资。作业班组因此直接向总承包方讨薪，并导致全面停工3天。

事件三：在基础施工中，正值雨期，一标段已经施工的一个基坑被雨水冲毁，损失2万元，修复工期5天（不影响总工期）；过了1个月，该城市发生特大暴雨，二标段的已施工的一个基坑也被雨水冲毁，损失3万元，修复工期6天（总时差7天）。

事件四：建设单位下发设计变更单，要求将住宅楼靠近高速公路一侧的外露阳台全部封闭，并及时办理了合法变更手续，总承包方施工5个月后工程竣工。总承包方在工程竣工结算时追加阳台封闭的设计变更增加费用52万元，发包方以固定总价包死为由拒绝签认。

事件五：在工程即将竣工前，当地遭遇了龙卷风袭击，本工程外窗玻璃部分破碎，现场临时装配式活动板房损坏。总承包方报送了玻璃实际修复费用 52560 元，临时设施费 22000 元，停工损失费 1623000 元的索赔资料，但发包方拒绝签认。

问题一：事件一中，建设单位以通知书形式要求提前工期是否合法？说明理由。
问题二：事件二中，作业班组直接向总承包方讨薪是否合法？说明理由。
问题三：事件三中，监理工程师应如何处理索赔？说明理由。
问题四：事件四中，监理工程师应如何处理该索赔？说明理由。
问题五：事件五中，施工单位的提出的各项索赔是否成立？说明原因。

【参考答案】

事件一：

不合法。

双方签订的是固定总价合同，价格和工期都是固定不变的，不能任意压缩，如工期要变化，需合同双方明确抢工的措施和费用并协商后方可实施，另外，单位工程必须达到竣工验收条件方可进行竣工验收。

事件二：

合法。

总承包企业支付劳务企业劳务分包款时，应责成专人现场监督劳务企业将工资直接发放给农民工本人，严禁发给包工头或由包工头替多名农民工代领工资，以避免包工头携款潜逃，导致农民工工资拖欠。因总承包企业违法分包工程导致出现拖欠农民工工资的，由总承包企业承担全部责任，并先行支付农民工工资。

事件三：

一标段施工的基坑费用和工期索赔均不成立。施工时正值雨期，有经验的承包商应该能预计到其风险，而未采取措施或措施不当导致基坑坍塌，责任由承包商承担。

二标段的基坑费用索赔成立，而工期索赔不成立。因为费用损失是由不可抗力造成的工程本身的损失，但由于修复工期小于总时差，即不影响总工期，因此工期索赔不成立。

事件四：

施工单位的索赔成立。

虽然固定总价合同中承包方的风险不包括设计变更引起的风险，但按《建设工程施工合同（示范文本）》规定，若发生了合同价款需要调整的因素，承包人应当在14天内，将调整原因、金额以书面形式通知监理工程师，监理工程师确认调整金额后作为追加合同价款，应计入最近一期的进度款中支付。该工程中，各方已经办理了合法变更手续，视为索赔手续已齐备，余下只涉及后期付款，因此索赔成立。

事件五：

监理工程师按不可抗力进行合同管理，玻璃实际修复费用 52560 元索赔成立，临时设施费 22000 元索赔不成立，停工损失费 623000 元索赔由发包人和承包人合理分担。

玻璃破碎属于工程本身的损害，修复费用应建设单位承担；临时设施费属于施工单位应承担的，损失应由承包商自行承担；停工损失费应由发包人和承包人合理分担，根据施工合同，因不可抗力导致承包人停工的费用损失由发包人和承包人合理分担。

第10章

建设工程组织协调

本章概要

项目监理机构对建设工程的组织协调能够确保及时和适当地对项目信息进行收集、分发、储存和处理，并对可预见问题进行必要的控制，保证项目目标的实现。项目监理机构对建设工程的组织协调分为系统内部关系的组织协调和系统外部关系的组织协调。本章内容包括项目监理机构的内部协调、项目监理机构与业主、施工单位、设计单位以及政府部门和其他社会团体之间的各种协调关系；同时对建筑工程监理机构开展组织协调的常用方法进行介绍。

学习要求

1. 了解建设工程监理组织协调的概念、协调的范围和层次。
2. 熟悉项目监理机构组织协调的工作内容和方法。

◆【案例导读】

某高层住宅工程建筑面积23020m^2，裙房为3层，主楼20层。基础设计为独立基础和人工挖孔桩，地基为中等风化砂岩，结构为框架剪力墙。楼梯间设计为瓜米石找平，其他公共区域为精装修。监理单位承担了该项目的施工监理。

施工阶段，在基础工程开挖到位后，施工单位发现地基承载力达不到设计要求，于是将承载力检测报告交给设计单位，设计单位根据该报告出具了设计变更，调整了基础的尺寸。这一事件中，监理工程师的协调工作不到位。正确的做法是要求施工单位提交地基承载力检测报告，审核后交建设单位，要求其委托设计单位根据实际情况进行设计变更，在收到设计变更后进行审核，对费用和工期进行评估，征求建设单位意见后，向施工单位下发设计变更单。监理工程师进行协调，以减少合同纠纷。

进入装修阶段后，建设单位在监理例会上口头通知施工单位将1~3层楼梯间地坪改为铺贴花岗石地坪，竣工验收时施工单位报送该地坪增加费用10万元，遭到建设单位拒绝。这一事件中，监理工程师正确的做法是，按照发包人的授权由监理人发出书面形式的监理指示，并经其授权的监理人员签字。紧急情况下，监理人员也可以口头形式发出指示，该指示与书面形式的指示具有同等法律效力，但必须在发出口头指示后24小时内补发书面监理指示，补发的书面监理指示应与口头指示一致。监理工程师应本着公正科学原则做好协调工作，减少纠纷，使项目顺利进展。

10.1 建设工程监理组织协调概述

10.1.1 建设工程组织协调的概念

建设工程参与方众多，合理的组织协调对建设工程监理目标的实现意义重大。通过组织协调，促使影响监理目标实现的各方主体有机配合，使监理工作实施和运行过程顺利，从而实现最终目标。

为了顺利实现建设工程系统目标，必须重视协调管理，发挥系统整体功能。协调是以一定的组织形式、手段和方法，联合并调动所有的活动及力量，对项目中产生的干扰和障碍予以排除，实现预定目标的活动。工程项目的协调工作贯穿于整个建设工程的实施及管理过程中。

建设工程系统由若干子系统组成。各个子系统的功能、目标不同，使其在实现各自目标的过程中可能会出现沟通不畅的情况。建筑工程的组织协调主要是处理人员与人员界面、系统与系统界面、系统与环境界面的关系，即处理好人员与人员、系统与系统、系统与环境之间的沟通、联结和调和。在建设工程监理中，组织协调工作是监理工作能否成功的关键，只有通过积极的组织协调才能实现整个系统的平衡和运行。

10.1.2 项目监理机构组织协调的范围和层次

从系统方法的角度看，项目监理机构的组织协调可以分为系统的内部协调和系统的外层协调。其中，系统的内部协调是指项目监理机构内部的协调、项目监理机构与监理企业的协调；系统的外层协调则是指系统的近外层协调和远外层协调两个部分。

在近外层协调中，监理机构与各个协调单位之间有直接的或间接的合同关系，如监理机构与业主、设计单位、总包单位、分包单位之间的关系属于近外层协调关系。在远外层协调中，监理机构与各个协调单位之间一般没有合同关系，但却受法律、法规与社会公德等方面的约束，因而可能会发生关系，如监理机构与政府部门（包括土地、规划、环保、交通、文物、消防、公安等职能部门），以及金融机构、社会团体、新闻媒介等单位之间的关系。

10.2 建设工程监理组织协调的工作内容

建设工程监理组织协调的工作包括开展项目监理机构的内部协调、项目监理机构与业主的协调、项目监理机构与承包商的协调、项目监理机构与设计单位的协调、项目监理机构与政府部门及其他单位的协调等。

10.2.1 项目监理机构的内部协调

1. 项目监理机构的内部人际关系协调

人是任何组织与活动存在的基础，项目监理机构的工作效率很大程度取决于人的关系的协调。项目监理机构的内部人际关系协调工作应遵循以下原则：

（1）职责分明

对项目监理机构内的每一个岗位，都应订立明确的目标和岗位责任制，通过职能梳理，使管理职能不重不漏，做到人人有专责，明确各自的岗位职权。

（2）实事求是

项目监理机构的工作安排要职责分明，对相关人员的工作成绩要予以肯定，对于工作差错，要实事求是地调查了解，指出错误并帮助其改正。

（3）调解矛盾

对监理内部机制运行中出现的问题应做好协调工作，仔细研究问题和产生的矛盾，通过改革运行机制，促进监理工作更趋完善。

（4）培训教育

项目监理机构应加强培训和教育，不断地提高监理人员的业务能力和思想水平。

2. 项目监理机构内部组织关系的协调

项目监理机构是由若干部门（专业组）组成的工作体系。每个专业组都有自己的目标和任务。每个子系统都应从建设工程的整体利益出发，理解和履行自己的职责，实现系统运作处于有序的良性状态。项目监理机构内部组织关系的协调包括：①在职能划分的基础上设置组织机构，根据工程对象及委托监理合同所规定的工作内容，确定职能划分，设置配套的组织机构和管理部门；②明确各部门的目标、职责和权限；③事先约定各个部门在工作中的相互关系；④建立信息沟通制度；⑤及时消除工作中的矛盾或冲突。

3. 项目监理机构与所属监理企业的组织协调

项目监理机构是监理企业派驻现场的执行机构，与所属的监理企业有密切的联系，接受监理企业领导层的领导和各业务部门的业务指导，执行监理企业制定的质量方针、质量目标、各项质量管理文件以及各项规章制度，服从监理企业的调度，完成监理企业的企业计划，向监理企业汇报工作，及时反映工程项目监理工作中出现的情况，必要时由监理企业最高领导人出面进行组织协调工作。

10.2.2 项目监理机构与业主的协调

业主是项目发包人，也是建设目标实现的重要评价者。与业主保持良好的合作关系是监理目标的顺利实现的重要保证。受传统思维模式影响，业主可能存在合同意识差、随意性大、对监理工作干涉多并插手监理人员工作等情况；还可能压制监理单位，使监理工程师有职无权；另外，业主在建设工程实施过程中的各种变更以及时效不按要求进行，也给监理工作的质量、进度、投资控制增加了困难。因此，与业主的协调是监理工作的重点和难点，监理工程师与业主的良好协调应注意以下几个方面：

1) 监理工程师要理解建设工程总目标和业主的意图。

2) 监理工程师要做好监理宣传工作，加强业主对监理工作的理解，特别是对建设工程管理各方职责及监理程序的理解。

3) 监理工程师在力所能及的情况下可主动帮助业主处理建设工程中的事务性工作，以规范化、标准化、制度化的工作作风实现双方工作的协调一致。

4) 监理工程师应尊重业主。在满足预定目标的前提下，监理工程师应严格执行业主指令，使业主满意。对业主提出的不适当的要求，只要不属于原则问题，可先执行，然后利用适当时机、采取适当方式加以说明或解释。对于原则性问题，可采取书面报告等方式说明原委，尽量避免发生误解，使建设工程顺利实施。

10.2.3 项目监理机构与承包商的协调

监理工程师对质量、进度和投资的控制都是通过承包商的具体工作实现的，所以做好与承包商的协调工作是监理工程师组织协调工作的重要内容。

监理工程师应定期（如每月、每周）组织召开不同层次的现场协调会议，解决工程施工过程中的协调配合问题。在平行、交叉施工单位多，工序交接频繁且工期紧迫的情况下，现场协调会甚至需要每日召开。在会上通报和检查当天的工程进度，确定薄弱环节，部署当天的赶工任务，为次日正常施工创造条件。对于某些突发变故或问题，监理工程师还可以通过发布紧急协调指令，督促有关单位采取应急措施维护施工的正常秩序。

在每月召开的高级协调会上，应通报工程项目建设的重大变更事项，协商其后果处理，解决各个承包单位之间以及业主与承包商之间的重大协调配合问题。在每周召开的管理层协调会上，通报各自进度状况、存在的问题及下周的安排，解决施工中的相互协调配合问题，包括：各承包单位之间的进度协调问题；工作面交接和阶段成品保护责任问题；场地与公共设施利用中的矛盾问题；某方面断水、断电、断路、开挖要求对其他方面影响的协调问题以及资源保障、外协条件配合问题等。

监理人员要严格按照监理规范，依照监理合同对工程项目实施监理。监理机构与承包商的协调工作包括几项：

1. 协调与承包商项目经理的关系

承包商项目经理是项目现场的主要负责人。监理工程师需要和承包商项目经理密切合作，懂得坚持原则，且善于理解承包商项目经理的意见，工作方法灵活，随时可能提出或愿意接受变通办法，这是协调好与承包商项目经理关系的关键。

2. 协调建设工期相关问题

进度控制是监理工程师的重要工作。由于施工中存在的各种意外情况，对建设工期的持续调控并开展相应的协调是监理工程师的日常工作。按照总进度计划制订的控制节点，监理工程师将定期组织协调工作会议，进行进度协调，业主方、设计方、项目部、各分包商都需要参会，由监理工程师主持召开并协调各方工作，以确保工期。

3. 协调建设项目的质量问题

在建设工程实施过程中，出现设计变更或工程内容增减的情况，有些是合同签订时没有预料或明确规定的，出现这些情况，监理工程师要认真研究，与有关方面充分协商，达成一致意见，并实行监理工程师的质量签字确认制度。

4. 慎重处理承包商的违约行为

在施工过程中，当监理工程师发现承包商采用不适当的方法进行施工，或是用了不符合合同规定的材料时，监理工程师除了立即制止外，还要根据合同要求采取适宜的处理措施。在发现质量缺陷并需要采取措施时，监理工程师须立即通知承包商。

5. 协调合同争议

对于工程中的合同争议，监理工程师应首先采用协商解决的方式，协商不成时才由当事人向合同管理机关申请调解。只有当对方严重违约而使自己的利益受到重大损失且不能得到补偿时才采用仲裁或诉讼手段。

6. 管理分包单位

分包商在施工中发生的问题，由总包商负责协调处理，必要时，监理工程师帮助协调。当分包合同条款与总包合同发生抵触时，以总包合同条款为准。此外，分包合同不能解除总包商对总包合同所承担的任何责任和义务。分包合同发生的索赔问题，应由总包商负责，涉及总包合同中业主义务和责任时，总包商通过监理工程师向业主提出索赔，由监理工程师进行协调。

10.2.4 项目监理机构与设计单位的协调

随着监理制的推广和延伸，监理企业与业主共同参与和设计单位之间的协调是发展的趋势。监理企业和设计单位都是受业主委托进行工作，两者之间并没有合同关系，因此监理企业和设计单位之间的各种协调工作需要获得业主的支持或授权。设计单位应就其设计质量对业主负责。监理单位参与协调与设计单位的工作，可以加快工程进度，进一步确保质量，降低消耗。监理机构对设计单位的协调包括以下两点：

1. 尊重设计单位的意见

监理机构尊重设计单位的意见，在施工阶段监督承包商严格按图施工。在结构工程验收、专业工程验收、竣工验收等工作阶段，邀请设计代表参加相关验收事宜。如果发生质量事故，应认真听取设计单位的处理意见。

2. 及时向设计单位提出发现的问题

施工中若发现设计问题，应及时向设计单位提出，避免造成更大损失。《建筑法》指出，工程监理人员发现工程设计不符合建筑工程质量标准或合同约定的质量要求时，应当报告业主要求设计单位改正。同时，如果监理单位掌握新技术、新工艺、新材料、新结构、新设备时，可主动向设计单位推荐。

10.2.5 项目监理机构与政府部门及其他单位的协调

建设工程项目的实施需要政府部门及其他单位的配合和支持，包括政府部门、金融组织、社会团体新闻媒介等。若这些关系协调不好，工程项目在建设过程中也可能会遭遇阻碍。

1. 协调与质监部门和安监部门的关系

监理工程师应主动与当地质监部门和安监部门联系，接受交底并认真执行，遵守相关法律法规。

在发生重大质量、生产安全事故时，监理单位应及时做好与工程质量监督站和安全监督站的交流和协调，督促承包商立即向政府有关部门报告情况，并接受检查和处理。

2. 协调与政府其他部门和社会团体的关系

监理机构需要和当地公安消防部门、政府有关部门、卫生环保部门、金融组织、新闻媒介等有关部门和当地社区等展开相关的协调工作，包括呈送工程合同到公证机关公证，并报政府建设管理部门备案；协助业主的征地、拆迁、移民等工作并争取有关部门的支持；配合消防部门检查认可现场消防设施的配置等。

10.3 建设工程监理组织协调的方法

建设工程监理组织协调工作涉及面广，受主观和客观因素影响较大。为保证监理工作顺利进行，要求监理工程师能够因地制宜、因时制宜，选择适用的组织协调方法开展相关工作并有效处理各种问题。

10.3.1 会议协调法

会议协调法是建设工程监理协调常用的方法。常用的会议协调法包括第一次工地会议、监理例会、专题现场协调会等。

1. 第一次工地会议

第一次工地会议一般在建设工程尚未全面开展之前，主要目的是使各方互相认识，确定联络方式，也是检查开工前各项准备工作是否就绪并明确监理程序的会议。第一次工地会议应在项目总监理工程师下达开工令之前举行，会议由业主主持召开，总承包单位授权代表参加，也可邀请分包单位参加，各方相关人员也应参加，必要时还可邀请设计单位有关人员参加。

第一次工地会议也是项目开展前的宣传通报会，总监理工程师应介绍监理工作的目标、范围和内容，项目监理机构及人员职责分工，监理规划，监理工作程序、方法和措施等。会议将确定工地例会的时间、地点及程序，检查讨论其他与开工条件有关的事项等。

第一次工地会议纪要由项目监理机构负责起草，并经与会各方代表会签。第一次工地会议纪要的格式见表 10-1。

2. 监理例会

监理例会由总监理工程师主持，参加者有监理工程师代表及有关监理人员、承包商的授权代表及有关人员、业主或业主代表及有关人员。监理例会召开的时间根据工程进展情况安排，一般有周、旬、半月和月度例会等几种。工程监理中的许多信息和决定是在监理例会上产生和决定的，大部分协调工作也是在此时进行。开好监理例会是工程监理的一项重要工作。

表 10-1　第一次工地会议纪要

工程名称		工程造价	
建筑面积/m²		结构类型	
		层数	
建筑单位		项目负责人	
勘察单位		项目负责人	
设计单位		项目负责人	
施工单位		项目经理	
监理单位		总监理工程师	
会议时间	年　月　日	地点	
		主持人	

签到栏：

会议内容纪要
建设单位驻现场的组织机构、人员及分工情况：
施工单位驻现场的组织机构、人员及分工情况：
监理单位驻现场的组织机构、人员及分工情况：
建设单位根据委托监理合同宣布对总监理工程师的授权：
建设单位介绍工程开工准备情况：
施工单位介绍施工准备情况：
建设单位对施工准备情况提出的意见和要求：
总监理工程师对施工准备情况提出的意见和要求：
总监理工程师介绍监理规划的主要内容：
研究确定的各方在施工过程中参加工地例会的主要人员：
建设单位：
施工单位：
监理单位：
召开工地例会周期、地点及主要议题：

　　监理例会主要是对进度、质量、投资、安全等的执行情况进行全面检查和交流信息，并提出对有关问题的处理意见以及今后工作中应采取的措施。此外，还要讨论延期、索赔及其他事项。监理例会的成效不仅取决于工地监理的管理水平，也取决于业主和承包商的理解和支持。有效的工地监理例会可以激发与会人员的积极性，使现场监理工作走向良性循环，实现对工程施工进度、质量、费用和安全的有效控制。

　　监理例会的主要议题通常包括以下几项：

1）检查上次例会议定事项的落实情况，分析未完事项的原因。
2）检查分析工程项目进度计划完成情况，提出下一阶段进度目标及其落实措施。
3）检查分析工程项目质量情况，针对存在的质量问题提出改进措施。
4）检查工程量核定及工程款支付情况。
5）施工安全存在的问题及改进措施。

6）解决需要协调的有关事项。

7）其他有关事宜。

3. 专题现场协调会

对于一些工程中的重大问题以及不宜在监理例会上解决的问题，根据工程施工需要，可召开有相关人员参加的专题现场协调会，如对复杂施工方案或施工组织设计审查、复杂技术问题的研讨、重大工程质量事故的分析和处理、工程延期、费用索赔等，可在会上提出解决办法，并要求相关方及时落实。

专题现场协调会一般由总监理工程师提出，或承包商提出后由总监理工程师确定。参加专题会议的人员应根据会议的内容确定，除建设单位、承包单位和监理单位的有关人员外，还可以邀请设计人员和有关部门人员参加。由于专题现场协调会研究的问题重大，又比较复杂，因此会前监理单位应与有关单位一起，做好充分的准备，如进行调查、收集资料等，以便介绍情况。有时为了使协调会达到更好的共识，还可以就议程内容与主要人员进行预先磋商。对于专题现场协调会，应有会议记录和纪要，作为今后存档备查的文件。会议纪要由监理工程师形成书面文件，经与会各方签认后，分发给有关单位。

10.3.2 交谈协调法

交谈协调法包括面对面交谈和电话交谈两种形式。交谈是最直接的沟通方式。交谈沟通是各个管理职能得以实施和完成的基础，也是管理者最重要的日常工作。交谈沟通是组织成员联系起来实现共同目标的手段，又是组织同外部环境联系的桥梁，任何组织只有通过必要的沟通才能使系统功能得以实现。

10.3.3 书面协调法

当举行会议或者交谈不方便或不需要，但又需要精确地表达自己的意见时，可以采用书面协调法。书面协调方法的优点是具有合同效力。书面协调方法的适用情况包括以下几种：

1）不需要双方直接交流的书面报告、报表、指令和通知等。

2）需要以书面形式向各方提供详细信息和情况通报的报告、信函和备忘录的情况。

3）需要事后对会议记录、交谈内容或口头指令进行书面确认的情况。

监理采用书面协调时，一般都采用正式的监理书面文件形式。监理书面文件形式可根据工程情况和监理要求制定。

10.3.4 访问协调法

访问协调法有走访和邀访两种形式。走访是指监理工程师在建设工程施工前或施工过程中，对与工程施工有关的政府部门、公共事业机构、新闻媒介及有关单位等进行访问，解释工程情况及各方意见。邀访是指监理工程师邀请上述各单位（包括业主）代表到施工现场对工程进行指导性巡视，了解现场工作。通过访问协调，一方面对有关部门的意图加深了解，另一方面也让各方对工程的建设情况和工地现场情况有正确的认识。

10.3.5 情况介绍法

情况介绍法通常与其他协调方法紧密结合在一起使用。情况介绍可能是在会议前，或是交谈前,或是走访前向对方进行的相关情况介绍。情况介绍主要是口头介绍方式,偶尔采用书面介绍方式。监理工程师应重视在任何场合下的每一次介绍,使他人能够清晰理解所介绍的内容、面临的问题和困难以及可能需要的协助等。

思 考 题

1. 简述组织协调的概念。
2. 简述项目监理机构内部协调的手段。
3. 简述项目监理机构开展与业主协调的主要内容。
4. 简述项目监理机构开展与承包商协调的主要内容。
5. 简述项目监理机构开展与设计单位协调的主要内容。
6. 简述建设工程监理组织协调的方法。

练 习 题

【背景材料】某商业住宅楼地处市中心,建筑面积23500m^2,地下2层,地上35层,桩基和筏板基础,框架剪力墙结构。建设单位与施工单位签订了施工总承包合同,监理单位承担施工阶段监理工作。经调查,场地和周边存在地下和地上管网,但现场地下管网的资料不齐,部分资料不准确,导致2根桩基础需要进行设计变更;另外场地周边有既有高层建筑,且工地紧邻公交车站。在深基坑施工中,施工单位污水擅自将污水排入市政管网,受到主管部门批评。

问题一:监理工程师协调涉及哪些单位?
问题二:地下管网资料应该由谁提供?
问题三:针对现场污水排放,监理工程师应如何协调?
问题四:为了确保公交车站不受施工影响,监理工程师应如何做好协调工作?

【参考答案】
问题一:
内部协调:监理公司职能部门、监理机构成员等。
近外层:施工单位、建设单位、设计单位、地勘单位、基坑监测单位等。
远外层:安监站、质监站、市政部门、交通管理部门、公交公司、其他利益相关方。
问题二:
地下管网资料应该由建设单位提供,应该齐全而准确,否则将承担费用和工期索赔。监理工程师应协助建设单位收集、核实并提供准确的资料。
问题三:
1)下达监理通知,要求施工单位立即停止排放污水,编制污水排放专项方案。
2)对当事人进行批评教育,提高文明施工和环保意识。
3)要求施工单位与所在地县级以上人民政府市政管理部门签署污水排放许可协议。
4)按审批的方案实施污水排放。
问题四:
1)在施工现场树立公告牌,做好解释工作。
2)及时与有关部门沟通,争取其理解和支持。
3)要求施工单位编制相应的专项方案,采取相应的保证安全的措施,如采取临边防护措施、物体打击措施等,并与公交公司进行沟通。

第 11 章

设备采购与设备监造

本章概要

设备采购和设备监造是建设工程项目的重要组成部分。本章由设备采购和设备监造两部分组成。设备采购部分包括设备采购概述、设备的特征、设备寿命、设备寿命周期的组成和设备采购方式等;设备监造部分包括设备监理师的管理、设备监造服务的实现和提供、设备监造包含的文件资料以及设备监造的任务等。

学习要求

1. 了解设备采购和设备监造的相关概念、设备的特征以及设备寿命。
2. 熟悉设备采购的方式、设备监造的任务和设备监造包含的文件材料。
3. 掌握设备监理工程师的权利和义务以及设备监造服务的理论和实务。

◆【案例导读】

某综合大楼工程项目,建设单位委托监理单位实施施工阶段监理,按照施工总承包合同约定,建设单位负责空调设备和部分工程材料的采购,施工总承包单位负责选择桩基施工和设备安装两家分包单位。空调设备安装前,监理人员发现建设单位与空调设备供货单位签订的合同中包括该设备的安装工作。经了解,建设单位认为供货单位具备设备安装资质且能提供更好的服务,因此在直接征得设备安装分包单位书面同意后,与设备供应单位签订了供货和安装合同。事后在空调水管道系统验收时,专业监理工程师发现部分管道渗漏。经查,是设备安装单位使用的密封材料存在质量缺陷所致。

在这一事件中，建设单位违反与施工总承包单位之间的合同约定，未经施工总承包单位同意，将设备安装发包给供货单位。正确的做法是：建设单位应通过项目监理机构征求施工总承包单位意见，若同意，变更合同；若不同意，则仍按原合同执行。

另一方面，设备安装分包单位与建设单位无合同关系，不能书面同意建设单位与设备供应单位签订供货和安装合同。正确的做法是：设备供货单位应该经施工总承包单位同意并办理相应的合同变更手续；供货单位从事安装工程施工的资质及能力应经监理单位审核批准。

11.1 设备采购

11.1.1 设备概述

1. 设备的概念

设备是指可供人们在生产中长期使用，且能够基本保持原有实物形态和功能状态的生产资料和物质资料的总称。

在项目总投资中设备投资的占比，决定了项目的资本构成，体现了项目的技术水平。建设项目设备投资占建设项目投资比例视项目性质和功能要求不同，变化范围在30%～70%。加强设备采购管理和设备监造对提高企业乃至整个国家的生产技术水平和生产效率，降低消耗，保护环境，保证安全生产，提高经济效益，推动国民经济持续、稳定、协调发展有着非常重要意义。

按产品标准划分，设备可分为标准设备和非标设备。标准设备是指具有国家产品标准的设备；非标设备则是指不具有国家产品标准的设备。按使用范围设备可以分为通用设备和专用设备。通用设备包括机械设备、电梯设备、电气设备、暖通设备、办公设备、仪器仪表、计算机及网络设备等；专用设备包括矿山专用设备、化工专用设备、航空航天专用设备、消防专用设备等。

2. 设备的特征

作为现代化生产工具，设备具有如下的特征（图11-1）：

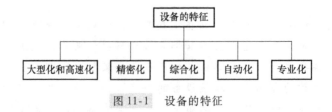

图11-1 设备的特征

（1）大型化和高速化

设备的容量、规模、能力越来越大，设备的运转速度、运行速度和运算速度也大大加快，生产效率显著提高。

（2）精密化

设备的工作精度越来越高。

（3）综合化

设备是各种专业技术应用的综合体。

（4）自动化

设备和设备系统的自动化程度越来越高。

（5）专业化

设备从规划、设计、使用，到最终报废，都需要专门的工程技术人员参与其中。

3. 设备的寿命

设备的寿命一般有以下几种不同的概念：

（1）设备自然寿命

设备自然寿命是指一台设备从全新状态开始使用，直到不能维持正常使用而报废的整个时间周期。设备的自然寿命与设备的有形磨损直接相关，可通过设备维修和大修理延长设备自然寿命。

（2）设备技术寿命

设备技术寿命是指设备在开始使用后能够持续地满足使用者需要功能的时间，是设备从开始使用到被技术上更先进的设备淘汰的时间周期。设备的技术寿命主要取决于设备无形磨损的速度，日常维修和大修理不能延长设备的技术寿命。对于达到技术寿命的设备，只有通过设备的现代化改装或设备更新方式解决。

（3）设备经济寿命

设备经济寿命是指从经济角度得到的设备最合理使用期限，由有形磨损和无形磨损共同决定。在综合考虑设备全寿命周期成本（包括设备购置费用或建造费用、设备使用费用和设备报废处置费）的基础上，一台设备达到其等额年总成本最低或者等额年净收益最大的期限就是设备的经济寿命期限。设备经济寿命通常被认为是设备的最佳更新时期或最佳折旧年限。

11.1.2 设备采购方式与监理任务

设备采购方式可以采取市场采购、厂商订货及招标采购等方式进行。

1. 设备的市场采购方式与监理要点

市场采购方式主要用于标准设备的采购。设备的市场采购方案应根据建设项目的总体计划和相关设计文件的要求编制。设备的市场采购方案应明确市场采购的原则、范围和内容、程序、方式和方法，包括不限于采购设备的类型、数量、质量要求、技术参数、供货周期要求、价格控制要求等因素。设备采购方案最终应获得建设单位的批准。

设备由建设单位直接采购的，项目监理机构应协助编制设备采购方案。由总承包单位或者设备安装单位采购的，项目监理机构应对总承包单位或者安装单位编制的采购方案进行审查。根据设计文件，应对需采购的设备编制拟采购设备表，相应的备品配件表包括名称、型号、规格、数量、主要技术参数、要求交货期，以及这些设备的设计图、数据表、技术规格、说明书、其他技术附件等。

通过市场采购设备的原则包括以下几个方面：

1）应向具有良好社会信誉且供货质量稳定的供货商进行采购。

2）所采购设备应质量可靠,满足设计文件所要求的各项技术指标,能保证整个项目生产或运行的稳定性。

3）所采购的设备和配件价格合理,技术先进,交货及时,维修和保养能得到充分保障。

4）应符合国家对特定设备采购的相关政策法规规定。

2. 设备的厂商订货方式与监理要点

在设备订购前做好厂商的初选入围与实地考察,选择合格的供货厂商。

采用厂商订货方式,应按照建设单位、监理单位或设备招标代理单位规定的评审内容,在同类厂商中进行比较,确定备选厂商。

对供货厂商的选择可从以下几方面进行考虑:

1）供货厂商资质。考察供货厂商资质是否满足评审要求。对需要承担设计、制造专用设备的供货厂商或承担制造、安装的供货厂商,还应审查其是否具有设计资格证书或安装资格证书。

2）厂商的供货能力。

3）近几年供应、生产、制造类似设备的情况,目前正在生产制造设备情况及质量保证状况。

4）供货厂商近几年的资金平衡表和资产负债表。

5）供货厂商需要另行分包采购的原材料、配套零部件及元器件的情况。

6）各种检验检测手段及实验室资质。

7）企业的各项生产、质量、技术、管理制度的执行情况。

在初选确定供货厂商名单后,监理机构应与建设单位或采购单位对供货厂商进行实地考察调研,并得出最终结论。为了更好地提高项目效益,也可协助建设单位建立供应链战略联盟,确定合格的分供方名单,并定期考察,增补或删减,实现各方共赢。

3. 设备的招标采购方式与监理要点

设备招标采购一般用于大型复杂设备、关键设备和成套设备及生产线设备的采购。在设备招标采购阶段,监理单位应协助建设单位审查设备订货合同中有关的技术和质量标准。这一阶段监理的工作包括:

1）协助建设单位或设备招标代理单位起草招标文件、审查投标单位的资质情况和投标单位的设备供货能力,做好资格预审工作。

2）参加对设备供货制造厂商或投标单位的考察,与建设单位和相关单位一起得出考察结论。

3）协助建设单位进行综合比较,对设备的制造质量、使用寿命和成本、维修的难易及备件的供应、安装调试,以及投标单位的生产管理、技术管理、质量管理和企业信誉、供货周期等多方面进行评价。

4）协助建设单位向中标单位或设备供货厂商移交必要的技术文件。

11.1.3 设备采购的监理文件资料

设备采购监理中涉及的监理资料包括以下内容:

1) 设备采购的委托监理合同。
2) 设备采购方案。
3) 工程设计文件和设计图。
4) 市场调查和考察报告。
5) 设备采购招标投标文件。
6) 设备采购合同。
7) 设备采购监理工作总结。

1.2 设备监造

11.2.1 设备监造概述

设备监造是指承担设备监造工作的工程监理单位受项目建设单位的委托,按照设备供货合同的要求,坚持客观、公平、诚信和科学的原则,对工程项目所需设备在制造和生产过程中的工艺流程、制造质量及设备制造单位的质量体系进行监督并对委托人负责的技术管理服务。

设备的制造质量由与委托人签订供货合同的设备制造单位全面负责。监理单位主要对被监造设备的制造质量承担监造责任,并应在委托监理合同中予以明确。监理单位的设备监造并不减轻制造单位的质量责任,也不代替委托人对设备的最终质量验收。

被委托的监理单位应具有对设备监造进行管控的能力。监理单位应建立完善的监造体系,包括完善的管理程序及监督导则、高效的监造管理信息平台以及经验丰富的监造人员队伍,特别是要有足够的相应设备制造专业技术的监理工程师。

11.2.2 设备监理工程师

设备监理工程师是指通过全国统一考试,取得由国务院行政主管部门统一颁发的中华人民共和国注册设备监理工程师执业资格证书,并经注册登记后,根据设备监理合同独立执行设备工程监理业务的专业技术人员。设备监理工程师属于从事设备工程监理工作的咨询工程师。2005年,我国首次开展了注册设备监理工程师执业资格的考试工作。

注册设备监理工程师作为设备监理活动的责任主体是国际上的普遍做法,世界各工业发达国家和地区,在设备工程项目中普遍推行设备监理制度。注册设备监理工程师是设备监理活动的组织者和执行者。随着国内投资体制改革的不断深入,许多大型工业项目的建设引入了设备监理制。

1. 设备监理工程师的基本要求

设备监造是一个新兴行业,对工程项目的质量、安全、投资、进度等影响较大。设备监理工程师所从事的设备工程监造工作是一项专业性极强的项目管理工作,对监理工程师的基本要求较高,包括:①良好的思想品德;②过硬的心理素质;③广博的知识背景和复合的知识结构;④较强的工作能力;⑤丰富的工作经历和实践经验(表11-1)。

表 11-1 设备监理工程师的基本要求

基本要求	主要内容
良好的思想品德	思想品德是设备监理工程师从事本职工作的灵魂,是高质量、高效率地进行监理咨询服务的基本前提和精神支柱
过硬的心理素质	在设备工程项目的实施过程中,设备工程监理人员要监理项目的实施、协调各参与方的工作,因而往往会成为关注的焦点。此时,保持清醒的头脑,是处理好各类纷繁复杂问题的前提,这就要求设备工程监理人员具备良好的心理素质,不急不躁,不随波逐流,这也是设备监造人员应具备的最基本的素质
广博的知识背景和复合的知识结构	根据设备工程监理的特点,设备监理工程师应具有扎实的专业理论基础和较广的知识面:一方面很好地掌握设备工程专业理论知识,另一方面,还须掌握经济、管理、金融,甚至包括心理学方面的知识。只有这样,才有可能为后期的执业和从业打下坚实的基础 设备监理工程师应具有复合的知识结构。首先应具备设备工程相关的专业背景,掌握与所从事的设备工程专业相关的专业知识;其次,由于设备监理工程师所从事的设备工程监理工作属于项目管理的范畴,归属于咨询行业,因此须掌握经济、管理、法律、金融、保险等多方面的知识,并能在实践中熟练运用所掌握的知识;同时,还应具备根据工作的需要不断更新知识结构和提高知识水平的能力
较强的工作能力	设备监理工程师应具有较强的工作能力,包括处理问题的能力、协调组织的能力和综合判断的能力等。设备工程监理工作很大程度上属于项目管理范畴,为保证这一工作的顺利进行,从管理角度考虑,设备监理工程师必须具备较强的组织、协调和执行能力
丰富的工作经历和实践经验	设备监理工程师的主要工作是监控被监理方的履约行为,并为委托人提供咨询服务,这些工作大都是综合性、实践性很强的工作,工作的效果与设备工程监理人员的工作经历有很大关系,丰富的工作经历有助于设备工程监理人员更好地完成监理工作

2. 设备监理工程师资格考试

(1) 考试内容

注册设备监理工程师考试是由人事部、国家质量监督检验检疫总局共同组织的考试。注册设备监理工程师执业资格考试实行全国统一考试大纲,统一命题,统一组织考试。原则上每年举行1次考试。该考试包括如下四个科目:"设备工作监理基础及相关知识""设备监理合同管理""质量、投资、进度控制""设备监理综合实务与案例分析"。实行两年为一个周期的滚动管理办法,即2年内通过所有科目的考试,部分人员免试2科,实行1年通过。

注册设备监理工程师执业资格考试,实行全国统一考试大纲,统一命题,统一组织。原则上每年举行1次。

(2) 申请参加注册设备监理工程师执业资格考试条件

注册设备监理工程师执业资格考试的条件,除要求为中华人民共和国公民,遵守国家法律、法规,按照《工程技术人员职务试行条例》规定被评聘为工程师以上(含工程师)专业技术职务外,还要求具备下列条件之一:

1) 取得工程技术专业中专学历,累计从事设备工程专业工作满20年。
2) 取得工程技术专业大专学历,累计从事设备工程专业工作满15年。
3) 取得工程技术专业大本学历,累计从事设备工程专业工作满10年。
4) 取得工程技术专业硕士以上学位,累计从事设备工程专业工作满5年。

3. 注册设备监理工程师的注册登记

注册设备监理工程师执业资格实行注册登记制度，取得中华人民共和国注册设备监理师执业资格证书的人员，必须经过注册登记才能以注册设备监理工程师的名义执业。

需要办理注册登记的人员，由本人提出申请，经所在单位同意后，报所在地省级注册登记机构办理注册手续。申请注册设备监理工程师执业资格登记的人员应符合以下条件：

1）取得注册设备监理工程师执业资格证书。
2）承诺接受设备监造行业自律管理。
3）经受聘执业单位同意。
4）身体健康，年龄不超过70周岁。

4. 设备监理工程师的权利和义务

设备监理工程师的权利和义务见表11-2。

表11-2 设备监理工程师的权利和义务

设备监理工程师应享有的权利	设备监理工程师应履行的义务
1）代表设备工程项目监理机构独立执行本专业设备工程监理任务，参与设备形成各过程的监理工作 2）对设备的设计、采购、制造、安装、调试等过程提出合理化建议 3）对设备过程合同、技术方案、法规与标准、重要和关键的工艺规程、安装与调试规程等技术文件与资料进行审核并提出修改意见 4）对设备形成的重要过程、关键部件的质量控制进行鉴证、检验和审核 5）对项目执行中费用拨付、追加、扣减提出建议，并对项目的进度情况进行监督 6）对项目执行中违反承包合同和国家有关法律法规要求的行为提出劝告，并向有关部门报告 7）为委托方提供合同约定的监理服务，维护委托方的合法权益；保守设备制造企业等被监理方技术秘密和商业秘密，忠实地履行职责，并承担相应责任	1）遵守法律、法规和相关的规定 2）在规定的执业范围和任职单位业务范围内从事执业活动 3）在合同期内公正、客观地履行职责，根据所在设备工程项目监理机构赋予的职责，对其负责的监理任务承担相应责任 4）为委托方提供合同约定的监理服务，维护委托方的合法权益 5）不得参与对设备工程监理项目有影响的经济技术活动 6）严格保守有关方的技术秘密和商业秘密 7）只在一个设备工程监理单位执业 8）设备监理单位和设备监理工程师有不遵守国家有关法律、法规和行政规章，违反合同约定，不遵守职业道德，徇私舞弊、玩忽职守给委托人造成经济损失或者其他严重后果等行为的，应承担相应的民事责任与行政责任；构成犯罪的，依法追究刑事责任

5. 设备监理工程师的职业道德和工作纪律

1) 全国注册设备监理工程师工作委员会发布的《设备监造工程师职业道德行为准则》规定设备监理工程师应承诺并遵循的职业道德和工作纪律包括以下几点：

① 承担责任，忠于职守。设备监理工程师应承担促进社会和设备监造业可持续发展的责任。爱岗敬业，始终维护设备监理工程师的信誉和良好的职业形象。

② 客观公正，勤勉尽职。设备监理工程师应客观公正地提出专业建议、判断或决定。在自身能力胜任的范围内承担设备监造工作，努力尽心地使客户的合法利益最大化。

③ 提高能力，开拓进取。设备监理工程师应努力学习与监理活动有关的法律法规、专业技术和管理知识，不断积累和总结经验，持续提高为客户提供满意服务的专业技能和

水平。

④ 廉洁自律，正直诚信。设备监理工程师应自觉拒绝收取或为他人提供可能影响客观、公正判断的礼金或其他财物。维护客户的合法权益，应告知客户在服务过程中对有可能产生的一切潜在的利益冲突。

⑤ 公平竞争，尊重同行。设备监理工程师应"公平竞争，以质取胜"，不得故意损害他人的名誉或业务。

2) 承担设备工程监理任务时，设备工程监理人员还应承诺并书面保证如下：

① 与被监理任务无任何其他商业关系。

② 未曾与被监理方发生聘用合同关系或已解除聘用合同关系（或退休）已连续一段时间。

③ 与被监理单位的直接责任人无亲属关系。

3) 设备监理工程师必须遵守的工作纪律包括以下内容：

① 遵守国家的法律和政府的有关条例、规定和办法等。

② 认真履行设备工程监理合同所承诺的义务和承担约定的责任。

③ 坚持独立、公正的立场，公正地处理有关各方的合同争议。

④ 不以个人名义在新闻媒介上刊登承揽设备工程监理业务的广告。

⑤ 不损害他人的名誉。

⑥ 不泄露所监理的设备需保密的事项。

⑦ 不在任何设备厂商或材料、零部件供应商兼职。

⑧ 不擅自接受业主超出合同规定的津贴，也不接受被监理单位的任何礼金，不接受任何不公平的报酬。

设备监理工程师违背职业道德或违反工作纪律，由政府主管部门没收非法所得，收缴中华人民共和国注册设备监理工程师执业资格证书，并可予以罚款。设备工程监理单位还可根据企业内部规章制度予以处罚。

11.2.3 设备监理单位

1. 设备监理单位资格等级

设备监理单位是指独立从事重要设备监理业务，具有企业法人资格，并取得相应等级资格的组织。

设备监理单位资格范围按业务分为若干设备监理专业和设备类别。甲级设备监理单位监理核准专业中的所有设备，乙级设备监理单位监理核准专业中的部分设备。设备监理专业和设备类别按国家有关规定执行。

2. 设备监理单位责任和义务

1) 遵守国家有关法律、法规和技术标准，依照监理合同，公正地进行监理活动，参与设备形成过程中的质量、进度和费用控制；按合同约定获得合理的监理报酬。

2) 按合同约定的监理范围，认真、负责地完成监理任务，维护委托人的合法权益，不得同时承揽监理合同内的设备设计、制造及材料采购等相关业务，不得参与设备制造企业等被监理单位提供的任何可能影响正常、公正监理的活动，不得接受设备制造企业等被监理单位提供的任何经济利益；不得提出超出合同约定的其他利益要求；接受行政机关依法实施的监督,以及行业组织和社会公众的监督。

3）设备监理单位有为委托人和被监理单位保守商业秘密和技术秘密的义务。

11.2.4 设备监造的任务

设备的制造过程是形成设备实体并使之具备所需要的技术性能和使用价值的过程。设备监造是督促和协调设备制造单位工作,使其制造的设备能够在技术性能和质量标准方面满足建设单位的采购要求,使设备的交货时间和价格符合合同规定,并顺利实现设备的运输存储和安装调试。为实现这一系列目标,设备监理工程师应提供如下相关的监理服务:

1. 熟悉监造设备的技术要求以编制设备监造计划和实施细则

1）熟悉与被监造设备有关的法规、规范、标准、合同等资料文件。
2）熟悉被监造设备的设计图和相关技术条件。
3）熟悉被监造设备的加工、焊接、检查、试验、无损探伤等主要工艺方法及相应标准。
4）熟悉制造厂的质量保证大纲、生产大纲及相应的程序。
5）熟悉有关设备监造的管理程序。
6）编制驻厂监理机构的设备监造计划和监造实施细则,并报经委托人审核认可。

2. 审查设备制造单位的质量管理体系和运行情况

项目监理机构应对设备制造单位的质量管理体系和运行情况进行审查,并应审查设备制造单位报送的设备制造生产计划和工艺方案,审查合格并经总监理工程师批准后方可实施。

3. 审查设备制造的检验计划和检验要求

项目监理机构应审查设备制造的检验计划和检验要求,并应确认各阶段的检验时间、内容、方法、标准,以及检测手段、检测设备和仪器。

4. 审查设备制造相关材料的质量证明文件及检验报告

专业监理工程师应审查设备制造的原材料、外购配套件、元器件、标准件,以及坯料等的质量证明文件及检验报告,并应审查设备制造单位提交的报验资料,符合规定时方可签认。

专业监理工程师审查设备制造单位的质量证明文件及检验报告如下:

1）审查文件及报告的质量证明内容、日期和检验结果是否符合设计要求和合同约定。
2）审查原材料进货、制造加工、组装、中间产品试验、强度试验、严密性试验、整机性能试验、包装直至完成出厂并具备装运条件的检验计划与检验要求。
3）审查设备检验的内容、方法、标准以及检测手段、检测设备等是否能保证检验结果的可靠性。

5. 监督和检查设备制造过程

项目监理机构应对设备制造过程进行监督和检查,对主要及关键零部件的制造工序应进行抽检,检查包括以下内容:

1）零件制造是否按工艺规程的规定进行。
2）零件制造是否经检验合格后才转入下一道工序。
3）关键零件的材质和加工工序是否符合设计图、工艺的规定。
4）零件制造的进度是否符合生产计划的要求等。

6. 审核检验结果

项目监理机构应要求设备制造单位按批准的检验计划和检验要求进行设备制造过程的检验工作，并应做好检验记录。

项目监理机构应对检验结果进行审核，认为不符合质量要求时，应要求设备制造单位进行整改、返修或返工。当发生质量失控或重大质量事故时，应由总监理工程师签发暂停令，提出处理意见，并应及时报告建设单位。

总监理工程师签发暂停制造指令时，应同时提出如下处理意见：
1）要求设备制造单位进行原因分析。
2）要求设备制造单位提出整改措施并进行整改。
3）确定复工条件。

7. 检查和监督设备的装配过程

在设备装配过程中，项目监理机构应检查和监督设备的装配过程，符合要求后予以签认。

8. 审查设计变更

在设备制造过程中需要对设备的原设计进行变更时，项目监理机构应审查设计变更，并应协调处理因变更引起的费用和工期调整，同时应报建设单位批准。在对原设计进行变更时，专业监理工程应进行审核，并督促办理相应的设计变更手续和移交修改函件或技术文件等，对可能引起的费用增减和制造工期的变化按设备制造合同约定协商确定。

9. 参加设备的整机性能检测、调试和出厂验收

项目监理机构应参加设备整机性能检测、调试和出厂验收，符合要求后应予以签认。签认时应要求设备制造单位提供相应的设备整机性能检测报告、调试报告和出厂验收书面证明资料。

10. 检查设备制造单位对待运设备采取的防护和包装

在设备运往现场前，项目监理机构应检查设备制造单位对待运设备采取的防护和包装措施，并应检查是否符合运输、装卸、储存、安装的要求，以及随机文件、装箱单和附件是否齐全。

检查防护和包装措施应考虑运输、装卸、储存、安装的要求，主要应包括：防潮湿、防雨淋、防日晒、防振动、防高温、防低温、防泄漏、防锈蚀及放置形式等内容。

11. 参加设备制造单位与接收单位的交接

设备运到现场后，项目监理机构应参加设备制造单位与接收单位的交接工作。设备交接工作一般包括开箱清点、设备和资料检查与验收、移交等内容。

12. 审核付款

专业监理工程师应按设备制造合同的约定审查设备制造单位提交的付款申请单，提出审查意见，由总监理工程师审核后签发支付证书。

13. 审查索赔文件

专业监理工程师应审查设备制造单位提出的索赔文件，提出意见后报总监理工程师，并应由总监理工程师与建设单位、设备制造单位协商一致后签署意见。

14. 审查结算文件

结算工作应依据设备制造合同的约定进行，专业监理工程师应审查设备制造单位报送的设备制造结算文件，提出审查意见，并应由总监理工程师签署意见后报建设单位。

15. 整理汇总设备监造资料并归档

设备监造工作完成后，总监理工程师按要求负责整理汇总设备监造资料，并提交建设单位和监理单位归档。

11.2.5 设备监造的监理文件资料

工作完成后,监理机构应整理并提交的设备监造文件资料包括但不限于以下内容:
1) 建设工程监理合同及设备采购合同。
2) 设备监造工作计划。
3) 设备制造工艺方案报审资料。
4) 设备制造的检验计划和检验要求。
5) 分包单位资格报审资料。
6) 原材料、零配件的检验报告。
7) 工程暂停令、开工或复工报审资料。
8) 检验记录及试验报告。
9) 变更资料。
10) 会议纪要。
11) 来往函件。
12) 监理通知单与工作联系单。
13) 监理日志。
14) 监理月报。
15) 质量事故处理文件。
16) 索赔文件。
17) 设备验收文件。
18) 设备交接文件。
19) 支付证书和设备制造结算审核文件。
20) 设备监造工作总结。

思 考 题

1. 设备采购方式一般分哪几种方式?各适用于什么情况?
2. 项目监理机构接受建设单位委托进行设备采购监理服务的主要工作内容有哪些?
3. 设备采购文件资料应包括哪些内容?
4. 简述设备监造的定义。
5. 如何获得注册设备监理工程师资格?
6. 设备监造计划和实施细则应包括哪些主要内容?
7. 专业监理工程师审查设备制造单位质量证明文件及检验报告时,应包括哪些方面内容?
8. 设备监理工作完成后,监理机构应整理并提交的设备监理文件资料应包括哪些内容?

练 习 题

【背景资料】某综合大楼含有电梯、通风与空调等分部工程,建设单位委托某监理公司负责该项目的设备监造,同时负责设备安装监理,并签订了监理合同,在工程施工中发生以下事件:

事件一:监理工程师在施工准备阶段组织了设备专业的图会审,在制造过程中发现由于设计图的错误，造成设备制造商停工 2 天，制造商提出工期费用索赔报告。业主代表认为监理工程师对图纸会审的监理不力，提出要扣监理费 1500 元。

事件二：监理工程师在施工准备阶段，审核了承包商的施工组织设计并批准实施，施工过程中，施工单位考虑现场实际条件，未经监理同意变更了施工方案，造成工期延长 3 天。承包商向监理工程师出工期索赔，建设单位认为监理工程师监理不力，提出要扣监理费 1500 元。

问题一：事件一中监理工程师应如何处理索赔报告？建设各方应分别承担什么责任？业主扣监理费做法是否妥当？

问题二：事件二中监理工程师应如何处理索赔报告？监理单位、建设单位和施工单位各应承担什么责任？业主扣监理费的做法是否妥当？

【参考答案】

问题一：

1）监理工程师批准工期费用索赔，设计图出现错误造成工期延误非制造商原因。

2）监理工程师不承担责任，监理工程师履行了图纸会审的职责，设计图的错误不是监理工程师造成的。监理工程师对设备专业的图纸会审，不免除设计院对设备专业设计图应承担的质量责任。

3）设计院应承担设计图的质量责任。

4）制造商不承担责任，因为建设单位提供的设计图有误，而非制造商原因。

5）建设单位应承担制造商工期的损失的责任。

6）建设单位扣监理费的做法不妥当，监理工程师对设计图的质量不承担责任。

问题二：

1）监理工程师不批准工期费用索赔，因为工期延误是承包商的原因造成的。

2）监理工程师不承担责任。

3）承包商承担责任，索赔是承包商自己原因所致。

4）业主不承担责任。

5）建设单位扣监理费不妥当，因为监理工程师对工期延误不承担责任。

第12章

建设工程监理招标投标

本章概要

实行建设工程监理制度,目的在于提高工程建设的投资效益和社会效益。建设工程监理与相关服务,应遵循公开、公平、公正、自愿和诚实信用的原则。依法必须招标的建设工程,应通过合理的招标方式确定监理人。监理服务招标应优先考虑监理单位的资信程度、监理方案的优劣等技术因素。本章介绍监理的建设工程范围和规模、招标条件和方式、监理招标投标文件主要内容以及建设工程监理的开标、评标和中标。

学习要求

1. 了解工程监理的招标条件和方式、监理招标投标文件的主要内容。
2. 熟悉必须实行监理的建设工程范围和规模。
3. 掌握建设工程监理开标、评标的方法。

◆【案例导读】

某城市投资公司开发的公租房小区的监理及项目管理一体化项目管理,委托当地一家项目管理有限公司代理招标,2018年5月15日开标,该市某工程建设监理有限责任公司(以下简称监理公司)中标。

该项目的监理及项目管理一体化招标文件对项目总监评审的加分要求包括:自2015年1月1日(以竣工时间为准)以来,对拟派项目总监承担过房屋建筑工程监理业绩满足工程总造价不少于2亿元且不足4亿元的情况加1分,工程总造价不少于4亿元的情况加2分。

监理公司投标时拟派项目总监为张某，并提供了相应的业绩证明材料，后经查实，其所提供的项目业绩实际上是备案总监王某的。该监理公司由此被认定违反《中华人民共和国招标投标法》第三十三条以及《中华人民共和国招标投标法实施条例》第四十二条第二款第二项的规定，构成弄虚作假骗取中标。依据《中华人民共和国招标投标法》第五十四条第二款之规定，监理公司被处以项目中标金额千分之八的罚款。

12.1 建设工程监理招标投标概述

政府投资、行政事业单位自筹资金投资、国有企业投资、国家控股的企业投资的工程项目及相关法规规定的必须实行监理的其他工程项目，项目法人应按规定实行监理招标投标，公平公正地择优选用监理单位。政府投资、行政事业单位自筹资金投资、国有企业投资、国家控股的企业投资的房屋建筑和市政基础设施及工业项目工程、商品房工程，单项工程投资在300万元人民币以上，或者项目总投资在2000万元人民币以上的，必须进行监理公开招标。县级以上人民政府建设行政主管部门按工程项目建设审批权限对工程监理招标投标活动进行监督，依法查处工程监理招标投标活动中的违法违规行为。监理招标投标活动及其当事人应依法接受监督。

12.1.1 建设工程监理招标

工程监理招标由招标人依法组织实施。招标人不得以不合理条件限制、排斥或歧视潜在投标人。

1. 必须实行监理的建设工程范围和规模

根据2001年发布并施行的《建设工程监理范围和规模标准规定》，必须实行监理的建设工程包括：国家重点建设工程；大中型公用事业工程；成片开发建设的住宅小区工程；利用外国政府或者国际组织贷款、援助资金的工程；国家规定必须实行监理的其他工程。

其中，国家重点建设工程，是指依据《国家重点建设项目管理办法》所确定的对国民经济和社会发展有重大影响的骨干项目。

大中型公用事业工程，是指项目总投资额在3000万元以上的下列工程项目：①供水、供电、供气、供热等市政工程项目；②科技、教育、文化等项目；③体育、旅游、商业等项目；④卫生、社会福利等项目；⑤其他公用事业项目。

成片开发建设的住宅小区工程，建筑面积在5万m^2以上的住宅建设工程必须实行监理；5万m^2以下的住宅建设工程，可以实行监理，具体范围和规模标准，由省、自治区、直辖市人民政府建设行政主管部门规定。为了保证住宅质量，对高层住宅及地基、结构复杂的多层住宅应实行监理。

利用外国政府或者国际组织贷款、援助资金的工程范围包括：①使用世界银行、亚洲开发银行等国际组织贷款资金的项目；②使用国外政府及其机构贷款资金的项目；③使用国际组织或者国外政府援助资金的项目。

国家规定必须实行监理的其他工程如下：

1) 项目总投资额在 3000 万元以上关系社会公共利益、公众安全的下列基础设施项目：①煤炭、石油、化工、天然气、电力、新能源等项目；②铁路、公路、管道、水运、民航以及其他交通运输业等项目；③邮政、电信枢纽、通信、信息网络等项目；④防洪、灌溉、排涝、发电、引（供）水、滩涂治理、水资源保护、水土保持等水利建设项目；⑤道路、桥梁、地铁和轻轨交通、污水排放及处理、垃圾处理、地下管道、公共停车场等城市基础设施项目；⑥生态环境保护项目；⑦其他基础设施项目。

2) 学校、影剧院、体育场馆项目。

2. 建设工程监理招标条件

依法必须进行监理招标的工程和招标人自行办理监理招标事宜的，应具备编制招标文件和组织评标、招标的能力，具体如下：

1) 有专门的监理招标组织机构和场所。

2) 有与工程规模、复杂程度相适应并具有工程监理招标经验，熟悉有关工程监理招标法规的工程技术、概算、预算及工程管理人员。

不具备条件的，招标人应委托具有相应资格的工程招标代理机构。

招标人自行办理监理招标事宜的，应在发布招标公告或者发出投标邀请书的 5 日前，向主管该工程的建设行政主管部门备案，并报送下列材料：

1) 按相关法规规定办理的各项批准文件。

2) 自行办理监理招标事宜的证明材料，包括专业技术人员的名单，职称证书或执业资格证书及工作经历的证明材料。

3) 法律、法规规定的其他材料。

建设行政主管部门审核招标人自行办理监理招标材料被确认不具备条件的，应自收到备案材料之日起 5 日内责令招标人停止自行办理监理招标事宜。

3. 建设工程监理招标方式

建设工程监理招标方式分为公开招标和邀请招标。依法必须进行监理招标的项目，应进入有形建筑市场进行招标投标活动。依法必须进行监理公开招标的工程项目，应在建设行政主管部门指定的报刊、信息网络媒体上发布招标公告。

在依法必须进行监理招标的工程中，全部使用国有资金投资或国有资金投资占控股或者主导地位的建设工程、商品房工程，应按规定采用公开招标方式，经政府依法批准可以进行邀请招标的建设项目除外；其他工程可以实行邀请招标。

工程有下列情形之一的，经县级以上地方人民政府建设行政主管部门依法批准，可以不进行监理招标：

1) 停建或者缓建后恢复建设的单位工程，且监理承包人未发生变更的。

2) 监理企业或拥有控股监理企业的单位自建自用工程，且该监理企业的资质符合该工程要求的。

3) 在建工程追加的附属小型工程或者主体加层工程，且监理承包人资质符合工程变更规模后的要求。

4) 法律、法规规定的其他情形的。

4. 建设工程监理资格预审

招标人采用邀请招标方式的，应向三个以上符合资质条件的监理企业发出投标邀请书。

招标人可根据招标工程需要，对投标申请人进行资格预审。实行资格预审的招标工程，招标人应在招标公告或者投标邀请书中载明资格预审的条件和获取资格预审文件的办法。

资格预审文件一般包括资格预审申请书、申请人须知，以及需要投标申请人提供的企业资质、企业诚信等级、业绩、技术装备、财务状况和拟派出的总监理工程师及特殊要求专业监理工程师的简历、执业证、业绩及诚信证明材料等。

经资格预审，招标人向合格投标申请人发出资格预审合格通知书，告知获取招标文件的时间、地点和方法，同时向资格预审不合格的投标申请人告知资格预审结果。如合格投标申请人过多，招标人可从中选择不少于7家资格预审合格的投标申请人为投标人。

5. 建设工程监理招标文件的主要内容

招标人根据招标工程的特点和需要编制招标文件。招标文件应包括以下内容：

1）投标须知。包括工程概况（工程名称、地点、投资规模、性质、特点等）、建设单位、招标范围、资格审查条件、工程资金来源或者落实情况、标段划分、工期要求、质量要求、现场踏勘和答疑安排，投标文件编制、提交、修改、撤回的要求，投标报价，投标有效期，开标的时间、地点，评标的方法和标准等。

2）招标文件的技术要求和设计文件。

3）投标函的格式及附录。

4）拟签订合同的主要条款。

5）要求投标人提供的其他资料。

招标人设有标底的，应根据监理范围和工作内容，按《建设工程监理与相关服务收费管理规定》（发改委价格〔2007〕670号）编制标底，不得低于或高于规定的收费基价标准的20%。建设工程中工艺设备、电梯等的造价应列入工程监理招标计算监理费的投资额内，其中引进设备部分按《工程勘察设计收费标准》的方法进行确定。

6. 其他

依法必须进行监理招标的工程，招标人在招标文件发出的前3日，将招标文件报主管该项目的建设行政主管部门和当地招标办备案。建设行政主管部门和当地招标办如果发现招标文件有违反法律、法规内容的，应及时责令招标人改正。

招标人对已发出的招标文件进行必要的澄清或修改、答疑时，应在招标文件要求提交投标文件截止时间至少10日前，用书面形式通知所有投标人，如做不到时，应延期提交投标文件截止时间。澄清、修改、答疑、延期应同时报主管该项目的建设行政主管部门和当地招标办备案。澄清或修改、答疑的内容为招标文件的组成部分。

12.1.2 建设工程监理投标

1. 建设工程监理投标人

建设工程监理投标人应是具有监理资质、响应招标文件、参与监理投标竞争的企业。投标人应具备资质，并在类似工程业绩、技术能力、人力资源、诚信等级、总监理工程师资格条件等方面满足招标文件的相应要求。如果投标人与招标代理机构是同一个法人或者在经济上有利益关系的，投标人不能参与本工程的监理招标。

两个以上的监理企业可以组成一个联合体，签订共同投标协议，以一个投标人的身份共同投标。联合体成员均应具备招标文件要求的资质条件。招标人不得强制投标人组成联合体,也不得阻止联合体。不得限制投标人之间的竞争。

投标人不得相互串通投标,不得排斥其他投标人的公平竞争,损害招标人或其他投标人的合法权益。投标人不得与招标人串通投标,损害国家利益、社会公共利益或他人的合法权益。禁止投标人以向招标人或者评委行贿的手段牟取中标。招标人不得强迫中标人第二次报价或其他压价行为。

2. 建设工程监理投标文件的主要内容

建设工程监理投标文件的主要内容如下:

1)投标书(经加盖单位和法人代表印鉴)。
2)投标人单位监理资质、营业执照副本。
3)投标人单位诚信等级证明(有效期内的)。
4)投标报价书(经加盖单位和法人代表印鉴)。
5)综合说明。
6)近3年已完成类似工程监理业绩表。
7)近3年已完成类似工程监理业务手册。
8)监理大纲。
9)现场监理人员一览表(姓名、年龄、性别、专业、职称、上岗证、培训证)。
10)总监理工程师个人简历(类似的工程经验、证明材料)。

3. 其他

投标人应在招标文件要求提交文件的截止时间前,将投标文件按规定密封送达投标地点。招标人收到投标文件后,应向投标人出具标明签收人和签收时间的凭证,并妥善保存投标文件。在开标前,任何单位和个人均不得开启投标文件。在招标文件要求提交投标文件的截止时间后送达的投标文件视为无效投标文件,招标人应拒收。投标人在招标文件要求提交投标文件的截止时间前,可以补充、修改或撤回提交的招标文件。补充、修改的内容为投标文件的组成部分,并应按照规定的办法送达、签收和保管。在招标文件要求提交投标文件的截止时间后送达的补充、修改的内容无效。

投标人对招标文件有疑问需要澄清的,应在招标文件规定的时间内以书面形式向招标人提出。投标人应按照招标文件的要求编制投标文件,对招标文件提出的实际性要求和条件做出响应。

招标人可以在招标文件中要求投标人提交担保。投标担保可用投标保函或者投标保证金的方式。投标保证金可以使用支票、银行汇票、现金等,一般不得超过工程投资额的5%,最高不超过10万元人民币。

12.2 建设工程监理开标、评标和中标

12.2.1 建设工程监理开标

建设工程监理的开标由招标人(或招标代理机构)主持,邀请所有投标人参加。开标按招标文件确定的提交投标文件截止时间的同一时间公开进行。开标地点由招标文件预先确定。

开标时由投标人代表相互检查投标文件的密封情况,也可由招标人委托的公证机构进行

检查并公证。经确认无误后,由工作人员当众拆封,逐一宣读所有投标人的名称、投标报价和其他必须宣读的内容。开标过程要记录、签认,并存档备查。在开标时,投标文件出现下列情形之一的视为无效投标文件,不得进入评标:

1)投标文件未按招标文件要求密封的。
2)投标文件中的投标书、报价未加盖投标人的企业和企业法定代表人(或法人代表授权代理人,并有权委托书)印章的。
3)投标文件中的关键内容或数字字迹模糊、无法辨认的。
4)投标人未按照招标文件的要求提供投标保函或保证金的。
5)组成联合体的,投标文件未附联合体各方共同投标协议。

12.2.2 建设工程监理的评标

评标由招标人组建的评标委员会负责。依法必须进行监理招标的工程,其评标委员会由招标人的代表和有关技术、经济等方面的专家组成,成员人数为 5 人以上的单数,其中招标人、招标代理机构以外的技术、经济等方面专家不得少于成员总数的 2/3。评标委员会的专家成员应由招标人从建设行政主管部门及其他有关部门确定的专家名册或工程招标代理机构的专家库中相关专业的专家名单中确定。

与投标人有利益关系的人不得进入相关工程的评标委员会。评标委员会成员的名单在中标结果确定前应保密。评标委员会应按照招标文件确定的评标标准和方法,对投标文件进行评审和比较,并对评标结果签字确认。

有下列情形之一的,评标委员会可以要求投标人做出书面说明并提供相关材料:
1)设有标底的,投标报价低于标底合理幅度的。
2)不设标底的,投标报价明显低于其他投标报价、甚至低于成本的,经评标委员会论证,不能推荐为中标候选人。

评标委员会可以要求投标人对投标文件中含义不明确的内容进行必要的澄清或说明,但澄清或说明不能超出投标文件的范围和改变投标文件的实质性内容。招标文件或投标文件使用两种以上语言文字的,必须有一种是中文。如对不同文本的解释发生异议时,以中文文本为准。用文字表示的金额与数字表示的金额不一致的,以文字表示的金额为准。

经评标委员会评审,认为所有投标文件都不符合招标文件要求的,可以否决所有投标。依法必须进行监理招标工程的所有投标文件被否决的,招标人应依法重新招标。

12.2.3 建设工程监理的中标

评标委员会完成评标后,应向招标人提出书面评标报告,阐明评标委员会对各投标文件的评审意见,并按招标文件规定的评标方法,推荐不超过 3 名合格的中标候选人。招标人可以在 3 名推荐排序的合格中标候选人中,按照从高到低的顺序确定一名中标人,也可以授权评标委员会从中确定一名中标人。招标人确认中标候选人顺序后,应将结果进行公示。

招标人应在投标有效期截止时限 30 日前确定中标人,投标有效期应在招标文件中载明。

招标人和中标人应自中标通知书发出之日起 30 日内,按照招标文件和中标人的投标文件订立书面合同。招标人和中标人不得再另行订立背离合同实质性内容的其他协议。中标人不与招标人订立合同的,投标保证金不予退还并取消其中标资格。没有提交投标保证金的,应对招标人的损失承担赔偿责任。招标人无正当理由不与中标人订立合同的,应对投标人的损失承担赔偿责任。

【例 12-1】 某物流园区项目,包括两个厂房和相关附属设施,建筑面积 $65000m^2$。建设单位拟委托监理单位进行施工监理,监理评标采用综合评价法。具体如下:

1. 评标规则

在进行监理大纲评分汇总时,应在分项项目评分中去除一个最高分和一个最低分后再进行算术平均。

监理大纲、项目监理机构、企业综合实力和投标报价评分之和即投标人的得分,得分最高者为第一中标候选人。

2. 资格审查标准

按以下条件进行资格审查,全部满足者视为符合资格审查:

1) 投标文件有投标人法定代表人或其授权代表签字或盖章和加盖投标单位公章。
2) 投标人具备独立法人资格。
3) 监理单位投标人无不良记录情况的承诺声明。
4) 投标人满足建设招标工程施工监理资质条件(外地企业须有本地备案手续)。
5) 组成一个联合体投标,提交了联合体各方签订的共同投标协议。
6) 与招标代理机构和施工方无隶属关系或者利害关系。
7) 总监理工程师为注册监理工程师,并在投标单位注册,提供近一年社保证明。
8) 专业监理工程师为注册监理工程师,在投标人单位注册。
9) 总监理工程师已在其他 2 个及以下尚未竣工验收的建设工程项目中担任总监理工程师,拟担任本招标工程的总监理工程师时,有原建设单位同意的书面资料。
10) 监理员同时具备监理培训证书和初级及以上职称证书。
11) 监理员同时具备监理培训证书和初级及以上职称证书。

3. 评标方法

综合评估法采取百分制的量化评审,以监理大纲、项目监理机构以及企业综合实力和投标报价三个部分评分的加总结果进行考量。其中监理大纲满分 30 分(表 12-1)、项目监理机构满分 30 分(表 12-2)、企业综合实力和投标报价满分 40 分(表 12-3)。

在进行监理大纲评分汇总时,应在分项项目评分中去除一个最高分和一个最低分后再进行算术平均。

1) 监理大纲评分。监理大纲评审汇总计分为 30 分(表 12-1)。

表 12-1 监理大纲评分表

序号	评分内容	评分方法
1	工程概况(4分)	工程项目的各项主要设计参数以及现场工况,描述清晰,0~1 分
		监理工程涉及专业阐述全面、准确,0~1 分
		监理工程特点、实施难点分析全面,0~2 分
2	质量控制(5分)	质量有总目标,对各分部分项工程提出控制点,并提出相应的控制方法,0~2 分
		质量控制的基本程序(包括质量事故的处理程序)及预控措施切实可行,0~3 分

(续)

序号	评分内容	评分方法
3	进度控制（4分）	对总进度目标的分解合理，能体现预控水平和全面控制水平，0~2分
		工程进度控制要点和减少工程延期发生的防范对策可行，0~2分
4	投资控制（4分）	针对工程的实际，投资控制程序合理、可行，投资控制有具体措施，0~2分
		工程造价目标风险分析全面，防范性对策有针对性，0~2分
5	安全监督（4分）	安全生产控制目标明确，工作制度合理，0~2分
		安全生产监督责任明确，管理方法合理可行，0~2分
6	组织协调（4分）	结合工程提出的组织协调的内容全面，0~2分
		协调的方法、程序和协调措施可行，0~2分
7	合同信息资料管理（5分）	根据工程特点，索赔与反索赔措施有针对性，0~2分
		合同履行纠纷预防和协调方案合理、可行，0~2分
		工程信息管理的内容全面，监理资料管理制度健全，0~3分

2) 项目监理机构评分。项目监理机构汇总计分为30分（表12-2）。

表12-2 项目监理机构评分表

序号	评分内容		评分方法
1	总监工程师资格与能力（14分）	总监资格（6分）	具有相关专业高级职称得2分；具有相关专业中级职称得1分
			专职本招标工程项目得2分，非专职本工程项目得1分
			近3年被省级及以上住房和城乡建设行政主管部门或监理协会授予优秀总监理工程师或者优秀监理工程师的，得2分
		总监业绩（8分）	近3年承担过类似或相近工程项目的总监理工程师，每一项得2分，最多得8分
2	其他监理人员配备（16分）	专业监理人员资格（12分）	主要专业监理工程师满足招标文件要求得12分，缺一个及以上不得分
		监理员（4分）	监理员满足招标文件的要求，得4分，不满足得0分

3) 企业综合实力及投标报价评分表。企业综合实力及投标报价总计分为40分（表12-3）。

表12-3 企业综合实力及投标报价评分表

序号	评分内容	评分方法
1	质保体系（4分）	监理质量管理体系合理，得4分，否则得0分
2	企业业绩（6分）	企业近三年承担过类似或相近工程，每承担一项得2分，最多得6分
3	企业信誉（5分）	企业无不良信用的，得3分。近一年受到县级及以上住房和城乡建设行政主管部门行政处罚、通报批评或者记入不良信用档案的，得0分
		企业近三年获得省级及以上住房和城乡建设行政主管部门或监理协会授予先进工程监理企业的，得2分

(续)

序号	评分内容	评分方法
4	设备仪器（5分）	针对招标工程特点，配备的监理设备、仪器满足招标工程要求，得5分
5	投标报价（20分）	投标报价的浮动率 = −15% 时得20分，每增加1%，扣1分 浮动率 =（投标报价 − 监理服务收费基准价）/监理服务收费基准价 ×100%

思 考 题

1. 简述必须实行监理的建设工程范围和规模。
2. 简述建设工程监理招标文件的主要内容。
3. 简述建设工程监理投标文件的主要内容。
4. 建设工程监理招标方式有哪些？适用条件是什么？
5. 作为监理招标人，你认为应设置哪些评价指标？
6. 如何看待目前监理市场低价竞争的现象？
7. 如何提高监理的市场竞争力？

第13章 全过程工程咨询服务

本章概要

　　工程建设监理是一项社会化、专业化的服务活动，随着社会分工日益细化、专业化程度不断提高，以及建筑市场法制规范的完善和提升，以质量监督为主要职能的工程建设监理已经不能完全满足建设单位的需要。工程监理企业传统工作主要集中于建设项目的施工准备阶段以及施工阶段，随着全社会对工程监理基本工作内涵认识的不断深入，监理工作的服务范围和内容需要与时俱进。工程监理企业应顺应新时代对建筑业发展的要求，建立工程项目全过程咨询服务的意识，在立足施工阶段监理的基础上，向"上、下游"领域拓展服务，提供项目咨询、招标代理、造价咨询、项目管理、现场监督以及项目保修阶段咨询等多元化的"菜单式"咨询服务，并积极探索政府和社会资本合作（PPP）模式下的咨询服务工作。

学习要求

　　1. 了解监理单位在现阶段面临的新挑战与机遇。
　　2. 了解监理单位实行全过程咨询服务的目的和意义。
　　3. 熟悉监理单位提供全过程咨询服务的任务、工作内容以及管理控制的重点和难点。

◆【案例导读】

　　我国基本建设项目自20世纪80年代开始实行项目法人责任制、招标投标制、建设项目监理制和合同管理制。迄今为止，实行成熟的监理制度仍主要停留在施工阶段，设计监理制度尚处于探索阶段。设计是工程建设的灵魂,设计方案是否优劣,直接关系到工程功能能否充分发挥,投资效益能否得到有效保障,工程能否长期安全稳定运行。水利水电工程一般具有规模大、建设条件复杂、建设周期长、工程投资大的特点,勘察设计工作需要长期收集建设场址的水文、气象资料,深入查勘场址地形地质条件,容易形成勘察设计工作的排他性。设计监理在水利水电项目建设中也较早展开。由中国三峡集团负责开发建设的金沙江下游河段的两座千万千瓦级巨型水电站白鹤滩水电站和乌东德水电站在可行性研究阶段就引入了设计监理,但设计监理对设计过程介入较少,主要是参与对设计成果的咨询评审。位于青海省境内黄河干流的拉西瓦水电站和公伯峡水电站等则在施工图阶段引入设计监理。这些工程设计监理工作主要由业主单位组织主导,对工程主要设计方案开展咨询评价,提出修改意见,与设计单位协商达成一致后实施,在一定程度上节约了工程投资,大大提高了工程运行的安全性和便利性[○]。

3.1 全过程工程咨询服务概述

2017 年 2 月 21 日,《国务院办公厅关于促进建筑业持续健康发展的意见》(国办发〔2017〕19 号)中提出"培育全过程工程咨询",这是在建筑工程的全产业链中首次明确"全过程工程咨询"这一概念。

全过程工程咨询涉及建设工程全生命周期内的策划咨询、可行性研究、工程设计、招标代理、造价咨询、工程监理、施工前期准备、施工过程管理、竣工验收及运营保修等各个阶段的管理服务。实行全过程工程咨询,其高度整合的服务内容在节约投资成本的同时有助于缩短项目工期,提高服务质量,保证项目品质,有效规避风险。推动全过程工程咨询服务是国家政策的导向也是行业进步的标志。

13.1.1 监理单位实施全过程工程咨询服务的可行性

我国建立工程监理制度的最初构想是对建设工程实施全过程、全方位的监理,即从项目决策阶段的可行性研究开始,到设计阶段、施工招标阶段、施工阶段和工程保修阶段都实施监理。这些贯穿于项目全寿命周期的监理服务可以发包给同时具有相应设计、监理、招标代理和造价咨询资质的一家企业,也可以发包给具有上述资质的企业联合体。《建设工程监理规范》规定,工程监理单位可以受建设单位委托,按照建设工程监理合同约定,在建设工程勘察、设计、保修等阶段提供相关的服务活动。

基于工程监理产生和发展的基础,现阶段我国建设工程监理主要服务于施工阶段,以施工阶段的项目质量、进度和造价控制作为监理的主要目标,人员配置和工作方式都表现出较强的施工阶段监理特点。《建筑法》中明确将工程监理单位定位为受建设单位委托,展开对施工单位的施工质量、建设工期和建设资金使用等方面的监督服务工作,在实际工作中也称为"施工监理"。但这并不妨碍在项目的全寿命周期中除了施工阶段外的其他各阶段仍需要

○ 胡清义,张俊德. 水电工程 EPC 项目设计监理工作探讨——以杨房沟水电站设计监理为例.

接受监督、管理和咨询。

13.1.2 监理与全过程工程咨询服务

在国家鼓励立足施工阶段监理的基础上,工程监理单位应向"上、下游"领域拓展服务。住房和城乡建设部在《关于促进工程监理行业转型升级创新发展的意见》中指出:鼓励监理企业在立足施工阶段监理的基础上,向"上、下游"拓展服务领域,提供项目咨询、招标代理、造价咨询、项目管理、现场监督等多元化的"菜单式"咨询服务。对于选择具有相应工程监理资质的企业开展全过程工程咨询服务的工程,可不再另行委托监理。

工程建设项目的全过程可简单划分为项目决策阶段、项目实施阶段以及项目运营阶段三个阶段,如图 13-1 所示。

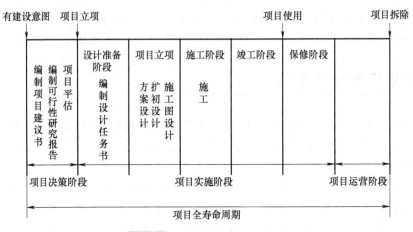

图 13-1 工程建设项目全过程

1. 监理全过程咨询服务的业务范围

根据《建设工程监理规范》(GB/T 50319—2013),在项目全寿命周期内,工程监理单位可以为建设单位提供的工程项目管理服务主要包括建设工程监理、设备采购与设备监造、相关服务三个业务范围。其中,建设工程监理是在工程建设的施工阶段监督管理施工单位的建设行为;设备采购与设备监造是工程设备由建设单位自行采购时,建设单位委托工程监理单位开展的设备采购与设备监造服务;相关服务则是工程监理单位受建设单位委托,按照监理合同约定,根据需要提供的相关服务,如勘察阶段、设计阶段、保修阶段服务及其他专业技术咨询、外部协调工作等的工作范围和内容。

2. 监理全过程咨询服务的工作内容

《建设工程监理与相关服务收费标准》中对建设工程监理与相关服务的主要工作内容做出了更具体的归纳,见表 13-1。

表 13-1 建设工程监理与相关服务的主要工作内容

服务阶段	主要工作内容	备注
勘察阶段	协助发包人编制勘察要求、选择勘察单位,核查勘察方案并监督实施和进行相应的控制,参与验收勘察成果	建设工程勘察、设计、施工、保修等阶段监理与相关服务的具体工作内容执行国家、行业有关规范、规定

(续)

服务阶段	主要工作内容	备注
设计阶段	协助发包人编制设计要求、选择设计单位,组织评选设计方案,对各设计单位进行协调管理,监督合同履行,审查设计进度计划并监督实施,核查设计大纲和设计深度、使用技术规范合理性,提出设计评估报告(包括各阶段设计的核查意见和优化建议),协助审核设计概算	
施工阶段	施工过程中的质量、进度、费用控制,安全生产监督管理、合同、信息等方面的协调管理	
保修阶段	检查和记录工程质量缺陷,对缺陷原因进行调查分析并确定责任归属,审核修复方案,监督修复过程并验收,审核修复费用	

13.2 监理与项目勘察设计咨询服务

建设工程勘察、设计、保修阶段的项目管理服务是工程监理企业需要拓展的业务领域。在勘察、设计阶段引入监理服务,能够发挥专家的群体智慧,保障业主决策的正确性,有利于工程的质量和投资控制,也有利于设计市场的管理。

13.2.1 协助委托工程勘察设计任务

工程监理单位应协助建设单位编制工程勘察设计任务书和选择工程勘察设计单位,并协助建设单位签订工程勘察设计合同。

1. 工程勘察设计任务书的编制

工程勘察设计任务书应包括以下主要内容:

1) 工程勘察设计范围,包括工程名称、工程性质、拟建地点、相关政府部门对工程的限制条件等。

2) 建设工程目标和建设标准。

3) 对工程勘察设计成果的要求,包括提交内容、提交质量和深度要求、提交时间、提交方式等。

2. 工程勘察设计单位的选择

(1) 选择方式

根据相关法律法规要求,采用招标或直接委托方式。如果是采用招标方式,需要选择公开招标或邀请招标方式。有的工程可能需要采用设计方案竞赛方式选定工程勘察设计单位。

(2) 工程勘察设计单位的审查

对工程勘察设计单位的审查应包括审查工程勘察设计单位的资质等级、勘察设计人员资格、勘察设计业绩以及工程勘察设计质量保证体系等。

3. 工程勘察设计合同谈判与订立

(1) 合同谈判

根据工程勘察设计招标文件及任务书要求,在合同谈判过程中,进一步对工程勘察设计工作的范围、深度、质量、进度要求予以细化。

（2）合同订立

合同订立应注意以下事项：

1）应界定由于地质情况、工程变化造成的工程勘察、设计范围变更，工程勘察设计单位的相应义务。

2）应明确工程勘察设计费用涵盖的工作范围，并根据工程特点确定付款方式。

3）应明确工程勘察设计单位配合其他工程参建单位的义务。

4）应强调限额设计，将施工图预算控制在工程概算范围内；鼓励设计单位应用价值工程优化设计方案，并以此制定奖励措施。

13.2.2 工程勘察过程中的监理服务

1. 工程勘察方案的审查

工程监理单位应审查工程勘察单位提交的勘察方案，提出审查意见，并报建设单位。工程勘察单位变更勘察方案时，应按原程序重新审查。

工程监理单位应重点审查以下内容：

1）勘察技术方案中工作内容与勘察合同及设计要求是否相符，是否有漏项或冗余。

2）勘察点的布置是否合理，其数量、深度是否满足规范和设计要求。

3）各类相应的工程地质勘察手段、方法和程序是否合理，是否符合有关规范的要求。

4）勘察重点是否符合勘察项目特点，技术与质量保证措施是否还需要细化，以确保勘察成果的有效性。

5）勘察方案中配备的勘察设备是否满足本工程勘察技术要求。

6）勘察单位现场勘察组织及人员安排是否合理，是否与勘察进度计划相匹配。

7）勘察进度计划是否满足工程总进度计划。

2. 工程勘察现场及室内试验人员、设备及仪器的检查

工程监理单位应检查工程勘察现场及室内试验主要岗位操作人员的资格，所使用设备、仪器计量的检定情况。

（1）主要岗位操作人员情况

现场及室内试验主要岗位操作人员是指钻探设备操作人员、记录人员和室内试验的数据签字和审核人员，这些人员应具有相应的上岗资格。

（2）工程勘察设备、仪器情况

对于工程现场勘察所使用的设备、仪器，要求工程勘察单位做好设备、仪器计量使用及检查台账。工程监理单位不定期检查相应的检定证书，发现问题时，应要求工程勘察单位停止使用不符合要求的勘察设备、仪器，直至提供相关检定证书后方可继续使用。

3. 工程勘察过程控制

（1）检查工程勘察进度计划执行情况

工程监理单位应检查工程勘察进度计划执行情况，督促工程勘察单位完成勘察合同约定的工作内容，审核工程勘察单位提交的勘察费用支付申请。对于满足条件的，签发工程勘察费用支付证书，并报建设单位。

(2) 检查工程勘察单位执行勘察方案情况

工程监理单位应检查工程勘察单位执行勘察方案的情况，对重要点位的勘探进行现场检查。发现问题时，应及时通知工程勘察单位一起到现场进行核查。当工程监理单位与勘察单位对重大工程地质问题的认识不一致时，工程监理单位应提出书面意见供工程勘察单位参考，必要时可建议邀请有关专家进行专题论证，并及时报建设单位。

工程监理单位在检查勘察单位执行勘察方案的情况时，需重点检查以下内容：

1）工程地质勘察范围、内容是否准确、齐全。

2）钻探及原位测试等勘探点的数量、深度及勘探操作工艺、现场记录和勘探测量是否符合规范要求。

3）水、土、石试样的数量和质量是否符合要求。

4）取样、运输和保管方法是否得当。

5）试验项目、试验方法和成果资料是否全面。

6）物探方法的选择、操作过程和解释成果资料是否准确、完整。

7）水文地质试验方法、试验过程及成果资料是否准确、完整。

8）勘察单位操作是否符合有关安全操作规章制度。

9）勘察单位内业是否规范。

4. 工程勘察成果审查

工程监理单位应审查工程勘察单位提交的勘察成果报告，并向建设单位提交工程勘察成果评估报告，同时应参与工程勘察成果验收。

(1) 工程勘察成果报告

工程勘察成果报告的深度应符合国家、地方及有关部门的相关文件要求，同时需满足工程设计和勘察合同相关约定的要求。

1）岩土工程勘察应正确反映场地工程地质条件，查明不良地质作用和地质灾害，并通过对原始资料的整理、检查和分析，提出资料完整、评价正确、建议合理的勘察报告。

2）工程勘察报告应有明确的针对性。报告应满足施工图设计的要求。

3）勘察文件的文字、标点、术语、代号、符号、数字均应符合有关标准要求。

4）勘察报告应有完成单位的公章（法人公章或资料专用章），应有法人代表（或其委托代理人）和项目主要负责人签章。图表均应有完成人、检查人或审核人签字。各种室内试验和原位测试，其成果应有试验人、检查人或审核人签字。测试、试验项目委托其他单位完成时，受托单位提交的成果还应有该单位公章、单位负责人签章。

(2) 工程勘察成果评估报告

勘察评估报告由总监理工程师组织各专业监理工程师编制，必要时可邀请相关专家参加。工程勘察成果评估报告应包括如下内容：

1）勘察工作概况。

2）勘察报告编制深度，与勘察标准的符合情况。

3）勘察任务书的完成情况。

4）存在问题及建议。

5）评估结论。

13.2.3 工程设计过程中的监理服务与工作方法

1. 工程设计过程中的服务

（1）工程设计进度计划的审查

工程监理单位应依据设计合同及项目总体计划要求审查各专业、各阶段设计进度计划。审查内容包括以下几点：

1）计划中各个节点是否存在漏项。
2）出图节点是否符合建设工程总体计划进度节点要求。
3）分析各阶段、各专业工种设计工作量和工作难度，并审查相应设计人员的配置安排是否合理。
4）各专业计划的衔接是否合理，是否满足工程需要。

（2）工程设计过程控制

工程监理单位应检查设计进度计划执行情况，督促设计单位完成设计合同约定的工作内容，审核设计单位提交的设计费用支付申请。对于符合要求的，签认设计费用支付证书，并报建设单位。

（3）工程设计成果审查

工程监理单位应审查设计单位提交的设计成果，并提出评估报告。评估报告应包括下列主要内容：

1）设计工作概况。
2）设计深度、与设计标准的符合情况。
3）设计任务书的完成情况。
4）有关部门审查意见的落实情况。
5）存在的问题及建议。

（4）工程设计"四新"的审查

工程监理单位应审查设计单位提出的新材料、新工艺、新技术、新设备在相关部门的备案情况，必要时应协助建设单位组织专家评审。

（5）工程设计概算、施工图预算的审查

工程监理单位应审查设计单位提出的设计概算、施工图预算，提出审查意见，并报建设单位。设计概算和施工图预算的审查内容包括以下几点：

1）工程设计概算和工程施工图预算的编制依据是否准确。
2）工程设计概算和工程施工图预算内容是否充分反映自然条件、技术条件、经济条件，是否合理运用各种原始资料、数据，编制说明是否齐全等。
3）各类取费项目是否符合规定，是否符合工程实际，有无遗漏或在规定之外的情况。
4）工程量计算是否正确，有无漏算、重算和计算错误，计算工程量中的各种系数是否有合理的依据。
5）各分部分项套用定额单价是否正确，定额中参考价是否恰当，编制的补充定额值是否合理。
6）若建设单位有限额设计要求，则审查设计概算和施工图预算是否控制在规定的范围以内。

2. 工程设计过程中的监理工作方法

（1）设计阶段投资控制

项目设计阶段投资控制的中心思想是采取预控制手段，促使设计在满足质量及功能要求的前提下，不超过计划投资，并尽可能地节约投资。为了不超投资，就要以初步设计开始前的项目计划投资（估算）为目标，使得初步设计完成时的概算不超过估算；技术设计完成时的修正概算不超过概算；施工图完成时的预算不超过修正概算。为此，在设计过程中，一方面要及时对设计图中的工程内容进行估价和设计跟踪，审查概算、修正概算和预算，如果发现超出投资，则要向业主提出建议，在业主的支持下通知设计单位修改设计；另一方面，监理工程师要对设计进行技术经济评价，挖掘方案的技术经济潜力。

设计阶段投资控制的含义包括：限额设计，应用价值分析对设计进行技术经济比较，控制设计变更，参与主要材料、设备的选用，控制阶段支出。

1）限额设计。按照设计任务书批准的投资估算额进行初步设计，再按照初步设计的概算造价进行施工图设计，然后按照施工图预算对施工图设计的各个专业设计文件做出决策。

2）应用价值分析对设计进行技术经济比较。目前的工程设计方法通常是各个专业工种依据业主的要求套用各自的设计规范和技术标准，采用本专业的最高安全系数进行设计的。它十分重视局部系统的效能，但是有牺牲总体系统效能的可能，局部虽然得到了优化，但对全寿命周期的总体状况可能缺乏应有的考虑。

在设计进展过程中，设计监理要应用价值分析方法进行项目全寿命周期分析，不仅要考虑建设投资，还要考虑项目启用后的经常性费用。例如，某工艺流程设计一次性投资少，单投入使用后经常费用多，而另一方案则相反，对此监理工程师要全面考虑。

3）控制设计变更。

① 设计监理在审查设计时，如果发现超出投资，可以提出代换结构形式或设备，也可以向业主提出降低装饰标准来修改设计，以达到降低投资的目的。

② 在设计进展过程中，经常会因业主的项目构思变化或其他方面的因素而要求变更设计。对此，设计监理要慎重对待，认真分析，要充分研究设计变更对投资和进度带来的影响并把分析结果提交业主，由业主最后审定是否变更设计，同时，设计监理要认真做好变更记录，并向业主提供月（季）设计变更报告。

4）参与主要材料、设备的选用。主要设备、材料的投资往往占整个工程的1/4甚至更多，稍微疏忽，投资就会出现偏差。设计监理要全面分析主要材料、设备的用途和功能，了解业主的需求，以便使主要材料、设备的选用及采购经济合理，既能满足业主对功能要求，又能使价格最优惠。

5）控制阶段支出。项目建设的过程就是投资支出的过程，资金的适用计划、编制、修改贯穿于项目实施的各个阶段。为了便于整个资金的筹措和及时到位，编制资金计划就显得十分重要。资金早到位会增加利息，减少受益；资金晚到位会影响资金的使用，拖延项目工期。

监理工程师要负责投资计划的执行，包括复核一切资金账单、对照实际支出和计划支出、及时调整资金计划，避免造成超支现象。

（2）设计阶段进度控制

设计阶段进度控制的主要任务是出图控制，也就是要采取有效措施促使设计人员如期完成初步设计、技术设计、施工图设计。为此，设计监理要审定设计单位的工作计划和各工种的出图计划，并经常检查计划执行情况，对照实际进度与计划进度，并及时调整进度计划。如发现出图进度拖后，设计监理要敦促设计方加班加点，增加设计力量，加强相互协调与配合来加快设计进度。

1）制订进度计划。设计监理要会同有关设计负责人依据总的设计时间来安排初步设计、技术设计施工图设计完成时间，在确定此三个主要关键的时间后，监理工程师就要检查督促或会同设计单位安排详细的初步设计出图计划，分析各专业工种设计图的工作量和非设计图工作量及各专业设计的工作顺序，审查设计单位安排的初步设计和各工种设计，包括建筑、结构、水、电、暖工艺设计的出图计划的可行性、合理性，如果发现设计单位各出图计划存在问题应及时提出，并要求增加设计力量或加强相互协作。

进入技术设计、施工图设计同样要考虑各阶段的特点和各工种设计的难易程度、复杂程度并及时做出调整。在审核设计单位提出的各工种设计出图计划时，一定要仔细分析各自的工作量是否满足进度要求，不要前松后紧，导致赶工，影响工程质量。

2）设计进度控制。对于设计监理来说，不是代替设计单位制订各专业的进度计划，而是根据项目总进度安排，参与、审核设计单位主要设计进度节点的计划开始时间、计划结束时间，审核各专业设计进度计划的合理性、可行性，满足设计总进度要求。设计监理在进度控制中的具体措施包括以下几项：

① 落实项目监理机构中专门负责设计进度控制的人员，并按照合同要求对设计进度进行严格监控。

② 对设计进度的监控实施动态控制，工作内容包括：在设计工作开始前，审查设计单位编制的进度计划的合理性和可行性；进度计划实施过程中定期检查设计工作的实际完成情况，并与计划进度进行比较分析，出现偏差及时纠正。

③ 要求设计单位在设计的初步阶段、技术设计阶段、施工图设计阶段和专业进度设计阶段要落实到每张图。

④ 对设计单位填写的设计图进度表进行审核分析，提出自己的见解，将设计阶段的每一张图的进度纳入监控范围。

3）采购进度控制。采购进度控制是指主要材料、设备的采购进度控制，它是项目按期开工和施工顺利进行的重要前提之一，该工作通常是从设计阶段开始一直持续到施工结束。设计单位在完成施工图后要编制一份主要材料、设备的清单，设计监理要精心审核，并分析主要材料、设备的采购所需要的时间，与业主协商后，确定采购方式。如果是自行采购，应考虑采购周期和施工要求，安排采购计划并及时检查执行情况。如果进行采购招标，应落实招标计划，确保及时采购到满意的材料和设备。

（3）设计阶段质量控制

工程质量主要取决于设计质量、材料设备质量和施工质量，在设计过程中及设计完成时，设计监理要加强对建设项目设计图的结构安全、抗振性能、屋面防水、空间布置、施工工艺流程的审核、检查，必要时邀请有关方面的专家进行专家会审。

1）设计质量目标。设计质量的目标通常包括以下内容：

① 在经济性好的前提下，建筑造型、使用功能及设计标准等应满足业主的要求。

② 结构安全可靠，符合城市规划以及公用设施等部门的规定。

③ 设计监理要充分了解业主的意图和要求，将设计意图和要求转化成有关的设计语言详细地描述到有关文件中。

2) 设计质量控制的具体操作。为了有效地控制设计质量，就必须对设计进行质量跟踪。跟踪不是监督设计人员的日常工作，而是定期对设计进行检查，发现不符合质量标准和要求的情况及时通知设计人员进行修改，直至符合要求和标准为止。必须指出的是，不是有了设计监理对设计文件的监督，设计单位就可以不采取逐级审核制度，相反，校审制度应加强，以尽量减少设计监理中出现的问题。

① 工作依据。设计监理审查设计文件并确定文件是否符合要求，即设计监理对设计文件进行审查验收，验收未通过则需要整改或返工。设计监理对设计文件进行审核和验收的主要依据包括以下几点：

A. 设计招标文件（含设计任务书、地质勘察报告、选址报告）。

B. 设计合同。

C. 城市规划和建设管理部门的有关批文。

D. 地区气象、地震等自然条件。

E. 建设监理合同。

F. 其他有关资料文件等。

② 控制手段。控制设计质量的主要手段是进行设计质量跟踪，对设计文件进行细致的审查，审查的主要内容包括以下几点：

A. 设计图的规范性。审查设计图是否规范、标准，如设计图的编号、名称、设计人、校核人、审定人、日期、版次等栏目是否齐全。

B. 建筑造型与立面设计。考察选定的设计方案进行正式设计阶段在建筑造型与立面设计方面的具体体现情况。

C. 平面设计，包括房间的布置、面积的分配、楼梯的布置、总面积的满足情况。

D. 空间设计，包括层高、空间利用情况。

E. 装修设计，包括外墙、内墙、楼地面、天花板装修设计标准及协调性，以及满足业主装修状况。

F. 结构设计。审核结构方案的可靠性、经济性及配筋情况。工艺流程设计流程是否具有合理性、可行性、先进性。

G. 设备设计，包括设备的布置、选型等。

H. 水电、自控设计，包括给水排水、强电、弱电、消防、自动控制等是否具有合理性、可行性先进性。

I. 城市规划、环境、消防、卫生等部门的满足情况。

J. 各专业设计的协调一致情况。

K. 施工的可行性情况。

对以上的审核有不符合要求和标准的地方，设计监理应要求设计单位进行修改，直至符合标准和要求为止。

13.2.4 工程勘察设计阶段其他相关监理服务

1. 工程索赔事件防范

工程勘察设计合同履行中,一旦发生约定的工作、责任范围变化,或工程内容、环境等变化,势必导致相关方索赔事件的发生。为此,工程监理单位应对工程参建各方可能提出的索赔事件进行分析,在合同签订和履行过程中采取防范措施,尽可能减少索赔事件的发生,避免对后续工作造成影响。

工程监理单位对工程勘察设计阶段索赔事件进行防范的对策包括以下几点:

1) 协助建设单位编制符合工程特点及建设单位实际需求的勘察设计任务书、勘察设计合同等。

2) 加强对工程设计勘察方案和勘察设计进度计划的审查。

3) 协助建设单位及时提供勘察设计工作必需的基础性文件。

4) 保持与工程勘察设计单位沟通,定期组织勘察设计会议,及时解决工程勘察设计单位提出的合理要求。

5) 检查工程勘察设计工作情况,发现问题及时提出,减少错误。

6) 及时检查工程勘察设计文件及勘察设计成果,并报送建设单位。

7) 严格按照变更流程,谨慎对待变更事宜,减少不必要的工程变更。

2. 协助建设单位组织工程设计成果评审

工程监理单位应协助建设单位组织专家对工程设计成果进行评审。工程设计成果评审程序如下:

1) 事先建立评审制度和程序,并编制设计成果评审计划,列出预评审的设计成果。

2) 根据设计成果特点,确定相应的专家人选。

3) 邀请专家参与评审,并提供专家所需评审的设计成果资料、建设单位的需求及相关部门的规定。

4) 组织相关专家对设计成果评审会议,收集各专家的评审意见。

5) 整理、分析专家评审意见,提出相关建议或解决方案,形成会议纪要或报告,作为设计优化或下一阶段设计的依据,并报建设单位或相关部门。工程监理单位可协助建设单位向政府有关部门报审有关工程设计文件。

3. 协助建设单位报审有关工程设计文件并督促设计单位予以完善

工程监理单位协助建设单位报审工程设计文件时,第一,需要了解政府设计文件审批程序、报审条件及所需提供的资料等信息,以做好充分准备;第二,提前向相关部门进行咨询,获得相关部门咨询意见,以提高设计文件质量;第三,应事先检查设计文件及附件的完整性、合规性;第四,及时与相关政府部门联系,根据审批意见进行反馈和督促设计单位予以完善。

4. 处理工程勘察设计延期、费用索赔

工程监理单位应根据勘察设计合同,协调处理勘察设计延期、费用索赔等事宜。

13.3 监理与项目保修阶段咨询服务

工程进入保修阶段,承包商已撤离现场,监理单位应根据工程项目的大小,在参加该项目施工阶段监理工作的监理人员中保留必要人员（可以不设项目监理机构），检查工程使用状况是否正常，并随时听取用户意见，同时与有关承包商保持电话联系，并且要求承包商指定一名联系人。在单位工程竣工验收时，督促承包商向业主方提交"质量保修书"，内容为具体保修项目、期限以及有关承诺。

13.3.1 定期回访

工程监理单位承担工程保修阶段服务工作时，应进行定期回访。因此应制订工程保修期回访计划及检查内容，并报建设单位批准。保修期期间，应按保修期回访计划及检查内容开展工作，做好记录，定期向建设单位汇报。遇突发事件时，监理单位相关人员应及时到场，分析原因和责任，并妥善处理，将处理结果报建设单位。保修期相关服务结束前，应组织建设单位、使用单位、勘察设计单位、施工单位等相关单位对工程进行全面检查，编制检查报告，作为工程保修期相关服务工作总结内容一起报建设单位。

监理企业组织领导层人员参加对业主的回访，是促进监理与业主进一步沟通和交流的重要方法。在回访中，监理人员可以了解到业主对监理服务质量的评价，还可以适当地对某些引起业主不满的原因做出解释，以此尽可能地减少其负面影响。监理人员也可以通过与业主的交流来发现解决监理服务质量问题的有效办法，为组织调整其经营计划和改善其服务过程提供新的思路。监理人员还可以了解到有关业主在工程项目建设方面的新动向，为再次与业主合作做好铺垫。只要监理企业坚持以业主为导向的服务原则，急业主所急，想业主所想，才能达成预期的建设目标。

13.3.2 工程质量缺陷处理

在施工保修阶段，监理企业应安排有关监理人员对业主提出的工程质量缺陷进行检查记录，对承包商进行修复的工程质量进行验收，并签认保修金的支付完成，这意味着整个监理服务生产全过程的结束，业主购买并消费监理服务的过程也就随之结束。对监理企业而言，保修阶段的监理工作不只限于对工程质量缺陷的验收和签认，更重要的内容是对整个监理服务的质量状况进行全面了解，以便对监理服务过程的关键环节进行改进，确保监理服务质量的品质，从而赢得更多的顾客。

对建设单位或使用单位提出的工程质量缺陷，工程监理单位应安排监理人员进行现场检查和调查分析，并与建设单位、施工单位协商确定责任归属，同时要求施工单位予以修复，监督实施过程，合格后予以签认；对于非施工单位原因造成的工程质量缺陷应核实施工单位申报的修复工程费用，并应签认工程款支付证书，同时报建设单位。

工程监理单位核实施工单位申报的修复工程费用应注意以下方面的情况：
1) 修复工程费用核实应以各方确定的修复方案作为依据。
2) 修复质量合格验收后，方可计取全部修复费用。
3) 修复工程的建筑材料费、人工费、机械费等价格应按正常的市场价格计取，所发生的材料、人工、机械台班数量一般按实结算，也可按相关定额或事先约定的方式结算。

13.4 监理与PPP咨询服务

PPP（Public-Private-Partnership），是指政府与社会资本合作，为了提供某种公共物品和服务，以特许权协议为基础，彼此之间形成一种伙伴式的合作关系，并通过签署合同来明确双方的权利和义务，以确保合作的顺利完成，最终使合作各方达到比预期单独行动更为有利的结果的一种新型建设模式。目前，PPP模式涉及的领域非常广泛，包括市政基础设施项目，如道路、桥梁、铁路、地铁、隧道、港口、机场、水利工程、供电、供水、污水处理、垃圾处理、海绵城市等；以及大量公用事业项目，如学校、医疗、养老院、博物馆、体育场馆、活动中心、安居工程、文化园区等；同时涉及产业新城、工业园区等更大规模的综合性建设项目。

住房和城乡建设部在《关于促进工程监理行业转型升级创新发展的意见》（建市〔2017〕145号）中指出鼓励监理企业积极探索政府和社会资本合作（PPP）等新型融资方式下的咨询服务内容、模式。

在PPP模式下，监理企业要做好监理服务工作，不仅需要更为强大的资金运作能力，更需要较高的专业技术水平和充分的人员配备。

13.4.1 PPP模式下监理的特点

对于监理企业而言，为PPP模式项目提供咨询服务无疑是一个重大的挑战。PPP模式项目往往规模大、技术要求高、项目工期要求紧，来自于公众和地方政府的关注度高。PPP模式下的监理模式与传统的业主、承包商、监理单位的三方制衡监理模式相比，监理工作的透明度高、监理周期长、监理责任大。

1. 透明度高

PPP模式的实施对象通常是关系国计民生的政府投资项目。项目的实施和运营不仅被业主强烈关注，也受到社会公众以及媒体的关注。因此，PPP模式下的监理工作处于高度透明的状态，对监理单位提出的要求更高。

2. 监理周期长

PPP模式是政府与社会资本方的合作，工程项目建设的技术难度大、参与的单位众多，这对监理的工作内容和任务要求提高，监理介入项目的阶段也比传统模式更早。项目实施的全过程包括项目规划和立项阶段、投资决策阶段、设计阶段、施工阶段、运营阶段等，通过监理的介入，实现复杂政府投资项目的建设目标与运营目标。

3. 监理责任大

PPP模式是政府和社会资本的合作，实施的项目范围是传统的政府投资领域，来自公众和地方政府的关注度更高。PPP模式对监理工作的要求和工作内容会提出更高的要求，这种情况下，监理单位不仅要为业主提供专业性的咨询管理服务，还应对社会和政府负责。

13.4.2 PPP模式下监理企业的优势与不足

1. PPP模式下监理企业的优势

1）监理企业对现场管理具有成熟的管理经验、管理办法以及完善的管理体系，在质量标准把控、规范解读等方面有专业优势。

2）监理企业是伴随建筑行业的发展而出现的专业监督管理机构，在长期发展过程中具备了人力、资源以及管理方面的集中优势。

3）国家出台相关鼓励政策，推动监理企业向规模化、多元化、市场化的全过程咨询项目管理企业方向发展，有利于监理企业逐步适应PPP模式下的监督管理工作。

2. PPP 模式下监理企业的不足

1）PPP 模式下组成的项目公司的参与方众多，各方所代表的利益不同、出发点不同，可能导致差异出现。监理单位作为第三方协调机构，可能存在着从业人员素质参差不齐、对新型建设模式的理解不够等问题，不利于监理企业在 PPP 模式下的发展。

2）现阶段工程监理企业提供的咨询管理服务主要集中在施工阶段，对建设项目前期可行性研究、勘探、设计以及运营等阶段的监督管理力量较为薄弱，不利于监理企业向全过程咨询方向发展。

3）监理企业受项目公司业主委托，在某种程度上受制于政府方、社会资本方的共同约束，监理的权利可能会受到限制，协调管理的难度加大。

4）PPP 模式的相关制度、规范、实施细则仍处于不断完善和探索的阶段，对监理企业的监督管理工作来说仍存在一定的不确定性。

13.4.3 PPP 模式下监理企业的应对措施

PPP 模式下监理企业的应对措施包括以下几点。

1. 多元化发展

监理企业应向多元化方向发展，并启动各行业监理企业的合并工作，组建大型咨询集团，拓宽监理横向及纵向业务，满足 PPP 模式下政府或项目公司的服务需求，贯穿项目始终，实现项目高质、高效的预期建设目标。

2. 提高从业人员素质

提高监理从业人员素质，积极引进相关行业及相关技术阶段的高素质人才，确保 PPP 模式下全过程咨询的高品质服务。

3. 关注相关的政策发展态势

积极关注 PPP 模式的政策发展态势，调整企业格局，以客户需求为导向，在紧跟改革形势的同时，面对市场和行业积极做好基础工作。只有具备革新与创新能力的监理企业，才能站在行业发展的前端。

4. 抓住市场导向

监理企业应始终抓住市场导向，积极调整管理模式，逐步引进国外项目咨询企业的管理经验，结合国情与政策，建立适合自身发展规律的企业运行和管理模式。

思 考 题

1. 简述工程勘察阶段的监理咨询服务的工作内容。
2. 简述工程设计阶段的监理咨询服务的工作内容。
3. 简述项目保修阶段的监理咨询服务的工作内容。
4. 思考 PPP 模式下监理企业的应对措施。

练 习 题

【背景资料】某学校改扩建工程于 2019 年 8 月 1 日申报竣工，同年 8 月 10 日竣工验收合格，8 月 20 日工程移交，8 月 24 日办理了竣工验收备案手续。总包施工单位提交了工程质量保修书。在保修期间，学校找了一家装修公司进行卫生间装修改造，装修公司盲目施工，将卫生间结构损坏且将给水管打破，导致卫生间漏水，临近房间的装修受损。学校在漏水事件发生后立即通知施工单位维修。结构和防水修复后，各方因维修费用的承担发生争议。

问题一：本案工程保修期的起算时间如何确定？

问题二：本案漏水事故发生后，监理工程师如何处理该事故？

【参考答案】

问题一：

本案工程保修期从竣工验收合格之日起计算，即2019年8月10日。

问题二：

监理工程师做法如下：

1）在考察卫生间结构和防水损坏的情况，要求施工单位制定结构修复的施工方案，并征求设计单位的意见。

2）审批施工方案。

3）督促施工单位按照施工方案修复结构，并重新进行防水施工。

4）进行施工验收，包括结构修复和防水。

5）移交给建设单位。

6）该修复费用由建设单位承担，支付给施工单位，再由建设单位向装修公司索赔。

第14章 综合楼工程监理规划示例

本章概要

　　监理规划是指导项目监理机构全面开展工作的纲领性文件，也是工程监理单位有序地开展监理工作的基础。编制监理规划应明确项目监理机构的工作目标，确定监理工作制度、程序、方法和措施。本章内容包括某大型综合楼工程项目监理规划和大型综合体工程安全监理规划，通过学习帮助读者能够更好地理解如何在实践中编制监理规划及开展相关的监理工作。

学习要求

1. 掌握工程项目监理规划的编制内容。
2. 掌握工程项目安全监理规划的编制内容。

14.1 综合楼工程项目监理规划

14.1.1 工程概况与相关信息

1. 工程名称及工程地址

工程名称：综合楼工程项目
工程类别：高层住宅、商业、车库。
工　　期：2021年5月完成交付
建筑面积：约13万 m^2。

2. 各责任主体名称

建设单位：××置业有限公司

设计单位：××设计有限公司
监理单位：××监理咨询有限公司
勘察单位：××地质工程勘察设计院
施工单位：××建筑工程有限公司

3. 设计概况

本工程由若干个单位工程组成，地上30层，地下2层，1层为结构转换层，建筑高度最高为99m。建筑业态为商业、住宅、车库等。本工程主体结构设计使用年限为50年；建筑结构的安全等级为一级，结构设防为重点设防类，地基基础设计等级为甲级，地下室防水等级为二级。抗震设防基本烈度为6度，设计基本地震加速度值为0.05g，建筑耐火等级分别为一级和二级。

基础采用机械成孔灌筑桩，主体结构采用现浇钢筋混凝土框架柱及异形柱剪力墙结构。

4. 工程重点和难点

（1）施工安全隐患多

1）本工程存在深基坑，支护方式多样，包括桩板挡土墙、锚杆挡土墙和坡率法，存在交叉作业。

2）深基坑临近既有建（构）筑物，最小距离为6m。

3）现场有地下和地上管网，需采取措施进行保护。另外，周边有密集人群，必须采取安全防护措施。

4）建筑结构设计有钢筋混凝土转换层，转换大梁最大尺寸为1000mm×2500mm，楼板厚度为180mm，属于高大模板。

5）由于工期紧，需采用交叉作业，存在物体打击、高处坠落、坍塌、机械伤害等潜在伤亡事故风险。

（2）施工质量要求高

根据合同，该大型综合类工程项目建筑结构必须达到优质结构标准，获得××市优质结构奖。

5. 监理工作的主要控制措施

监理组织机构的主要控制措施包括以下几点：

（1）建立完善的组织保证体系

1）建立健全项目监理部组织机构，责任细化分工明确，签订质量安全责任书，严格按监理工作制度、建设单位工程管理办法、相关法律法规和规范标准实施监理。

2）督促施工单位按合同要求建立健全项目组织机构，责任细化落实到人，监理部严格审查项目管理人员资格，所有管理人员必须持证上岗，每日对项目部管理人员进行考勤，对在岗但责任心不强的管理人员一律建议清退，并严格按照建设单位工程管理办法进行奖罚。

（2）做好事前控制

1）方案先行，严格交底。分部分项工程开始施工前要求施工单位必须先编制专项施工方案，按程序完善审批手续，监理机构严格审批专项方案是否存在违反国家现行规范和强制性标准的情况，是否满足建设单位合同标准，严格按经审批后的专项方案施工。

督促施工单位进行详细的技术交底工作，监理参与施工单位交底会议，确保交底内容详细、专业且通俗易懂，交底会议形成书面文字记录、影像资料，接受交底人员必须自己签字确认。

2) 重要部位、关键工序监理交底。监理部结合项目特点和实际情况，编制监理规划、各专项工程监理细则以及监理工作制度，作为监理工作实施的指导文件。重要部位、关键工序等施工前监理部必须组织施工单位进行监理工作交底会议，如钢筋工程、模板工程、混凝土工程、钢筋机械连接、脚手架工程、砌体工程等，监理部根据工程进度进行监理交底工作。

监理部组织施工单位进行学习和宣贯建设单位的质量安全标准、工程管理办法、飞检方案等指引性文件，严格按建设单位的要求实施，确保达到控制目标。

3) 样板带路。重要部位、关键工序要求施工单位先进行样板施工，样板施工完成后，监理部组织建设、设计、监理、施工，必要时邀请质监站参加，对样板进行质量点评，满足设计、规范以及建设单位管理标准，经参与各方签认后方同意进行全面施工，如水电预留预埋、砌体工程、抹灰工程、保温工程、门窗安装工程等。

(3) 加强检查力度，严把过程控制

1) 严把原材料质量关。所有材料、设备及构配件进场，监理机构必须进行进场检验，观察观感质量，量测规格、型号、壁厚，核对合格证、质量证明文件、备案证等质保资料，并严格按规范要求见证取样送复检，复检报告合格经监理工程师复核签认后方可投入使用。建立材料进场台账，规范化管理。

2) 增强检查密度和力度，严格执行奖惩制度。监理部每天进行不定时、不限时地进行质量安全巡查；各分部分项工序施工完成在施工单位自检合格基础上监理开展平行检查，并填写平行检查记录表发送施工单位；每周一监理部组织施工单位开展质量、安全周检，每月底组织建设、监理、施工单位进行月度安全大检查；每月不定期组织建设、监理、施工单位进行月度质量大检查等。通过定期或不定期的检查，及时发现质量安全问题，下发通知单督促施工单位整改，并安排监理人员跟踪落实，对整改不彻底、拒绝整改、类似问题反复出现的情况严格按照建相关管理办法进行处罚。

3) 以实测实量数据为进度款支付依据。主体结构拆模后、砌体施工完成后、抹灰施工完成后，施工单位必须在三天内完成实体结构的实测实量，监理部必须在施工单位实测实量完成后两天内按要求比例完成抽检。施工单位进度款申报必须附实测实量数据，未达到实测实量目标要求的部分暂不予以支付，整改合格后方可支付。

(4) 加强与近外层及远外层的联系和协调

监理部积极参与工程相关单位的关系协调和纠纷处理工作，始终坚持"严格要求、实事求是、公正科学、热情服务"的原则，充分做好为建设单位和相关单位服务的准备。

14.1.2　建设监理的工作内容、目标及依据

1. 建设监理工作内容

根据监理委托合同，监理单位负责本项目的施工准备阶段、施工阶段及保修期阶段的监理工作，包括本工程土建、装饰装修、给水排水、电气、电梯、消防、智能系统、市政、园林景观等范围。主要开展工程质量控制、进度控制、合同管理、信息管理、安全监理、组织协调等工作，并协助做好投资控制工作。

根据签订的监理委托合同，本工程监理的主要工作内容包括：

1）与建设单位保持密切联系，搞清建设意图和对监理的要求，制订监理规划和监理实施细则。

2）协助建设单位组织图纸会审。

3）配合建设单位办理施工许可证，签发开工令。

4）审查承包商编制的施工组织设计、专项施工方案、施工进度计划、质量保证体系和施工安全防范措施。

5）对承包商的分项、分部及单位工程质量予以确认，对重要部位、关键工序和委托人书面通知的施工要点实行旁站监理，监理人员在现场施工全过程监督和记录。

6）审查承包商和建设单位提供的材料、构配件和设备的数量及质量，做好进场抽检。

7）协助建设单位组织施工图及关键部位的交底，完善设计变更及现场签证等工作。

8）组织召开每周一次的监理例会；组织召开相关专题会议并做好记录。

9）参与处理工程中发生的治理缺陷和质量事故、生产安全事故等。

10）组织召开必要的各种协调会议，协调各方关系。

11）全面负责工程质量及安全工作，督促、检查承包商的"质量保证体系"和"安全保证体系"的运行情况，使其发挥作用，以确保工程有序推进。

12）处理索赔事项，审核承包商的工程付款申请。

13）审查施工单位的技术档案资料及竣工验收资料。

14）及时提交完整的监理档案资料。

15）协助建设单位管理工程档案。

16）实施质量、进度、造价控制。

17）审核承包商的工程决算书。

18）负责核查保修阶段的工程状况，督促承包商回访，监督保修至达到规定的工程质量等级。

19）编写项目监理总结报告。

2. 建设监理工作目标

根据委托监理合同，监理单位为建设单位提供合同规定范围内的监理服务，履行监理的权利和义务，确保监理合同得到全面切实的履行。

1）投资目标。达到监理合同规定投资控制目标。

2）工期目标。按施工承包合同约定工期，进行工程进度目标控制。

3）质量目标。按施工合同约定的质量目标，必须获得市优质结构奖。

4）其他目标。施工安全和文明施工达到合同要求。

为了确保本工程质量目标的实现，结合本工程实际，将本工程的质量目标分解（表14-1）。

表14-1 质量目标控制分解及要求

序号	子项名称	质量目标	目标要求
1	主体工程	合格	1. 钢筋、混凝土、模板等分项工程必须合格，第三方评估综合成绩达到中西部区域前30%，公司月度检查：城市公司前30% 2. 主体结构达到优质结构标准，满足设计要求和强制性规范

(续)

序号	子项名称	质量目标	目标要求
2	建筑装饰装修工程	合格	1. 所有分项工程必须严格按施工工艺标准操作 2. 装饰每个分项或工序均应先做样板，经建设单位、设计、监理和质监验收签认后，方可进行全面施工 3. 分项工艺标准为控制重点，保证面层与基层结合牢固，无空鼓、裂缝及麻面等 4. 混凝土地面及楼面瓜米石面层应随打随压光，一次收光成活 5. 门窗安装垂直方正，无划痕、污染，与墙体连接牢固，开启灵活 6. 加强成品保护，防止后续施工对其损坏和污染
3	建筑屋面工程	合格	1. 屋面防水应按施工工艺标准的工序分层进行控制，并办理工序隐蔽验收手续 2. 屋面防水施工完后，应进行蓄水试验，不渗漏方可隐蔽
4	节能工程	合格	1. 严格按设计及施工方案对各工序进行检查验收 2. 各节能分项施工前应先做样板 3. 严格按照图集做好节能的细部控制
5	建筑给水、排水工程	合格	1. 严格控制预留预埋管洞高度、尺寸、数量 2. 按照设计及规范要求做好各分项的工序验收 3. 按规定进行功能性检测，达到规范要求
6	通风与空调工程	合格	所有分项工程应符合验评标准的规定
7	建筑电气工程	合格	1. 严格按安装工程分项施工工艺标准作业，并做好隐蔽验收 2. 按规定进行相关检测和测试，达到设计和规范要求，并做好成品保护
8	智能建筑	合格	1. 电话通信及宽带网络系统等凡由专业部门按行业要求实施的，其质量控制及验收由该部门全权负责，监理可协助建设单位予以全力配合 2. 除行业管理以外的其他智能工程如电视监控系统、保安巡更系统、住宅防盗对讲系统、电缆电视系统、弱电接地系统等按设计文件和现行规范进行监理质量控制
9	电梯	合格	1. 协助建设单位按现行有关文件规定选择安装队伍和参与安装施工中的工程质量控制，重点进行隐蔽工序检查及验收 2. 现行规定参与电梯的设备验收、安装调试及试验，并配合建设单位和施工单位通过质监局的专项验收
10	室外环境工程	合格	1. 严格控制相关位置及标高，应符合设计规定 2. 涉及局部有装饰性要求的饰面，应符合装饰工程的要求

3. 建设监理工作依据

本工程建设监理的依据包括以下几点：

1）本工程监理合同。
2）本工程施工合同。
3）本工程设计文件。

4）本工程地质勘察报告。

5）本工程施工组织设计文件。

6）《中华人民共和国建筑法》。

7）国家和地方有关工程建设的法律法规及本项目的审批文件。

8）《建设工程质量管理条例》（国务院令第714号）。

9）《建设工程安全生产管理条例》（国务院393号令）。

10）与本工程项目建设有关的标准、验收标准规范、设计文件、技术资料。

11）监理合同以及与建设工程项目相关的合同文件。

12）工程建设强制性条文。

13）其他。

14.1.3 项目监理组织机构的设立

1. 项目监理组织机构的形式及人员分工

本项目监理部采取直线式监理组织机构的形式，在总监理工程师的领导下，对本项目的工程质量、进度、投资、安全文明施工进行控制，实施工程的合同和信息管理及组织协调工作。

项目监理部组织机构设置如图14-1所示。

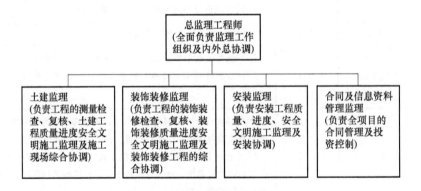

图14-1 项目监理部组织机构设置

监理单位将根据工程实际进度情况和需要对监理人员进行适当调整或补充，数量应满足监理工作正常开展的需要，确保监理工作质量，实现监理工作目标。

项目监理机构人员配备计划见表14-2。

表14-2 项目监理机构人员配备计划

职　　务	姓　　名	专　　业	备　　注
总监理工程师		土建	
监理工程师		土建	
监理工程师		土建	
监理工程师		安装	
监理工程师		安全	

(续)

职　务	姓　名	专　业	备　注
监理员			
监理员			
资料员			后期根据实际添加

2. 监理人员岗位职责

（1）总监理工程师的职责

项目总监理工程师是监理单位派出的全面履行监理合同的全权负责人，行使监理合同授予的权限，并领导项目监理人员开展监理工作。对外向建设单位负责，对内向监理单位负责。总监理工程师的岗位职责包括以下几点：

1）确定项目监理机构人员及其岗位职责。

2）组织编制监理规划，审批监理实施细则。

3）根据工程进展及监理工作情况调配监理人员，检查监理人员工作。

4）组织召开监理例会。

5）组织审核分包单位资格。

6）组织审查施工组织设计、（专项）施工方案。

7）审查开复工报审表，签发工程开工令、暂停令和复工令。

8）组织检查施工单位现场质量、安全生产管理体系的建立及运行情况。

9）组织审核施工单位的付款申请，签发工程款支付证书，组织审核竣工结算。

10）组织审查和处理工程变更。

11）调解建设单位与施工单位的合同争议，处理工程索赔。

12）组织验收分部工程，组织审查单位工程质量检验资料。

13）审查施工单位的竣工申请，组织工程竣工预验收，组织编写工程质量评估报告，参与工程竣工验收。

14）参与或配合工程质量安全事故的调查和处理。

15）组织编写监理月报、监理工作总结，组织整理监理文件资料。

（2）专业监理工程师的职责

1）参与编制监理规划，负责编制监理实施细则。

2）审查施工单位提交的涉及本专业的报审文件，并向总监理工程师报告。

3）参与审核分包单位资格。

4）指导、检查监理员工作，定期向总监理工程师报告本专业监理工作实施情况。

5）检查进场的工程材料、构配件、设备的质量。

6）验收检验批、隐蔽工程、分项工程，参与验收分部工程。

7）参与质量问题和生产安全事故隐患的处理。

8）进行工程计量。

9）参与工程变更的审查和处理。

10）组织编写监理日志，参与编写监理月报。

11）收集、汇总、参与整理监理文件资料。

12）参与工程竣工预验收和竣工验收。

（3）监理员的职责

1）在监理工程师的指导下开展现场监理工作。

2）检查承包单位投入工程项目的人力、材料、主要设备及其使用、运行状况，并做好检查记录。

3）复核或从施工现场直接获取工程计量的有关数据并签署原始凭证。

4）按施工图及有关标准，对承包单位的工艺过程或施工工艺进行检查和记录，对加工制作及工序施工质量检查结果进行记录。

5）担任旁站监理工作，发现问题及时指出并向专业监理工程师报告。

6）做好监理日记和有关的监理记录。

14.1.4 监理工作制度（施工阶段）

1. 质量监理工作制度

（1）图纸会审制度

1）收到设计文件图后，总监或总监代表组织各专业监理认真阅读，做好阅图记录。

2）将监理机构和施工方的阅图记录进行整理汇总，由建设单位转交给设计单位。总监、总监代表和各专业组的监理人员参加设计交底及图纸会审，各专业组要认真做好记录，并各自负责整理本专业的交底会审记录。

（2）施工组织设计（方案）审查制度

1）督促施工单位按时提交施工组织设计或施工方案。

2）总监理工程师组织各专业监理组分别对本专业施工方案进行阅读审查，提出审查意见，并进行汇总。

3）将审查意见及施工组织设计（方案）分别报送给建设单位审批。

（3）开工审批制度

在批准工程开工前，应做好以下工作：

1）审查施工单位企业营业执照、资质等级证书是否与所承接的工程相适应，监理机构公司留存施工单位有关资质复印件备案。

2）审查施工单位项目管理机构人员和特殊工种工人的岗位资质证书，是否与所在岗位相适应，证书复印件报一份送监理机构备案。

3）各专业监理工程师认真阅图，提出专业施工图中存在的问题，熟悉、掌握相关施工规程、规范。

4）参加建设单位主持的设计交底及图纸会审，协助整理会审记录。

5）审核施工组织设计及施工总平面布置，提出审核意见报建设单位批准后执行。

6）检查督促施工单位按经建设单位、监理批准的施工总平面布置图进行临时设施的布置和搭建。

7）组织现场坐标点、水准点、施工场地的移交工作，对施工放线、施工临时水准点、场地方格网标高进行复核检查。方格网标高的复测工作应有建设单位参与。

8）协助施工单位办理见证取样手续。

9）协助施工单位做好砂、石、水泥、钢材、钢筋连接等的见证取样送检工作，施工单位将检验报告和混凝土配合比试验报告报送监理单位审核备案。

10）检查施工单位的质量和安全保证体系是否健全、是否能进行正常运转，管理人员、劳动力等是否按施工方案的要求全部就位。

11）检查施工机具设备是否按施工方案上的规格型号、数量、安装就位并调试合格。

12）检查建设施工许可证、质量监督委托书、规划许可证等资料是否齐备，收取一份复印件备案。

13）所有准备工作完善后，签署开工报告。

(4) 材料、半成品、成品质量检验制度

1）监理工程师要及时对进场原材料、成品、半成品的质量和合格证及时进行检查，无合格证的产品不得用于本工程。

2）按规定需在现场进行抽样复检的材料，督促施工单位及时做好抽样复检工作，并收取检验报告归档备案。

3）设备到场后，核查设备到场型号、技术参数与订货是否相符并符合设计图要求，做好开箱检查记录。

4）对不符合建设单位品牌要求或质量有问题的材料及时做出处理并将情况报告建设单位。

工程所用主要材料的检查规定如下：

1）水泥：检查出厂合格证，材料进场后按水泥品种、标号、出厂日期分别堆放，采取良好的防雨、防潮措施。按同厂、同强度等级、同品种、同生产时间、同进场日期、不超过200t为一批现场见证抽样送检。

2）砂石：进场后按每400m^3为一批进行抽样检验。

3）加气混凝土：检查出厂合格证，进场后按品种、规格在批准的堆放场地分别堆码整齐。并采取防雨措施，按同厂、同品种、同规格、同一生产日期不超过500m^3为一批现场进行抽样复检。

4）页岩砖：检查出厂合格证，按同厂、同强度等级、同生产时间、同进场日期、不超过150000块为一批现场见证抽样送检。

5）钢筋：检查钢筋质保书，钢筋到现场后，按同厂、同炉批号、同规格、同一交货状态、同一进场时间，不超过60t为一验收批，进行见证取样送检。

另外，凡使用新材料、新产品、新技术和新设备的项目，应经建设单位批准，必须鉴定证明产品质量标准、使用说明和工艺要求，监理机构按其质量标准进行检验。

(5) 持证上岗制度

1）认真审查施工单位及有关人员资质、上岗证书，审查施工单位项目组织机构的设置是否符合工程特点，人员配备是否齐备。

2）有关管理人员以及特殊工种工人必须持证上岗。

(6) 样板制度

对钢筋工程、砌体工程、模板工程、内墙抹灰工程、外窗安装工程、室内外墙地砖工程、外墙保温工程及安装中的重要工序应由施工单位先做样板，自查合格后由监理组织建设单位、设计联合验收通过后才允许大面积施工，具体要求如下：

1）钢筋样板应在筏板基础及标准层首层分别报验，报验面积不少于200m^2，或不少于

4道轴线，样板应在首次施工时设置。

2）后砌墙样板宜在主体施工期间穿插进行，住宅工程样板为一户，公建工程选择有代表性房间，且不少于两间。

3）内墙抹灰样板在主体验收时同时报验，住宅工程样板为一户，公建工程选择有代表性房间，且不少于两间。

4）室内外墙地砖样板应在大面积施工前，做出有代表性的样板间或样板段。

5）外窗安装样板宜与外墙保温样板同时报验，样板窗安装不少于3樘，外墙保温样板面积不小于$20m^2$且应包含一个外窗洞口。

6）安装工程样板，住宅工程为一个样板户及相应公共部分，公建工程应选择有代表性部位。

（7）例会制度

1）每周由总监主持召开一次由建设单位、监理、施工三方参加的监理例会，对上周工程的质量、安全、进度进行检查分析，提出意见和改进措施，对生产中存在的问题进行协调解决，对下周的生产和工作进行安排。

2）各专业监理工程师必须参加例会。

3）信息档案监理资料员负责做好会议纪要，总监审查后由与会各方代表分别签字。

4）信息档案监理员负责及时将会议纪要发到各与会单位。

（8）分部分项工程检查验收制度

1）要求施工单位严格执行三级自检制度，每道工序完成后，必须经过班组自检、施工员检查、专职质量员检查三级检查合格，准备齐有关资料后，方可报请监理机构检查验收。

2）对钢筋、模板、砌体、抹灰、保温、防水等重要工序以及主体阶段验收、保温专项验收、分户验收、竣工验收等，必须经监理工程师对现场实物和技术资料检查合格后，方可验收。

3）在进行主体、保温专项验收、分户验收、竣工验收等验收前，总监理工程师应组织各专业监理工程师对工程的实体质量和技术资料进行认真检查，提出书面质量评估报告。

4）信息档案监理员负责做好验收记录，及时整理验收纪要，经总监理工程师审查后分发到有关参与验收的单位。

（9）混凝土浇灌许可证签署制度

1）技术资料检查：钢材、水泥合格证和复检报告，砂石检验报告，钢筋焊接试验报告，钢筋及水电安装预留预埋隐检记录，钢筋模板自检记录。

2）人员落实：前后仓值班管理人员、施工所需各工种工人全部到岗。

3）后仓检查：进场商品混凝土的强度等级，试件制作盒、坍落度检验筒等齐全，机具设备能正常运转。

4）前仓钢筋及模板验收中存在的问题已整改完成，已绑扎好的钢筋有保护措施。

（10）质量缺陷处理

1）对检查中存在的质量缺陷应以书面形式通知施工单位改正，抄送建设单位备案，较严重的报送质量监督部门。

2）对问题的提出和处理均应在监理日志上做好详细记录。对于重要事情的处理，施工单位在处理完成后应给与书面回复。

3）在审查工程进度款时，对质量未经检查确认或质量存在问题尚未处理的工程，不应支付该部分进度款。

4）出现下述情况之一者，由总监理工程师征得甲方同意后，可发出工程暂停或部分暂停指令：

① 上道工序未经检验即进行下道工序。

② 无可靠的质量保证措施贸然施工，出现质量下降征兆者，经指出后，仍未采取有效改正措施，或采取了一定的措施，而效果不好。

③ 擅自采用未经认可或批准的材料。

④ 擅自变更设计图的要求。

⑤ 擅自将工程转包或违法分包。

⑥ 其他需进行停工处理的情况。

2. 进度监理工作制度

1）认真审阅施工组织设计，审核在施工组织和技术方面是否能保证工程按合同工期完成。

2）认真审阅施工单位提交的总进度计划、阶段进度计划、月进度计划，提出合理建议和意见。施工单位在设计交底后10天内编制报送施工总进度计划，监理工程师提出审核意见报建设单位批准后执行。施工单位在每月30日报送下月生产进度计划，月进度计划必须符合总进度计划的要求，月进度计划应有说明，内容包括本月进度执行情况，是否有偏离，偏离原因分析，下月计划采取何种对策措施、劳动力安排、机具设备安排等。监理工程师提出审核意见报建设单位批准后执行。

3）督促施工单位做好前期准备工作，及时签署单位工程开工报告。

4）监督施工进度计划的实施，及时审查施工单位报送的进度报表、已完项目时间及工程量。对实际进度资料核实整理，并与计划进度进行比较，若出现偏差，要分析此偏差对进度控制目标的影响程度及产生的原因，以便研究对策，提出纠偏措施，必要时对进度计划进行适当的调整。

5）每周组织现场协调会，通报工程进度状况、存在问题及下周进度安排，解决施工中的相互配合问题。

6）及时审核签发工程进度款，保证资金供应。

7）审批工程延期，如工期拖延，无法按合同工期完工需调整计划延长工期时，根据合同有关规定，公正区分工期延误和工程延期，实事求是地做好工期方面的签证，合理批准工程延期时间。

8）协助建设单位在明确做法、甲供材料供应、装饰水电材料的选定方面满足施工进度的要求。

9）在监理月报上报告工程进度、质量、文明施工情况，并报送建设单位。

3. 投资监理工作制度

1）认真研究熟悉合同文件、设计图、预算定额、设计变更、施工组织设计、甲乙双方有关经济方面的往来函件、会议纪要、协议等。

2）督促施工单位按合同规定的时间完成预结算的编制工作。

3）按合同规定时间完成预结算的审查工作，并将审查意见书面报送甲方审批。

4）对预结算的审查要做到工程量准确，定额套用合理，符合国家现行政策和施工合同的有关规定。

5）对甲乙方有争议的地方，应积极协调解决双方的争议，公正地阐明监理方的意见。

6）造价监理人员在整个工程的施工过程中，应做好对相关信息、资料、数据的收集、整理、统计、分析工作。

7）对施工过程中施工单位提出的签证或索赔，现场监理人员应会同造价监理人员一起，对其资料进行认真的研究和审查，在审查时应注意以下几点：

① 所写事实是否属实，文字叙述是否清楚详细，是否有相应照片。

② 是否符合国家相关政策文件和施工合同的规定。

③ 对工程量、费用、工期延期的计算是否准确合理。

④ 监理机构提出审查意见时，应做到合法、合理、准确、文字叙述严谨，所有签证均要及时报送建设单位。

⑤ 经甲方、监理、施工方三方签字认可的资料应一式三份，三方各执一份。

8）对涉及金额和工期延期方面的签证，应将情况报告总监理工程师，具体如下：

① 监理人员对所报的工程形象进度和工程质量要进行审查认可。

② 造价监理人员对经现场专业监理人员认可的工程部位的工程量应进行认真审核。

③ 月度工程进度款支付以实体质量实测实量数据为依据，若实测实量不满足建设单位实测成绩目标，则该部分工程量不予计算进度款。

4. 合同管理制度

1）向有关单位索取合同副本，建立合同管理档案。

2）各专业监理人员要了解掌握合同内容，以便进行合同的跟踪管理，包括合同各方面执行情况检查，向有关单位及时、准确反映合同信息。

3）协助建设单位处理与项目有关的索赔事宜及合同纠纷事宜。

5. 信息技术资料的管理制度

1）内业信息技术管理人员应建立好监理档案，对有关技术资料进行分类归档，对有关技术数据每月进行统计分析。

2）现场各专业监理人员应随时对自己所负责部分的工程技术资料进行认真检查，做好本专业的有关信息数据的收集整理工作，每月要对相关数据进行统计分析。

3）文件传阅制度：对有关上级文件、往来函件由相关人员传阅签字后交内业资料管理人员存档。

4）监理日志：各专业监理人员对每天的工程进度执行情况、安全文明施工检查情况、工程质量检查情况、以及当天办理的其他有关工程上的事项在当天的监理日志上做好详细的记录。

5）文件的收发：凡项目监理部外发的文件必须由总监或总监代表签字，档案监理员按规定做好收发登记，签收人要写明签收日期，对重要文件签收人还应写清楚签收的具体时间。对需要书面回复的文件，应在48小时内给予书面回复。

6）监理月报：各专业监理在每月30日以前应将本专业的工程质量、进度、投资的控制情况，合同执行情况，下月工作计划等书面资料交总监代表汇总成监理月报，经总监理工程师审查签字后报监理单位和建设单位。

6. 施工阶段监理工作程序及流程

（1）施工阶段监理工作程序

1）建立项目监理机构，进驻工地现场。

2）熟悉设计文件、施工图说及有关资料。

3）编制监理规划及监理实施细则。

4）参加设计交底和图纸会审。

5）项目监理机构将监理人员名单、监理程序、监理报表等，书面通知承包单位。

6）审查承包单位的施工组织设计。

7）参加建设单位组织召开的第一次工地会议。

8）参与审批承包单位提出的开工报告。

9）项目监理机构对工程项目的施工质量、进度进行控制，并协助建设单位进行投资控制。

10）审查分包单位资质，并提出意见。

11）组织工程的初步验收。

12）审查工程技术档案资料。

13）参与工程的竣工验收并签认"工程移交证书"。

14）编写并向建设单位提交程监理资料。

15）向公司档案室移交本工程监理资料。

（2）施工阶段监理工作流程框图

参照《建设工程监理规范》（GB/T 50319—2013）附图。

14.1.5　工程质量控制

1. 工程质量控制的措施及质量事故的处理

（1）工程质量控制的措施

合同约定，本工程必须达到：①现行质量验收"合格"；②建设单位工程质量飞检综合成绩在中西部区域前30%分位；③城市公司月度检查排名前30%。

工程质量控制的措施包括组织措施、技术措施、经济及合同措施。

1）组织措施。建立健全监理组织，完善职责分工及有关质量监督制度，落实责任制。

2）技术措施。严格执行工程质量监理的事前、事中、事后控制方法。

3）经济及合同措施。严格执行工程质量的检查验收制度，凡是达不到合同规定质量标准的不得支付工程款。

（2）实测实量质量控制措施

1）组织措施。监理部和施工单位成立专业实测实量小组，对实测实量小组成员进行测量设备操作规程、测量方法、测量标准等知识培训，确保实测实量数据客观真实，具有代表性。

实测实量小组随施工进度情况及时进行实测实量并形成书面记录，监理部定期组织召开专题会议，对阶段实测实量的结果进行分析，商议纠偏措施、整改措施以及防治方法，并落实责任人，跟踪整改情况。对整改不彻底、类似问题反复出现的情况必须严格按照建设单位工程管理办法进行处罚。

2）技术措施。监理部组织施工单位管理人员对建设单位的第三方评估方案、施工工艺标准进行系统的学习，要求施工单位在编制专项施工方案时将建设单位要求和管控措施编制进方案，经监理工程师审核后严格按照方案实施。施工单位必须对管理人员、测量人员、作业工人进行相应的实测实量技术交底。

① 主体结构实测实量主要控制措施。

A. 要求施工单位在全部墙柱边 300mm 处弹下口双控制线，用以复核墙、柱模板下口位置。

B. 墙、柱模板优先选用方管进行加固，螺栓间距不得超过 500mm×500mm，3m 层高共 5 道螺杆，第一排螺杆离地小于 200mm，最上面一排螺杆小于 500mm；外围墙柱模板伸入下层结构至少 150mm，必须利用下层混凝土墙柱对拉螺栓加固，严格控制外墙垂直度，防止新旧混凝土错台现象发生。

C. 模板安装完成后，实测小组采用激光投射仪、线锤和钢尺等对安装好的墙、柱模板垂直度、平整度，板模板标高和平整度进行复核，对偏差超过 3mm 的模板进行调整、加固，并重新复核，满足要求后方可进入下道工序施工。

D. 要求施工单位在梁、板混凝土浇筑时，派专人对板平整度及墙柱垂直度进行跟踪检查。浇筑楼板混凝土前，由测量人员在钢筋上测好结构标高控制点（每个柱墙构件必须抄测、打点），然后交叉拉广线检查混凝土浇筑高度。

E. 砌筑前要求施工单位对施工图进行深化，绘制砌体排版图，设置皮数杆，并拉线砌筑，严格控制墙面平整度、砌体灰缝厚度、后塞口高度等。

F. 砌筑结束后，实测小组用靠尺对墙面平整度、垂直度进行检查，并将检查数据上墙，对于不符合要求的砌体，一律返工整改。

② 抹灰工程实测实量主要控制措施。

A. 抹灰应采用双线控制，控制线距离墙体边线 300mm，便于控制墙面平整度、垂直度、阴阳角方正等。

B. 增加灰饼的密度，采用激光扫平仪辅助贴饼，灰饼距墙体顶部、底部的距离控制在 200~400mm，灰饼间距不大于 1500mm，保证 2m 靠尺刮灰至少都能落在两个灰饼上。

C. 门窗洞上口应设置灰饼，以保证与大面平整度、垂直度一致，门窗洞口收边时应与大面顺平。

D. 门垛、门窗洞口、烟道等均应设置尺寸控制线，依据尺寸控制线进行收边、收口。

E. 墙面抹灰结束后，将控制线引测至抹灰层表面，以便检查，并将检查数据上墙。

③ 楼地面工程实测实量主要控制措施。

A. 灰饼间距不超过 1500mm，并保证刮灰过程中刮板每次至少落在两个灰饼上；灰饼距离四周墙体距离不超过 200mm。

B. 设置灰饼时，应使用激光扫平仪及卷尺检查灰饼高度，对水平高度超标的灰饼进行修正。

C. 控制好表面拉毛时间，以解决表面起砂及开裂问题。

D. 为较好地控制楼地面表面收缩，应严格控制好水泥砂浆、细石混凝土或全轻混凝土的水灰比。

E. 地面完成 8~10 小时，开始进行蓄水养护，时间不低于 72 小时。

(3) 工程质量缺陷和质量事故的处理

1) 工程质量缺陷的处理。

① 施工中发生质量缺陷时,要求施工单位写出书面报告,提交给项目监理机构和相关部门或单位,当质量缺陷较为严重时,可责令该部分工程暂停。

② 监理人员在审查施工单位的质量缺陷处理方案时,应征求设计单位、建设单位、地勘单位的意见,方案由设计单位对处理方案签字确认后,方可实施。

③ 当质量缺陷较为严重时,也可由设计单位给出处理方案。

④ 施工单位对发生的工程质量缺陷处理完后,项目监理机构应组织有关部门和单位对处理结果进行验评确认并完善相关资料。

2) 工程质量事故的处理。当工程项目发生质量事故时,应按照《生产安全事故报告和调查处理条例》(国务院令第 493 号)进行处理。

2. 监理工作质量控制

(1) 工程质量控制

1) 工程材料、构配件和设备质量控制程序。

① 承包单位自检合格后向监理工程师提交报验单及相关证件和质量证明资料。

② 专业监理工程师审核、检查,需要送复检的严格按规范要求进行见证取样送复检。

③ 经检查、送复检合格后方可使用。

2) 分项(含工序、隐蔽工程)分项工程质量控制基本程序。

① 承包单位自检合格后向专业监理工程师报验。

② 专业监理工程师审核资料、组织相关人员现场验收。

③ 检验合格,专业监理工程师签认后,承包单位可进入下道工序施工。

3) 工程质量控制工作内容。

① 监理工程师审查承包单位报送的施工方案,提出审查意见后,报送总监审核、签发。

② 监理工程师应对承包单位报送的工程施工测量放线成果进行审核和检查。

③ 监理工程师应对承包单位(含建设单位)报送的拟进场工程材料、构配件和设备的质量证明资料进行审核,并对进场实物按规定进行见证取样后进行复验。

④ 监理人员应对施工过程进行有目的的巡视检查、平行检验。对其中可能发生质量通病的部位及各监理工作质量控制点的关键重要部位进行跟踪旁站监督和检测。

⑤ 监理工程师应对承包单位报送的施工预(自)检、工序交接检查、隐蔽工程验收资料进行审核,并在现场进行检查,符合要求后方可签认。

⑥ 专业监理工程师应对承包单位报送的分项工程质量验评资料进行审核,符合要求后予以签认。

⑦ 总监应组织监理人员对承包单位报送的分部工程质量验评资料进行审核,符合要求后予以签认。

⑧ 当施工过程中出现的质量事故时,总监应立即签发"工程暂停令",监理机构在事故调查组开展工作后协助配合调查组的工作,客观公正地提供相应证据,接到调查组提出的技术处理意见后,要求施工单位按该意见编制施工方案并报设计单位审核,编制监理实施细则,对方案实施监理,组织有关各方进行验收;要求事故单位编写质量事故处理报告,并审核签认;总监签发"工程复工令"。

(2) 质量控制点部位与控制

1) 设置质量控制的关键部位。质量控制的关键部位见表 14-3。

表 14-3 质量控制的关键部位

序号	部位	内容
1	主体结构	钢筋隐检
		模板支撑
		砌体样板
		实测实量
2	防水	基层处理
		材料检测
		闭水试验
3	抹灰	基层处理
		实测实量
4	保温节能	基层处理
		材料检测
		样板验收
5	门窗	样板验收
		材料检测
6	栏杆	样板验收
		推力试验
7	给水、消防给水	压力试验
8	消防设施	联动调试

2) 施工阶段各分项（含工序）分部工程质量控制要点及手段。质量控制要点及手段见表 14-4。

表 14-4 质量控制要点及手段

序号	工程项目	质量控制要点	控制手段
1	现浇钢筋混凝土主体结构工程	轴线、高度及垂直度	测量
		断面尺寸	量测
		钢筋：数量、直径、位置、接头	量测
		施工缝处理	现场检查、旁站
		混凝土强度：配合比、坍落度、强度	现场制作试块、审核试验报告
		预埋件：型号、位置、数量、锚固	现场检查、量测
2	砌筑工程	砌墙的砂浆强度等级（配合比）	砂浆配合比试验
		灰缝、错缝	现场检查
		门窗孔位置	量测
		预埋件及埋设管线	现场检查、量测

第 14 章 综合楼工程监理规划示例

(续)

序号	工程项目	质量控制要点	控制手段
3	室内初装修	材料配合比	试验
		室内抹灰厚度、平整度、垂直度	要求作样板间并量测
		室内地坪厚度、平整度	要求作样板间并量测
4	外装修工程	主要装饰材料	量测、检查
		底层、找平层	量测
		分格、挂线及不同面层衔接	量测、试验
		面层的平整、均匀及整体协调	试贴作样板
5	门窗工程	防火门:位置、尺寸、开关、安装方向	检查、量测
		塑钢窗:嵌填、定位、安装、关闭、开关	检查、量测
6	屋面防水工程	找平层:厚度、坡度、平整度、防裂纹	观察、量测
		保温层:厚度、平整度	观察、量测
		防水面层:填嵌、粘接、平整	观察、检查
		落水管:安装、接头、排水	观察、检查
7	建筑节能工程	材料:品种、规格	试验、核查资料
		基层:垂直度、平整度、清洁	观察、量测
		保温层:厚度、粘接、平整	检查、试验
		细部:构造、处理	对照、检查
8	室内给水排水管道安装工程	安装位置及坡度、接头	观察、量测
		管阀连接位置、接头	观察、量测
		水压试验	水压试验及测定
		水表、卫生洁具、器件	观察、量测
		排水系统通水试验	通水试验
9	室内电气线路安装工程	变配电设备安装:位置、高度、线路连接	观察、量测
		屏柜、附件及线中安装	观察、量测
		绝缘、接地	观察、量测
10	通信工程	设备安装:位置、高度、线路连接	观察、量测
		线路及附件安装	观察、量测
11	高级装饰工程	饰面板材表面、接缝、几何尺寸	观察、量测
		骨架位置、安装	观察、量测

14.1.6 工程进度控制

1. 工程进度控制程序

1) 建设单位与承包单位在施工合同中确定工期目标。
2) 承包单位编制并报送施工总进度计划。
3) 审批施工总进度计划。
4) 审批承包单位编制的年、季、月度施工进度计划。

5) 督促承包单位按计划组织实施。

6) 对进度实施情况检查分析，并进行动态管理。

7) 实施计划符合计划进度，承包单位编制下一期进度计划，若实际进度偏离计划进度，督促承包单位采取纠偏措施并督促组织实施。

2. 工程进度控制的内容

1) 依据工程承包合同有关条款、施工图及施工现场实际情况，编制施工进度控制措施（方案），对进度目标进行风险分析，制定防范性对策。

2) 审查承包单位报送的施工进度计划，并对进度计划签署意见后报送建设单位。

3) 检查进度计划的实施，并记录实际进度（偏离合同）情况，若发现实际进度偏离合同要求，应指令承包单位采取调整措施。

4) 定期向建设单位报告进度计划执行情况，并提出合理的建议，以预防由于建设单位的原因导致工程延期和费用索赔的建议。

5) 及时收集整理有关工程进度方面的资料，为公正、合理地处理工程延期提供证据。

6) 审查承包单位报送的各项调整计划并签署意见，审批后报送建设单位。

3. 工程进度动态控制流程

工程进度动态控制流程框图如图 14-2 所示。

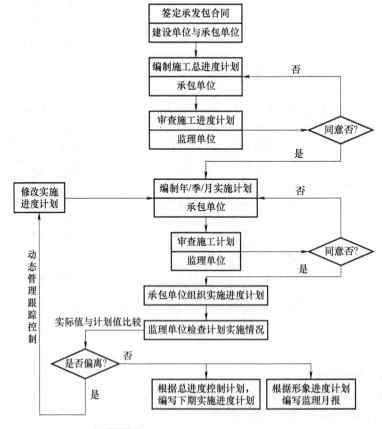

图 14-2　工程进度动态控制流程框图

4. 工程施工进度控制

（1）工程施工进度控制措施

1）组织措施：落实监理工作进度控制责任制，建立工程进度控制协调制度和调控机制。

2）技术措施：建立施工作业计划体系，增加可同时进行的施工作业面，采用施工新工艺、新技术、高效设备缩短工艺流程及技术间隙时间。

3）经济措施：严格奖罚机制，对由于施工方的原因造成工期延误的要进行经济处罚（反索赔），对提前工期的施工方要予以奖励。

4）合同措施：按合同规定工期进行全面管理和协调，保证工程进度始终按合同要求正常进行，不出现偏离合同工期目标的情况。

（2）工程施工进度的事前控制

1）编制项目总进度计划目标，作为施工承包合同工期条款的依据。

2）审核承包单位提交的施工进度计划（含总计划，年、季、月度计划），必须符合工程承包合同的总进度目标。

3）审核承包单位的施工方案及措施。充分利用技术组织措施，赢得时间，保证工期目标实现。

4）审核承包单位提交的施工总平面图，使之与施工措施及施工进度计划合理协调。

5）制订由建设单位供应材料设备的需用计划，保证其按时供应至现场，满足施工进度要求。

（3）工程施工进度的事中控制

工程施工进度事中控制的重点是对工程进度进行跟踪检查，实施动态管理和合理调整。

1）建立包括反映工程进度控制的监理日志，逐日记载当天工程进度进展情况和影响施工现场进度的自然或人为因素等。

2）对工程实际进度进行跟踪检查，及对照周月计划进行审核认定。其要点包括：①计划进度与实际进度的差异；②形象进度，实物工程量与工作量指标完成情况的一致性。

3）按工程承包合同规定，及时进行工程计量验收。

4）切实做好工程进度方面的签认和工程计量签证的把关工作，作为工程进度款拨付、费用索赔、工期延长的基本依据。

5）实施工程进度控制的动态管理，比较计划进度与实际进度的差异，出现滞后偏差时，应协助承包商分析原因，并要求承包商编制纠偏调整计划，经建设单位、监理单位认定后实施。

6）协调建设单位按时向承包商支付工程进度款，以保证工程必需的资金到位。

7）组织现场含工程进度在内的协调会，及时排除影响工程进度的因素，其主要职能包括：①协调总承包单位不能解决的相关工程的管理事宜；②协调施工现场平面图管理事宜；③协调现场出现冲突事宜。

8）定期或不定期地以书面形式向建设单位报告有关工程进度情况，一般每月通过监理月报方式进行报告，特殊情况可进行专题报告。

（4）工程施工进度的事后控制

当实际进度较计划进度出现滞后偏差时，可采取以下措施：

1）制定保证总工期不被突破的措施，包括：①技术措施，如缩短工艺时间、减少技术间隙，实行平行流水及立体交叉作业等；②组织措施，如更换项目管理团队，增加作业队及人数，增加工作班次等；③经济措施，如实行包干奖金，提高计件单价和奖金水平；④其他措施，如改善外部配合条件和劳动条件，实施强有力调度。

2）制定总工期被突破后的补救措施。

3）以调整进度计划为基础，同时调整施工计划、材料设备供应计划和资金计划，使之与进度计划协调同步。

(5) 实际影响进度因素的统计

编制好进度影响因素统计表（表14-5），可作为进行工程进度影响原因分析及索赔、调整计划的原始资料。

表14-5 进度影响因素统计表

时 间	实际影响进度统计天数（天）						
	资金	材料	劳动力	组织	气候	机械	其他原因
1月							
2月							
3月							
第一季度合计	A = 天	B = 天	C = 天	D = 天	E = 天	F = 天	G = 天

14.1.7 工程投资控制

1. 投资控制的原则和内容

(1) 投资控制的原则

1）以建设单位与承包商依法签订的工程施工承包合同中确定的工程总价款作为投资控制目标。

2）按工程施工承包合同中确定的工程款支付方式和时间签认和拨付。

3）按工程施工承包合同中确定的工程款结算方式进行竣工结算。

(2) 投资控制的原则

1）核实工程量，在现场进行实物计量并签认。

2）控制工程变更（含设计变更及洽商）。

3）严格按照资金计划切块进行资金使用管理。

2. 投资控制的方法与控制的要点

(1) 投资控制的方法

1）按项目分年度、季度编制投资分解目标控制表（表14-6），形成分部目标控制。

表14-6 投资分解目标控制表

单位工程总价	万元								备注
年/季度	20 年				20 年				
	一	二	三	四	一	二	三	四	

2）格执行工程计量方法及工程变更程序，包括工程变更程序和工程计量程序。

3）积极推广新技术、新经验、新工艺及最佳施工方案。开展合理建议，节约开支，提高综合经济效益。

4）加强投资信息管理，定期进行投资对比分析。

5）搞好与建设单位、设计单位、承包商、供应商以及上级主管部门的综合协调，保证工程顺利进行。

（2）投资控制的要点及措施

1）事前控制要点。

① 熟悉设计文件，对标底、标书、合同价的构成因素进行分解和分析，找出投资控制的最容易突破环节，作为重点进行有针对性的管理。

② 加强工程管理和合同管理，尽可能将索赔事件控制到最低限度。

③ 加强工程前期的管理及建设前期的充分准备，确保准时开工，连续施工，按时竣工。

④ 按合同规定进行材料和设备的订货和供货，保证工程施工需要。

⑤ 做好设计图的会审及工程项目施工图交底工作，对那些影响工程投资的设计上的因素进行严格控制。

2）投资事中控制要点。

① 及时配合建设单位处理施工现场由非承包单位的原因产生的影响工程施工的问题（不含不可抗力因素），控制索赔事件的发生。

② 加强工程施工各方的协调和衔接配合，力争保证工程施工连续进行，防止建设单位违约造成索赔条件。

③ 严格控制工程变更和设计修改，对其实施前必须经过经济技术分析比较论证，确实可行时，才予以进行。

④ 严格按规定程序及时进行现场计量验方和费用签证，防止事后补签造成费用签证不准而引起工程费用增加。

⑤ 按合同规定，严格控制工程款的支付。在支付工程款时，严格按规定程序经层层确认并由建设单位批准后支付。

⑥ 建立健全价格信息制度，经常调查研究市场和主管部门的价格信息情况及变化，及时采取相应的控制措施。

⑦ 检查督促承包单位执行工程承包合同的规定内容，保证各方严格履约。

⑧ 定期地进行工程费用的分析比较，发现偏离投资计划时，应及时采取纠偏措施，对投资计划进行动态跟踪管理。

⑨ 定期向建设单位提交投资控制动态书面报告。

3）投资事后控制要点。

① 认真审核承包单位提交的结算资料。

② 按规定的程序和经核实的证据，公正地处理承包单位提出的工程费用及延期索赔事宜。

4）投资控制措施。

① 组织措施：建立健全监理组织，完善职责分工及相关制度，落实投资控制责任制。

② 技术措施：审核施工组织设计和施工方案，合理开支施工措施费，按合理工期组织

施工，避免赶工增加工程费用。

③ 经济措施：及时进行计划费用与实际开支费用的比较分析，加强投资计划费用的跟踪动态管理。

④ 合同措施：按合同条款支付工程款，防止过早过量地支付款项，全面按工程承包合同履约，严格控制造成承包单位提出索赔的条件或机会，公正处理索赔事件。

14.1.8 合同管理与信息管理

1. 合同管理

（1）合同管理的主要内容

1）协助建设单位明确工程项目的合同结构。

2）协助建设单位起草与本工程项目有关的各类合同（包括设计、施工、材料和设备订货等合同），并参与各类合同谈判。

3）进行上述各类合同的跟踪管理及各方执行合同情况的检查。

4）协助建设单位处理与本工程项目有关的索赔及合同纠纷事宜。

（2）合同管理措施

1）熟悉掌握合同中每一项内容和约定，明确各方的责、权、利，正确处理三方关系。对合同中表达不清的字句，及时进行明确解释，形成书面共识。

2）用书面指示或函件代替口头指示。

3）结合工程及现场实际，经协商灵活处理各项工程事宜，并有书面记录。

4）加强工程进行中各项函件、记录的认定和管理，使之作为有效资料和监理调解依据。

（3）合同管理制度

1）掌握合同内容，对合同执行情况进行跟踪检查和管理，定期对合同执行情况向建设单位进行书面报告。

2）严格审核工程变更、设计修改和工程费用签证，准确核定承包单位申报的工程量。

3）督促承包单位按合同工期编制的计划落实工程进度，并对合同中约定的工期和进度进行跟踪管理，及时提供合同工期执行方面的相关资料。

4）加强与建设单位就合同履约方面的衔接与联系，通过建设单位强化对工程相关合同履约的管理。

（4）索赔（含反索赔）

为了维护建设单位的利益和承包单位的合法权益，保证各项施工合同正常履行，减少索赔事项的发生，监理工作中应切实做好以下几项工作：

1）协助建设单位认真研究审查各工程合同条款的准确性，尤其对索赔条款力求清楚、确切，减少索赔争议。

2）协助建设单位督促合同签订的各方严格按合同履约，使工程以达到合同规定的工程投资、工程质量和工程进度目标。

3）严格控制工程变更和洽商，减少由此而引起的费用和工期变化。

4）凡涉及工程费用发生的工程变更与洽商，应征得建设单位同意后方可实施。

5）坚持中间交验制度，保证中间交验资料齐全、手续完善，避免因中间交验不清造成索赔事宜发生。

6）在日常工作中做好监理记录，特别是索赔方面的记录，同时留下影像资料，对索赔事件做出客观公正的分析。

（5）合同管理关系

建设各方的合同管理关系框图如图14-3所示。

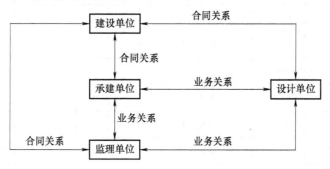

图14-3 合同管理关系框图

2. 信息管理

（1）信息管理的内容

1）建立本工程项目的信息编码体系。

2）负责本工程项目各类信息的收集、整理和保存。

3）运用电子计算机进行本工程的"质量""进度""投资"控制和合同管理，并向建设单位提供有关本工程项目管理的信息服务。

4）督促参加建设的各方及时整理完善工程技术和经济资料，并使用计算机进行管理。

（2）信息编码与信息目录

1）建立信息资料编码系统，如图14-4所示。

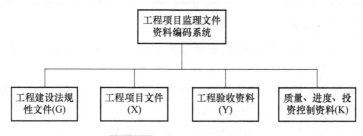

图14-4 信息资料编码系统

2）信息目录。信息目录见表14-7。

表14-7 信息目录

| 序号 | 信息类型 | 时间 | 供应信息者 | 信息接受者 | | | | | 备注 |
				上级	建设单位	承建单位	监理单位	设计单位	有关单位	
1	上级文件	不定时	部、市有关部门		√	√	√		√	
2	会议纪要	不定时	建设单位、承建单位、监理公司		√	√	√		√	例会定时

（续）

序号	信息类型	时间	供应信息者	信息接受者					备注
				上级	建设单位	承建单位	监理单位	设计单位	有关单位	
3	监理报告	不定时	监理单位		√				√	
4	监理月报	定时	监理单位		√	√				
5	监理工作联系单	不定时	监理单位		√	√			√	
6	质量报验（收）	不定时	承建单位		√		√			
7	工程量申报	定时	承建单位		√		√			
8	工程款申报	定时	承建单位		√		√			
9	监理通知（回复）	不定时	监理单位（承建单位）		√	√	(√)			
10	监理工作联系单	不定时	监理单位、承建单位		√	√				
11	工程变更（含设计）	不定时	建设单位、设计单位		√		√	√		
12	工程洽商	不定时	承建单位		√		√	√		
13	工程索赔	不定时	承建单位、建设单位		√	√				建设单位为反索赔
14	施工组织设计方案	定时（不定时）	承建单位		√		√		√	
15	工程结算	定时	承建单位		√		√			

3）信息管理制度及职责。

① 信息管理人员负责本工程实施阶段全过程的信息收集、整理，并按规定编目，输入计算机中存档。

② 总监组织定期工地例会，信息管理人员负责整理会议纪要，并经总监以及与会各方对会议纪要分别签认后，将会议纪要打印分发。

③ 专业监理工程师定期或不定期检查承建单位的原材料、构配件、设备的质量状况及工程质量情况并予以签认后，由信息管理人员汇总输入计算机中存档。

④ 专业监理工程师督促检查承建单位及时整理施工技术资料，并按规定程序签认完善后，提交监理单位（含建设单位），存入计算机中备查。

4）信息签认流程。信息签认流程如图14-5所示。

（3）监理归档资料目录明细

1）合同文件：监理合同、施工合同。

2）勘察设计文件。

3）监理规划。

4）监理实施细则。

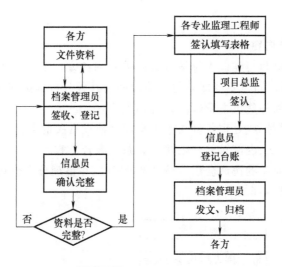

图 14-5　信息签认流程

5）分包单位资格报审表。
6）设计交底与图纸会审会议纪要。
7）施工组织设计（方案）报审表。
8）工程开工/复工报审表及工程暂停指令。
9）测量核验资料。
10）工程进度计划。
11）工程材料、构配件、设备的质量证明文件。
12）检查试验资料。
13）工程变更资料。
14）隐蔽工程验收资料。
15）工程计量单和工程支付证书。
16）监理工程师通知单。
17）监理工作联系单。
18）报验申请表。
19）会议纪要。
20）来往函件。
21）监理日记。
22）监理月报。
23）质量缺陷与事故的处理文件。
24）分部工程、单位工程等验收资料。
25）索赔文件资料。
26）竣工结算审核意见书。
27）工程项目施工阶段质量评估报告等专题报告。
28）监理工作总结。

14.1.9 组织协调

1. 组织协调的工作内容

1）组织协调就是协调与建设单位签订合同关系的各方,参与本工程建设中的配合、衔接关系,处理有关问题,同时要督促总包单位协调与其各分包单位的关系。

2）协助建设单位到各建设主管部门办理相关事宜。

3）协助建设单位衔接或处理各种与本工程项目建设有关的事宜或争议。

4）协调项目监理组织内部对外的衔接、联系及配合事宜。

5）组织与本工程有关的协调会议（含工地例会）并整理分发会议纪要。工地协调会议纪要签发流程框图如图14-6所示。

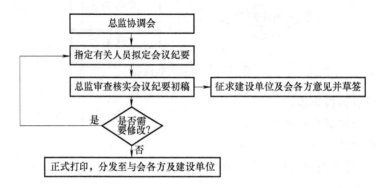

图14-6 工地协调会议纪要签发流程框图

2. 工程建设项目验收的组织

（1）检验批和分项工程验收组织

检验批由专业监理工程师组织项目专业质量检验员等进行验收；分项工程由专业监理工程师组织项目专业技术负责人等进行验收。

检验批和分项工程是建筑工程施工质量基础,因此所有检验批和分项工程均应由监理工程师组织验收。验收前,施工单位先填好"检验批和分项工程的验收记录",并由项目专业质量检查员和项目专业技术负责人分别在检验批合分项工程质量检验记录的相关栏目中签字,然后由监理工程师组织,严格按规定程序进行验收。

（2）分部工程验收组织

分部工程应由总监理工程师（建设单位项目负责人）组织施工单位项目负责人和项目技术负责人、项目质量负责人等进行验收；由于地基基础、主体结构技术性能要求严格,技术性强,关系到整个工程的安全,因此规定与地基基础、主体结构分部工程相关的勘察单位、设计单位工程项目负责人和施工单位技术、质量部门负责人也应参加相关分部工程的验收。

（3）单位工程竣工验收组织

1）初步验收程序。当单位工程达到竣工验收条件后,施工单位应在自查、自评工作完成后,填写工程竣工报验单,并将全部竣工资料报送项目监理机构,申请竣工验收。总监理工程师组织各专业监理工程师对竣工资料及各专业工程的质量情况进行全面检查,对检查出的问题,应督促施工单位及时整改。对需要进行功能试验的项目(包括单机试车和无负荷试车),监理工程师应督促施工单位及时进行试验,并对重要项目进行监督、检查,必要时请建设单位和设计单位参加;监理工程师应认真审查试验报告单并督促施工单位做好成品保护和现场清理。

经项目监理机构对竣工资料及实物全面检查、验收合格后,由总监理工程师签署工程竣工报验单,并向建设单位提交质量评估报告。

2)正式验收。建设单位收到工程验收报告后,应由建设单位项目负责人组织施工(含分包单位)、设计、监理等单位(项目)负责人进行单位(子单位)工程验收。单位工程由分包单位施工时,分包单位对所承包的工程项目应按规定的程序检查评定,总包单位应派人参加。分包工程完成后,应将工程有关资料交总包单位。建设工程经验收合格的,方可交付使用。

14.1.10 安全生产管理的监理工作

遵照"安全第一、预防为主"的安全生产方针,根据国家和地方法律法规、规范、标准、设计图文件、相关合同等,结合本工程的实际情况进行编制。

1. 施工准备阶段的安全监理

(1) 审查承包商的安全资质

1) 营业执照。
2) 施工许可证。
3) 安全生产许可证。
4) 安全生产管理机构的设置及安全专业人员的配备等。
5) 安全生产责任制及管理网络。
6) 安全生产规章制度。
7) 各工种的安全生产操作规程。
8) 特种作业人员的管理情况。
9) 主要的施工机械、设备等的技术性能及安全条件。
10) 建筑安全监督机构对企业的安全业绩测评情况。

(2) 协助拟定安全生产协议书

安全生产协议书有两方面的内容,一是建设单位和承包商之间的安全协议;另一个是总承包商和分包商的安全生产协议。

1) 建设单位与承包商的安全协议。

在招标阶段就要明确双方在施工过程中各自的安全生产责任,并在安全生产协议书中明确。

① 建设单位责任。为施工单位提供必要的设施,并为施工过程中所需要的安全措施及管理提供足够的资金。为保证施工人员在施工生产过程中的安全、健康创造条件。

② 承包商的安全生产责任。

A. 按照建筑施工安全法规和标准的要求,结合工程特点,编制安全技术措施,遇有特殊作业(起重吊装、模板支撑、悬挑外架、吊篮、临时用电等)还要编制单项安全施工组织设计或方案。

B. 贯彻落实建筑施工安全技术规范和标准，实行科学管理和标准化管理，提高安全防护水平，消除事故隐患。

C. 建立健全并认真实施安全生产责任制及各项规章制度，做到预防为主，杜绝和减少伤亡事故。

D. 有责任对职工进行入场前及施工中的安全教育，并进行分部分项工程的安全技术交底。

E. 施工中必须使用合格的又具有各类安全保险装置的机械、设备和设施等。

F. 对于发生的伤亡事故要及时报告、认真查处。

2) 总分包单位的安全协议。总包单位应统一管理分包单位的安全生产工作，对分包单位的安全生产工作进行监督检查，为分包单位提供符合安全和卫生要求的机械、设备和设施，制止违章指挥和违章作业。分包单位应服从总包单位的领导和管理，遵守总包单位的规章制度和安全操作规程，分包单应的负责人要对本单位职工的安全、健康负责。

(3) 施工安全监理工作

1) 制定安全监理程序。安全包括实体安全和施工过程安全，如果管理不当则可能会出现人员伤亡事故。针对实体安全，任何一个工程的工序或一个构件的生产都要有相应的工艺流程和标准；同样，针对过程安全，则必须加强管理以避免事故发生。

无论实体安全和还是过程安全，监理工程师必须制定出一套相应的科学的安全监理程序。

2) 调查危险源与危害因素。在施工开始之前，熟悉现场环境包括第一类和第二类危险源，人为因素、管理因素等，掌握危险源的特点，及时提出防范措施，尤其是应关注不利的施工环境和施工条件，有针对性地制定监理方案和细则。

3) 掌握新技术、新材料、新工艺和新设备。安全监理人员根据工作需要，可以对四新技术的标准和应用进行必要的了解与调查，掌握正确的使用方法，做好事前控制，及时发现施工中存在的事故隐患，并发出正确的指令。

4) 审查安全技术方案。对承包商编制的施工安全措施、安全技术方案等进行审查，尤其应关注危险性较大的分部分项工程安全专项施工方案的审查。

开工时所必需的施工机械、材料和主要人员已达现场，并处于安全状态，施工现场的安全设施已经到位。

5) 审查承包商的安全组织保证体系。督促承包商完善安全组织保证体系，包括不限于组织构架、岗位及职责、持证上岗等，这是安全管理的组织保障，必须正常运转，并建立安全生产档案。

6) 承包商的安全设施和设备。在进入现场前，对安全设备和设施如吊篮、漏电开关、安全网、安全帽、安全绳等进行检验。安全监理人员应详细了解承包单位的安全设施供应情况，避免不符合要求的安全设施进入施工现场，造成工伤事故。为此，应做好以下事前控制工作：

① 承包商应提供拟使用的安全设施的产地和厂址以及出厂合格证书，供安全监理人员审查。

② 安全监理人员可在施工初期根据需要对这些厂家的生产工艺设备等进行调查了解。

③ 必要时对安全设施取样试验，要求有关单位提供安全设施的有关设计图与设计计算书等资料和成品的技术性能等技术参数，经审查后确定该安全设施的使用。

2. 施工阶段安全监理要点和危险源识别

（1）安全监理要点

在工程项目施工阶段，安全监理工程师应做如下工作：

1）对施工过程的安全生产工作进行全面的监理。

2）督促检查施工单位落实安全生产的组织保证体系，建立健全安全生产责任制。

3）督促检查施工单位对工人进行安全生产教育及分部分项工程的安全技术交底。

4）检查并督促施工单位，按照建筑施工安全技术标准和规范要求，落实分部分项工程或各工序关键部位的安全防护措施。

5）监督检查施工现场的消防工作、冬季防寒、夏季防暑、文明施工、卫生防疫等项工作。

6）定期组织安全综合检查，按《建筑施工安全检查标准》（JGJ 59—2011）进行评价，提出处理意见并限期整改。

7）发现违章、冒险作业的要责令其停止作业，发现隐患的要责令其停工整改。

8）审查各类有关安全生产的文件。

9）审核进入施工现场各分包单位的安全资质和证明文件。

10）审核施工单位提交的施工方案和施工组织设计中的安全技术措施。

11）审核工地的安全组织体系和专职安全人员的配备情况。

12）审核新工艺、新技术、新设备、新材料的使用安全技术方案及安全措施。

13）审核施工单位提交的关于工序交接检查，分部、分项工程安全检查报告。

14）审核并签署现场有关安全技术签证文件。

15）现场监督与检查。

16）如果遇到下列情况，在报经建设单位同意可下达"暂时停工指令"：

① 施工中出现安全隐患，经提出后，施工单位未采取改进措施或改进措施不符合要求时。

② 对已发生的工程事故未进行有效处理而继续作业时。

③ 安全措施未经自检而擅自使用时。

④ 擅自变更设计图进行施工时。

⑤ 使用无合格证明的材料或擅自替换、变更工程材料时。

⑥ 未经安全资质审查的分包单位的施工人员进入现场施工时。

（2）危险因素识别与评价

对施工过程中各项作业活动可能发生的危害因素应进行识别，并通过危险评价确定其危险级别。作业活动的危害因素识别及危险评价示例见表14-8。

对于危险性较大的分部分项工程，施工单位均应编制安全专项施工方案并按规定程序进行审批，超过一定规模的安全专项施工方案必须经专家论证，监理工程师严格按方案进行检查、验收。

14.1.11 监理设施

根据本工程特点以及监理合同所规定的监理内容和范围，本工程拟投入的监理设施见表14-9。

表 14-8 作业活动的危害因素识别及危险评价示例

序号	作业活动	危害因素	可能发生的危害事件	危险级别	现有控制措施	备注
1	施工机具、设备	无定期检查	触电	1	定期进行检查	
2		无书面安全交底	触电	1	及时做好安全技术交底	
3		电缆保护不够	触电	1	加强安全教育，经常检查	
4	钢筋绑扎、模板工程	操作架不牢固，未铺脚手板，用小钢模代替，未系安全带，不戴安全帽	高处坠落、物体打击	1	梯凳要牢固，有防滑措施，系好安全带，戴好安全帽	
5	木模板使用及安装	电气焊，明火	火灾	1	远离明火，执行电气焊操作规程，严格执行用火制度	
6	木材储存	违章吸烟，明火	火灾	2	执行安全防火要求，设置标识，隔离，配备灭火器材	
7	模板支撑架搭设	使用劣质材料，任意改变搭设参数	坍塌	1	检查材料合格证，必要时抽检，按方案检查搭设参数	
8	聚苯板使用	电气焊，明火	火灾	2	远离明火，执行电气焊操作规程，严格执行用火制度	
9	模板使用及安装	设有护栏，无爬梯，脚手板铺设不严，未系安全带，无过桥板	高处坠落	1	绑好护栏，安装爬梯，搭好过桥板，脚手板铺严，绑牢，系好安全带	
10	模板存放、清理	不戴安全帽，清理不当，模板存放倾斜角度不符合要求，无安全交底	物体打击	1	戴好安全帽，模板及平台上的杂物清理干净，按规范存放模板，模板区严禁穿行	
11	混凝土工程	混凝土泵				
12		泵管磨损严重，未及时更换，崩管	机械伤害	2	及时检查更换	
13		泵管、卡子安装不规范	机械伤害	2	执行混凝土泵送施工技术规程	
14		漏电保护器失灵	触电	2	定期检查，及时更换	
15		搅拌机				
16		非司机操作	机械伤害	2	持证上岗	

表 14-9　本工程拟投入的监理设施

序号	设施名称	数量	序号	设施名称	数量
1	计算机	2台	8	工程质量检测包	1个
2	打印机	1台	9	游标卡尺	1只
3	电气检测仪、绝缘电阻表	1台	10	高级工程质量检测尺	1套
4	测距仪	1台	11	档案盒	36个
5	全站仪	全套	12	上墙标牌	1套
6	板厚测量仪	1台	13	越野车	1台
7	钢卷尺	4把	14	工程所需的各种施工规范标准图集	1套

14.2 综合楼工程安全监理规划

14.2.1 工程概况与相关信息

1. 工程名称及工程信息

略。

2. 各责任主体名称

略。

14.2.2 安全监理工作的范围和内容及目标

1. 安全监理工作的范围和内容

根据国家和地方法律法规和监理合同的规定，按照工程建设的强制性标准和建设工程监理规范的要求对本工程范围内的施工安全工作进行监督。

2. 安全监理工作的目标

监理单位将根据建设单位的目标要求，全面履行监理合同，拟定切实可行的安全监理目标，并针对该工程项目的特殊性进行目标控制，督促承包方履行施工承包合同，力争实现安全目标，达到建设单位委托的要求。

安全管理目标包括：施工现场安全文明施工，控制扬尘，及噪声、环境等指标符合要求。

安全控制目标包括：发现并消除事故隐患，杜绝重大安全事故，减少一般安全事故的发生。

14.2.3 安全监理工作依据

安全监理工作依据包括相关法律、法规、规范性文件及施工图设计文件、施工组织设计等，具体如下：

1) 《中华人民共和国安全生产法》。
2) 《中华人民共和国建筑法》。
3) 《中华人民共和国劳动法》。

4)《建设工程安全生产管理条例》。

5)《危险性较大的分部分项工程安全管理规定》(中华人民共和国住房和城乡建设部令第37号)。

6)《施工现场临时用电安全技术规范》(JGJ 46—2005)。

7)《建筑施工扣件式钢管脚手架安全技术规范》(JGJ 130—2011)。

8)《建筑施工高处作业安全技术规范》(JGJ 80—2016)。

9)《建筑基坑支护技术规程》(JGJ 120—2012)。

10)《建筑边坡工程技术规范》(GB 50330—2013)。

11)《建设工程监理规范》(GB/T 50319—2013)。

12)《建筑施工安全检查标准》(JGJ 59—2011)。

13)《建筑施工安全技术统一规范》(GB 50870—2013)。

14)《生产经营单位生产安全事故应急预案编制导则》(GB/T 29639—2013)。

15)《企业职工伤亡事故分类》(GB 6441—1986)。

16)其他。

14.2.4 安全监理组织、人员配备及进退场计划

1. 安全监理组织及岗位职责

根据工程的设计文件中的工作内容及工作难度,结合监理单位的人员构成、人员素质及监理工作经验,监理部采用安全监理工作由总监理工程师负责,总监理工程师代表、专业监理工程师和监理员全员参与。

安全组织及岗位职责参考本书相关内容。

2. 安全监理流程

安全监理流程框图如图14-7所示。

14.2.5 安全监理工作制度

1. 安全生产监理责任制

1)成立以公司负责人为组长的安全生产工作领导小组,全面负责各监理部(监理机构)的安全生产监理的管理工作,由安全监理工程师、项目总监担任组员。

2)实行项目总监负责制,项目总监对其监理的项目承担安全生产监控直接领导责任。

3)各项目监理部(监理机构)的各专业监理工程师、监理员对其监理的项目承担安全生产监理责任。

4)各项目监理部(监理机构)成立以项目总监为组长的施工现场安全生产监控领导小组,由各专业监理工程师、监理员担任组员,明确责任,分工负责,对其监理的项目进行安全生产监控。

5)严格按照施工安全监督管理程序进行控制。

6)监理人员应认真学习有关安全生产的法律、法规、规章、规范,尤其是《安全法》和《建设工程安全生产管理条例》。不断提高安全生产监控管理水平,积极落实各项安全生产监控管理制度。

第 14 章 综合楼工程监理规划示例

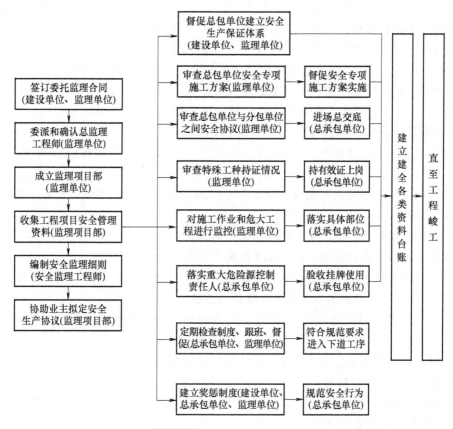

图 14-7 安全监理流程框图

2. 安全生产监理审查制度

1) 认真贯彻执行国家安全生产和安全技术的方针、法律、法规、规章、规范等强制性条文和上级相关规定。

2) 对工程项目的安全生产监理进行全面监控,监理机构在开工前应认真检查施工现场的生产条件是否符合安全生产的要求,具体如下:

① 审查施工单位是否建立健全安全生产责任制,是否制定了完备的安全生产规章制度和操作规程。

② 审查施工单位的安全生产投入是否符合安全生产的要求。

③ 检查施工单位是否设置了安全生产管理机构,是否配备了专职安全生产管理人员。

④ 审查施工单位资质和安全生产许可证是否合法有效,审查项目经理、专职安全生产管理人员是否具备合法资格,是否与投标文件一致。

⑤ 审核特种作业人员的特种作业执业资格证书是否合法、有效。

⑥ 检查现场作业人员是否进行开工前安全教育和培训,并取得合格证。

⑦ 检查施工现场安全设施、设备、施工工艺、施工技术是否符合国家有关安全生产法律、法规、规章、规范等强制性条文的要求。

⑧ 检查是否已建立健全危害品、危险物品防治措施,是否为操作人员配备了符合国家标准或者行业标准的劳动防护用品。

⑨ 检查是否有事故应急救援预案，应急救援人员应配备必要的应急救援器材和设备。
⑩ 审查施工单位冬期、雨期等季节性施工方案的制定情况。
⑪ 审查施工总平面布置是否合理，办公、宿舍、食堂等临时设施的设置以及施工现场场地、道路、排污、排水、防火措施是否符合有关安全技术标准和文明施工的要求。
⑫ 审查施工组织设计中的安全技术措施和施工现场临时用电方案。
⑬ 审查达到一定规模的危险性较大的分部分项工程专项施工方案。

3. 安全施工组织设计审查制度

1）工程动工之前，督促施工单位认真做好施工组织设计的编制工作并报监理机构审查。

2）审查施工总平面布置图是否符合安全生产的要求，办公、宿舍、食堂、道路等临时设施设置以及排水、防火措施是否符合要求。

3）审查施工组织设计中的安全技术措施是否符合要求。

4）审查施工组织设计的地下管线保护措施方案是否符合要求。

5）基坑支护与降水、土方开挖与边坡防护、模板、起重吊装、脚手架、拆除、爆破等分部分项工程的专项施工方案是否符合标准和设计要求。

6）施工现场临时用电施工组织设计、安全用电技术措施和电气防火措施是否符合要求。

7）冬期、雨期等季节性施工方案的制定是否符合要求。

4. 安全技术措施审查制度

1）坚持"安全第一，预防为主"的方针，体现安全管理的预防和预控作用，严格把好施工组织设计安全技术措施审查关。

2）工程动工之前，督促施工单位认真做好施工组织设计的编制工作，并报监理机构审查。

3）审查施工组织设计中安全技术措施是否符合工程建设强制性条文的标准；应急救援组织或者配备应急救援人员，配备救援器材、设备是否符合要求。

4）施工组织设计安全技术措施是否满足以下原则：

① 坚持预防为主的原则。

② 遵循系统控制的原则，在确保安全目标的前提下，应满足建设工程投资、进度、质量目标的实现。

③ 覆盖施工全过程原则，以保障系统安全。

④ 必须坚持动态控制的原则。

⑤ 施工组织设计安全技术措施是否坚持持续改进的原则。

⑥ 施工组织设计安全技术措施是否具有可操作性和针对性。

5. 安全专项施工方案审查制度

1）对下列达到一定规模的分部分项工程编制的安全专项施工方案，必须审查计算方法和内容；审查是否经施工单位技术负责人签认，同时必须经总监理工程师审批后方可组织实施。

① 基坑支护与降水工程。

② 土方开挖工程。

③ 模板工程。
④ 起重吊装工程。
⑤ 脚手架工程。
⑥ 拆除、爆破工程。
⑦ 现场施工用电。
⑧ 施工现场施工起重机械安装、拆除方案。
⑨ 安全防护、文明施工方案。
⑩ 井字架提升机安装、拆除方案。
⑪ 国务院建设行政主管部门或者其他有关部门规定的其他危险性较大的工程。

2）施工方案必须体现及时性、针对性、可行性、具体性，并符合法律法规的规定。

安全方案中，特种作业人员如驾驶员、起重工、信号工、指挥人员、电焊工、架子工、爆破工等必须经专业培训和考核取得合格证后方可上岗。

3）专项施工方案安全技术措施必须符合国家有关法律、法规、规章、规范等强制性条文的要求。

6. 安全事故应急救援预案审查制度

1）认真仔细审查施工单位的应急救援预案是否具有针对性，是否突出重点。结合工程项目安全生产的实际情况，分析可能导致发生的潜在伤亡事故，有针对性地制定应急救援预案。

2）督促检查施工单位的应急救援预案中的组织机构是否落实，人员分工和职责是否明确，是否强调统一指挥，配合、协调是否一致。

3）要求应急救援预案程序简单，具有可操作性，在事故突发时，能及时启动，并能紧张有序地实施。

4）协助施工单位做好抢救伤员及财产的救援工作，并及时报告建设单位和上级有关部门。

5）督促施工单位采取有效措施防止事故扩大，并保护好事故现场。

6）协助对事故发生的原因进行调查分析。

7. 安全监理交底制度

1）监理机构在工程开工前必须将安全监理方面的要求向施工单位进行书面交底。

2）监理机构要求施工单位报验和提供有关安全资料。

3）监理机构要求施工单位执行安全生产的方针、原则、目标。

4）监理机构要求施工单位执行有关安全生产监理工作程序和要求。

8. 监理规划及细则安全控制制度

1）监理部门在进行监理规划和监理实施细则时，应将监理对安全生产的控制措施作为一项必要的内容列入工作规划中，规范安全控制程序。

2）在监理规划中，应明确安全监理的范围、安全监理的内容、安全监理的工作程序、安全监理制度、安全监理措施及安全监理职责。

3）在安全监理实施细则中，应明确安全监理的方法、安全监理措施、安全监理的控制要点。

9. 安全监理例会及安全监理日记制度

1）认真主持监理例会，将安全监理工作列为重要的议题，对施工现场安全技术及管理存在的问题进行分析，总结和制定有效对策。

2）对施工过程中的安全技术、安全管理措施落实情况进行检查，并在监理日志中做好专项记录，监理月报应对每月的施工安全运行情况进行分析，总结控制方法。

10. 安全监理巡视检查制度

1）监理人员应对施工现场施工安全进行定期或不定期的巡视检查，配合安全生产主管部门做好监督管理工作，若监理过程中发现存在安全事故隐患，应及时书面要求施工单位整改。情况严重的，责令施工单位暂时停止施工并呈报建设单位，施工单位拒不整改或者不停止施工的，应及时向上级主管部门报告。

2）监理人员应在施工过程中采取巡查或抽查的方式，随时对施工现场安全进行检查，对检查存在的问题，应尽快解决，对于复杂问题，可组织召开施工现场安全问题专题会，研究解决方案，将安全隐患消灭在萌芽状态。

3）有关安全的主要部位、关键部位，监理人员应加强巡视、旁站，督促施工单位专职安全员的到位情况。

4）检查危险性较大的分部分项工程安全专项施工方案的实施情况，必要时可邀请专家共同检查和验收，提出存在的问题，要求施工单位及时整改。

5）检查施工现场起重机械、整体提升脚手架、模板等自升式架设设施和安全设施的验收手续。

6）检查施工现场各种安全标志和安全防护措施是否符合要求。

7）督促施工单位进行安全自查，并对其自查情况进行抽查，积极参与安全管理部门的安全生产专项检查。

8）要求施工单位对所使用的安全防护用具及机械设备提供产合格证及安全性能说明文件。

11. 安全周（月）检制度

监理部对施工现场进行每周和每月的安全检查，并对检查出的问题进行拍照记录和整理，形成安全检查周报和月报，发送给施工单位和建设单位，督促施工单位进行整改，并对照安全周报和月报进行复查，形成周（月）复查报告并上报建设单位。

当项目分为若干标段，也可以由建设单位牵头，组织各标段的监理单位、施工单位在月末对施工安全和文明施工进行检查，并建立奖惩机制。

12. 安全监理旁站制度

1）对涉及安全的主要部位、关键部位和涉及安全的特殊施工工序、监理人员应进行旁站。

2）在实施旁站监理时，应坚守岗位，履行职责，发现问题及时要求施工单位整改，对重大问题应及时向总监报告，下达暂停施工令并及时采取应急处置措施，确保施工安全。

3）如实做好旁站监理记录，及时填报旁站监理记录表，并存档备查。

13. 强制性条文监理制度

1）监理工程师应按照法律、法规、规章、规范和工程建设强制性条文的规定实施监理。

2）严格按照《建筑施工安全检查标准》和《市政工程施工安全检查标准》对施工现场进行安全检查。对于安全专项施工方案，还应按照相应的规范和标准进行检查。

3）督促施工单位按照《建设工程安全生产管理条例》、工程建设强制性条文和相关法律、法规、规章、规范的要求进行组织施工。

14. 安全事故隐患报告制度

1) 监理机构在实施监理过程中，当发现安全隐患时，应以监理通知书的形式要求施工单位整改，情况严重的，应由总监签发工程暂停令，并及时报告建设单位。

2) 施工单位对存在的安全事故隐患拒不整改或者不停止施工的，监理机构应及时向有关主管部门报告。

3) 如施工现场发生安全事故，应及时向政府有关部门进行报告。

4) 事故发生后，严禁隐瞒不报，监理机构协助配合事故调查组的工作，按程序进行处理。

5) 在实施事故处理过程中，监理机构要积极配合上级有关部门调查取证，同时要全过程跟踪，并做好相应的记录，对于各类相关资料，应及时整理并归档。

15. 开工报告监理工作审批制度

1) 在工程开工前，项目监理部应要求承包方提交工程开工报告并进行审查，检查施工质量保证体系，施工机具、设备完好率，人员资质，安全措施、文明施工等条件，在符合开工条件下，向承包商签发开工令。

2) 在各主要分部、分项工程开工前，承包商应提交分部、分项工程开工报告，并由项目监理部进行审批。开工报告应提出工程实施计划和施工方案，尤其是审查安全技术措施，由总监理工程师批准后方可实施。

16. 施工安全验收管理制度

（1）土石方工程安全防护措施验收制度

1) 地上障碍物是否清除或防护措施是否完备。

2) 地下隐蔽物的保护措施是否齐备。

3) 相临建构筑物的保护措施是否齐备。

4) 场地的截水、排水措施是否可行。

5) 土石方施工机械的安全生产措施是否到位。

6) 夜间挖土作业的照明、危险标志措施是否齐备。

7) 基坑四周的安全防护措施是否齐备。

（2）脚手架搭设验收制度

1) 立杆间距和水平杆步距参数、剪刀撑设置和连墙抱柱构造措施是否符合方案。

2) 架体上的施工荷载、均布荷载、集中荷载应符合方案和规范要求。

3) 作业层脚手板必须铺满，按有关规定标准绑扎，脚手板搭接处平整，无探头板。

4) 作业层应按规范要求设置防护栏杆，外侧应设置高度不小于180mm的挡脚板。

5) 架体应设置供人员上下的专用通道，专用通道的设置应符合规范要求。

（3）模板工程验收制度

1) 基础应坚实、平整，承载力应符合方案要求，底部应按规范要求设置底座、垫板，支架底部纵、横向扫地杆的设置应符合规范和方案要求，基础应设排水设施，并应排水畅通。

2) 立杆间距、水平杆步距、剪刀撑设置、立杆悬臂高度应符合方案要求。

3) 模板及其支架必须具有足够的强度、刚度和稳定性。

4) 模板工程施工方案应经过相关人员审核批准，并应经过建设各方的验收。

（4）高处作业吊篮验收制度

1) 吊篮平台周边的防护栏杆、挡脚板的设置应符合规范要求。

2）吊篮作业时应采取防止摆动的措施。
3）吊篮与作业面距离应在规定要求范围内。
4）吊篮施工荷载应符合设计要求。
5）吊篮专项方案应经过审批。

（5）塔式起重机验收制度

1）塔式起重机的载荷限制装置、行程限位装置、吊钩、滑轮、卷筒与钢丝绳、多塔作业、安装拆除等应符合规范要求。
2）塔式起重机的附着、基础与轨道、电气安全应符合规范要求。
3）当有多台塔式起重机作业时，应编制群塔作业方案。

（6）临边洞口防护搭设验收

1）工作面边缘应有临边防护且防护措施应到位。
2）电梯井口需设固定防护设施，底部应设不低于18cm高的挡脚板。
3）电梯井内需按每隔两层且不大于10m设置安全硬防护。
4）土建施工阶段无外防护架时，建筑周边需设置安全隔离区（根据坠落半径设置）。
5）洞口作业的防护措施应齐全完整。

（7）施工用电验收制度

1）外电防护、接地与接零保护系统、配电线路、配电箱与开关箱应符合规范要求。
2）电源的进线、总配电箱的装设位置和线路走向应合理。
3）选择的导线截面和电气设备的类型规格应正确。
4）电气平面图、接线系统图应正确完整。
5）施工用电应采用接零保护系统。
6）实行"一机一闸"制，满足分级分段漏电保护要求。
7）照明用电措施应满足安全要求。

（8）安全文明管理验收制度

检查现场挂牌制度、封闭管理制度、现场围挡措施、总平面布置、现场宿舍、生活设施、保健急救、垃圾堆放、污水排放、防火宣传等安全文明施工措施应符合要求。

14.2.6 施工安全监理方法及要点

1. 施工安全监理方法

（1）旁站监理

需要进行旁站监理的危大工程如下：
1）高边坡及深基坑开挖。
2）人工挖孔灌注桩。
3）大型构件吊装。
4）脚手架的安装拆卸。
5）高大模板工程。
6）大型起重机械安装、升高、拆卸作业。

（2）测量

监督承包单位对脚手架和模板工程支撑体系参数进行量测；对挖孔桩孔内的有害气体和

氧气含量进行监测；对边坡变形进行监测；对塔式起重机等防雷接地电阻值进行量测等。对不符合要求者，应指令承包单位停止使用并及时处理。

（3）试验

要求承包单位对其使用的安全防护用具及机械设备提供出厂"三证"（生产许可证、产品合格证、工业产品备案证），必要时要求承包单位进行安全性能检测。

（4）指令文件

对监理单位发出的指令和要求，承包单位应限期予以改正。

对于施工中存在的问题，安全监理人员应向承包单位发出监理工程师通知等。遇下列情况时，安全监理人员报项目总监理工程师同意后由总监下达"暂停施工指令"。

1）施工现场安全生产条件未经安全监督部门审查；审查不合格，承包单位擅自施工的；安全设施未经检验而擅自使用的。

2）对监理工程师查出的事故隐患拒不整改或整改不合格的。

3）对已发生的安全事故未进行有效处理而继续作业的。

4）使用无合格证明文件的安全防护用具及机械设备或擅自替换、变更工程材料的。

5）未经安全资格审查或审查不合格的分包单位的施工人员进入施工现场的。

6）如果因时间紧迫，监理工程师来不及做出正式的书面指令，可下达口头指令给承包单位，但随后应及时补充书面文件对口头指令予以确认。

（5）利用支付手段和合同手段

监理工程师在签发形象进度工程款时，必须对计量项目的质量和施工安全同时进行验收，当施工单位安全管理不符合要求时，有权停止签发承包单位部分或全部工程款。情节严重的，监理单位可建议建设单位解除承包合同，对分包单位监理单位有权指令总包单位解除分包。

（6）上报机制

对于施工单位接到工程暂停令，拒不进行整改或继续施工的行为，监理部应及时向建设单位和有关主管部门报告。

2. 施工安全监理检查要点

施工安全监理检查要点包括检查部位和检查内容，见表 14-10。

表 14-10 施工安全监理检查要点

序号	检查部位	检查内容
1	文明施工	文明施工方案及落实情况
2	施工用电	1. 临电施工设计 2. 外电防护方案 3. 电工持证上岗及工作记录 4. 安全检查记录 5. 线路无乱拉搭设，无绝缘破损，埋地敷设穿管保护，导线场用瓷瓶绝缘固定，三相五线制，保护接零线与工作零线不混用 6. 配电箱：门锁齐全、保护接零良好 7. 开关箱："一机一闸一漏"的配置，漏电开关漏电保护动作可靠，箱壳保护接零良好

(续)

序号	检查部位	检查内容
3	深基坑工程	1. 设计、施工方案及审查结论 2. 安全监测方案及实施记录
4	高支撑模板工程	1. 施工方案及企业审批签字 2. 搭设参数及构造措施，包括立杆的纵横间距、水平杆步距、剪刀撑设置等 3. 交付使用检查验收记录
5	外脚手架	1. 搭设（拆卸）方案及职能部门审批签字 2. 搭设参数 3. 各阶段验收结论及记录 4. 架体外侧安全立网封闭及架体与建筑物之间水平安全网 5. 整体提升式脚手架的准用证
6	大中型施工机械设备（塔式起重机、物料提升机、外用电梯等）	1. 安装、拆卸方案及企业审批签章 2. 准用证、有效的年审记录 3. 各阶段验收记录 4. 定期安全检查、保养维护记录
7	物料提升机	1. 基础无积水，周围土层平实 2. 架体：架体各节螺栓连接紧固，运载时架体无晃动，导轨平直，天轮稳固，架体三面挂安全网，设防护棚，有灵活可靠的外落门 3. 缆风绳：提升机高度在20m以下（含20m）时，缆风绳不少于1组；提升机高度在20~30m时，缆风绳不少于2组。采用直径不小于9.3mm的圆股钢丝绳，缆风绳与地锚连接可靠张拉一致。缆风绳与地面夹角不大于60° 4. 附墙架 5. 卷扬机：装置场地坚实平整、视线好，桩、锚可靠、不松动，刹车可靠、联轴器不松动，与井架导轮间距大于绳筒宽度的15倍，钢丝绳排列整齐，有绳筒保护、点动控制，有可靠的接地，变速箱润滑油满足规定要求 6. 电气系统：总电源有漏电保护装置、短路保护装置，电动机有短路保护装置、失压保护装置、过电流保护装置，禁止使用倒顺开关作为卷扬机控制关，在提升机超出相邻建筑物的避雷范围时应安装避雷装置 7. 安全防护装置：一般提升机应具有安全停靠装置或断绳保护装置、楼层口停靠栏杆（门）、吊篮安全门、上料口防护棚、上极限位器、紧急断电开关、信号装置等，对于高速提升机，还需具有下极限位器、缓冲器、超载限位器、通信装置
8	"三宝、洞口、临边"防护	1. 安全网的准用证和张挂质量 2. 通道口、预留洞口、楼梯口（边）、电梯井口（井洞）和临边的防护 3. 安全帽、安全带使用
9	施工机具	1. 以电力为动能的设备、工具的安全性能和防护设施、保护装置 2. 设备操作规程标牌 3. 专用保护接零线 4. 检查记录 5. 搅拌机、平创、圆盘锯、钢筋机械等传动部位必须有安全防护罩、防护挡板
10	消防	1. 消防方案及企业、主管部门审批签字 2. 消防设施 3. 易燃易爆物品管理制度和使用情况 4. 三级动火审批制度

(续)

序号	检查部位	检查内容
11	卸料平台	卸料平台应搭设牢固,具有与提升机一致的承载力,并应有限定荷载标牌。平台不得以脚手架作承载支撑系统,平台底板应铺满、扣牢,两侧有防护栏杆并扣扎防护篱笆,平台口有活动层间闸,平台口缘与吊篮间隙不应过大,宜在10cm左右
12	材料堆放	材料堆放应整齐,不得妨碍交通,不得阻碍操作视野,不能堆放在配电箱及施工机具周围,木、竹等易燃材料应远离火源,并在近处配置灭火器

3. 安全文明施工专项检查

安全文明施工专项检查项目和内容见表14-11。

表14-11 安全文明施工专项检查项目和内容

检查项目	序号	检查内容	检查结果	
1. 安全管理资料	1.1	施工单位(包括总包和专业分包,下同)应具备所承揽工程的资质证书及安全生产许可证	符合	□
			不符合	□
	1.2	施工单位应按相关规定及招标文件要求足额配备专职安全生产管理人员,施工单位项目经理和安全管理人员应取得安全考核合格证书,总包安全负责人宜持有注册安全工程师执业资格证书	符合	□
			不符合	□
	1.3	施工单位应建立安全生产责任制、检查制度、培训制度及应急预案	符合	□
			不符合	□
	1.4	在施工前应编制施工组织设计,施工组织设计应针对工程特点、施工技术制定安全技术措施,审批程序应符合要求	符合	□
			不符合	□
	1.5	危险性较大的分部分项工程应按规定编制安全专项施工方案,安全专项施工方案应有针对性,并按有关规范要求进行审批及专家论证,验收资料齐全	符合	□
			不符合	□
	1.6	安全技术交底记录应完整,有针对性	符合	□
			不符合	□
	1.7	所有进场的设备设施和工具应经过安全检查验收,并有记录	符合	□
			不符合	□
	1.8	应与特种设备租赁、安装单位签订安全生产管理协议,租赁单位、安装单位应具备相应的资质证书	符合	□
			不符合	□
	1.9	特种设备应具有生产厂家资格证书、安全检测合格证明及设备编号	符合	□
			不符合	□
	1.10	特种工操作证应完整存档,定期复审,与现场实际情况相符	符合	□
			不符合	□
	1.11	大型设备安装、顶升、拆除应编制方案;方案的审批程序应合要求,检测合格,安装验收、维修保养记录应齐全	符合	□
			不符合	□
	1.12	所有施工人员应经过三级安全教育,培训记录齐全,特殊工种上岗前总承包方应对其专业技能进行实际操作考核,考核合格方可上岗	符合	□
			不符合	□
	1.13	对发生的事故、事件应按照规定上报,按照"四不放过"原则进行调查处理,并有相关记录	符合	□
			不符合	□

（续）

检查项目	序号	检查内容	检查结果	
2. 文明施工	2.1	施工现场应实行封闭管理，设置大门，总包进场后设置门禁系统，制定门卫制度，工人刷卡出入，沿工地四周连续设置符合要求的围挡	符合	□
			不符合	□
	2.2	施工现场应设置视频监控系统，监控系统应覆盖主要施工作业面、出入口及道路，监控室应24小时值班并有值班记录	符合	□
			不符合	□
	2.3	施工作业区、材料存放区与办公、生活区应采取隔离措施，在施工程、伙房、库房不得兼做住宿	符合	□
			不符合	□
	2.4	施工现场的进口处应有整齐明显的"五牌一图"，在办公区、生活区设置"两栏一报"，施工现场入口处及主要施工区域、危险部位应设置相应的安全警示标志牌	符合	□
			不符合	□
	2.5	施工场地主要道路及材料加工区进行硬化处理，道路畅通、平坦、整洁，露土部位进行绿化或使用防尘网覆盖	符合	□
			不符合	□
	2.6	施工现场、生活区设置排水系统，排水畅通，临江、临海、临湖及风景区应设置雨、污分流排水系统	符合	□
			不符合	□
	2.7	建筑物内垃圾应及时清运，垃圾清运应采用器具或管道运输，严禁随意抛掷，垃圾应堆放在指定地点	符合	□
			不符合	□
	2.8	施工现场严禁焚烧各类废弃物，应制定防粉尘、防噪声、防光污染、防止施工扰民等措施并严格落实，落实节水、节电、节材措施	符合	□
			不符合	□
	2.9	特种作业人员应持证上岗，并穿戴本职工作要求的劳动防护用品	符合	□
			不符合	□
	2.10	建筑材料、构件、料具按施工现场总平面布局码放，悬挂标牌，堆放整齐，不得超高，采取防火、防锈蚀、防雨等措施	符合	□
			不符合	□
	2.11	生活区应设置热水锅炉，夏季宿舍内应采取防暑降温和防蚊蝇措施，冬季应有取暖措施，不得使用电热器具（电炉子、电褥子等），无私拉乱接	符合	□
			不符合	□
	2.12	宿舍必须设置床铺，床铺不得超过2层，通道宽度不得小于0.9m，人均面积不得小于2.5m^2，且不得超过16人	符合	□
			不符合	□
	2.13	宿舍内生活用品应摆放整齐，宿舍及生活区内环境卫生干净整洁	符合	□
			不符合	□
	2.14	食堂必须有卫生管理制度并严格执行，取得卫生许可证，炊事人员必须有健康证并穿戴工作服、帽，个人卫生符合要求	符合	□
			不符合	□
	2.15	食堂地面及墙面应铺瓷砖（活动板房地面可不铺瓷砖），顶面用PVC吊顶，配备必要的排风、冷藏、消毒、防鼠、防蚊蝇等设施，燃气罐应单独设置存放间，存放间应通风良好	符合	□
			不符合	□

(续)

检查项目	序号	检查内容	检查结果	
3. 消防管理	3.1	施工现场内应设置临时消防车道，消防车道的净宽度和净空高度均不应小于4m，如因施工作业场地受限确实无法达到，应采取相应的保障措施	符合	□
			不符合	□
	3.2	施工现场主要临时用房、临时设施的防火间距、材质、层数有疏散措施，应满足相关规范要求	符合	□
			不符合	□
	3.3	高层建筑和既有建筑改造工程的外脚手架、支模架的架体应采用不燃材料搭设，安全防护网应采用燃烧性能等级为B1级（难燃）型安全防护网	符合	□
			不符合	□
	3.4	建筑外保温材料的燃烧性能应达到国家或行业的标准要求，应使用B1及A级（不燃）材质的保温材料	符合	□
			不符合	□
	3.5	施工作业区域、动火作业区域、电气设备周围及具有可燃、易燃材料区域和施工现场的办公、宿舍、厨房、库房、变配电室及可燃材料堆场等其他具有火灾危险的场所均应配置灭火器。每个设置点的灭火器数量不得少于2具，不宜多于5具	符合	□
			不符合	□
	3.6	灭火器材布局、配置应合理，灭火器定期检查维护，灭火器设置在室外时，应有相应的防潮、防晒和防腐蚀的保护措施	符合	□
			不符合	□
	3.7	应按要求设置室外消防给水系统，消防系统干管的管径不应小于DN100，消火栓的间距不应大于120m，最大保护半径不应大于150m	符合	□
			不符合	□
	3.8	临时消防给水系统的给水压力应满足消防水枪充实水柱长度不小于10m的要求。消火栓泵不应少于2台，且应互为备用。消火栓泵应采用专用消防配电线路	符合	□
			不符合	□
	3.9	可燃材料库房不应使用高热灯具，易燃易爆危险品库房内应使用防爆灯具	符合	□
			不符合	□
	3.10	明火作业应履行动火审批手续，配备动火监护人员及消防器材并落实安全措施	符合	□
			不符合	□
	3.11	施工现场设置吸烟处，配备饮水设施及灭火器	符合	□
			不符合	□
	3.12	氧气瓶、乙炔瓶使用及存放符合相关要求，易燃易爆物品应分类储藏在专用库房内，并应制定防火措施	符合	□
			不符合	□
4. 脚手架	4.1	脚手架结构、所用材质、卸荷措施与结构拉结应符合方案及规范要求	符合	□
			不符合	□
	4.2	立杆基础应按方案要求平整、夯实，并应采取排水措施，立杆底部设置的垫板、底座应符合规范要求，按规范要求设置纵横向扫地杆	符合	□
			不符合	□

（续）

检查项目	序号	检查内容	检查结果	
4. 脚手架	4.3	立杆、纵横向水平杆间距符合规范要求，按规定设置剪刀撑或横向斜撑	符合	□
			不符合	□
	4.4	架体上的施工荷载、均布荷载、集中荷载应符合设计和规范要求	符合	□
			不符合	□
	4.5	作业层脚手板必须铺满，按有关规定标准绑扎，脚手板搭接处平整，无探头板	符合	□
			不符合	□
	4.6	架体外侧应采用密目式安全网封闭，网间连接应严密	符合	□
			不符合	□
	4.7	作业层应按规范要求设置防护栏杆，外侧应设置高度不小于180mm的挡脚板	符合	□
			不符合	□
	4.8	作业层脚手板下应采用安全平网兜底，以下每隔10m应采用安全平网封闭，里排架体与建筑物之间应采用脚手板或安全平网封闭	符合	□
			不符合	□
	4.9	架体应设置供人员上下的专用通道，专用通道的设置应符合规范要求	符合	□
			不符合	□
	4.10	卸料平台搭设及使用应符合有关规范及方案要求	符合	□
			不符合	□
	4.11	附着式升降脚手架应安装防坠落装置、防倾覆装置和同步控制装置，技术性能应符合规范要求	符合	□
			不符合	□
5. 基坑工程	5.1	深基坑开挖前应编制监测方案，并定期监测，边坡支护应符合施工方案和规范要求	符合	□
			不符合	□
	5.2	基坑边堆土、料具堆放的数量和与坑边距离等应符合规定及施工方案	符合	□
			不符合	□
	5.3	基坑施工要根据施工方案设置有效的排水、降水措施，深基坑施工采用坑外降水，并有防止邻近建筑物沉降的措施	符合	□
			不符合	□
	5.4	基坑施工必须进行临边防护，临边防护栏杆与基坑边口的距离不得小于50cm，降水井口应设置防护盖板或围栏，并应设置明显的警示标志	符合	□
			不符合	□
	5.5	基坑支撑结构的拆除方式、拆除顺序应符合专项施工方案的要求，人工拆除时，应按规定设置防护设施，当采用爆破拆除、静力破碎等拆除方式时，必须符合国家现行相关规范的要求	符合	□
			不符合	□
	5.6	在电力、通信、燃气、上下水等管线2m范围内挖土时，应采取安全保护措施，并应设专人监护	符合	□
			不符合	□
	5.7	人工挖孔桩作业应符合规范和方案要求	符合	□
			不符合	□
	5.8	基坑内应设置供施工人员上下的专用梯道	符合	□
			不符合	□

(续)

检查项目	序号	检查内容	检查结果	
6. 模板支架	6.1	基础应坚实、平整，承载力应符合设计要求，底部应按规范要求设置底座、垫板，支架底部纵、横向扫地杆的设置应符合规范和方案要求，基础应设排水设施，并应排水畅通	符合	□
			不符合	□
	6.2	当支架设在楼面结构上时，应对楼面结构强度进行验算，必要时应对楼面结构采取加固措施	符合	□
			不符合	□
	6.3	立杆间距、水平杆步距、水平杆、剪刀撑应符合规范和设计要求，水平杆应连续设置	符合	□
			不符合	□
	6.4	模板搭设后应组织验收工作，认真填写验收单，内容要量化	符合	□
			不符合	□
	6.5	支架拆除前结构的混凝土强度应达到设计要求，模板拆除前必须办理拆模审批手续，拆除前应设置警戒区，并应设专人监护	符合	□
			不符合	□
7. 高处作业	7.1	在建工程外脚手架的外侧应采用密目式安全网进行封闭，安全网应绑紧、扎牢，拼接严密，不得使用破损的安全网	符合	□
			不符合	□
	7.2	作业面边沿应设置连续的临边防护设施，临边防护设施的构造、强度应符合规范要求	符合	□
			不符合	□
	7.3	在建工程的预留洞口、楼梯口、电梯井口等孔洞应采取防护措施，防护措施、设施应符合规范要求 电梯井内每隔二层且不大于10m应设置安全平网防护	符合	□
			不符合	□
	7.4	通道口防护应严密、牢固，防护棚两侧应采取封闭措施，防护棚宽度应大于通道口宽度，长度应符合规范要求；当建筑物高度超过24m时，通道口防护顶棚应采用双层防护；防护棚的材质应符合规范要求	符合	□
			不符合	□
	7.5	梯子的梯脚底部应坚实，不得垫高使用，折梯应设有可靠的拉撑装置，梯子的材质和制作质量应符合规范要求	符合	□
			不符合	□
	7.6	悬空作业处应设置防护栏杆或采取其他可靠的安全措施，所使用的索具、吊具等应经验收，合格后方可使用	符合	□
			不符合	□
	7.7	操作平台应按设计和规范要求进行组装，铺板应严密，四周应按规范要求设置防护栏杆，并应设置登高扶梯，操作平台的材质应符合规范要求	符合	□
			不符合	□
	7.8	悬挑式物料钢平台的下部支撑系统或上部拉结点，应设置在建筑结构上，钢平台两侧必须安装固定的防护栏杆，并应在平台明显处设置荷载限定标牌，钢平台台面、钢平台与建筑结构间铺板应严密、牢固	符合	□
			不符合	□

(续)

检查项目	序号	检查内容	检查结果	
8. 施工用电	8.1	外电线路与在建工程及脚手架、起重机械、场内机动车道应保持安全距离，当安全距离不符合规范要求时，必须采取绝缘隔离防护措施，防护设施搭设方式应符合规范要求	符合	□
			不符合	□
	8.2	施工现场专用的电源中性点直接接地的低压配电系统应采用TN-S接零保护系统	符合	□
			不符合	□
	8.3	电气设备的金属外壳必须与保护零线连接，保护零线应采用绝缘导线，规格和颜色标记应符合规范要求	符合	□
			不符合	□
	8.4	工作接地电阻不得大于4Ω，重复接地电阻不得大于10Ω，工作接地与重复接地的设置、安装及接地装置的材料应符合规范要求	符合	□
			不符合	□
	8.5	施工现场起重机、物料提升机、施工升降机、脚手架应按规范要求采取防雷措施	符合	□
			不符合	□
	8.6	线路应设置短路、过载保护，导线截面应满足线路负荷电流；线路及接头应保证机械强度和绝缘强度	符合	□
			不符合	□
	8.7	电缆中必须包含全部工作芯线和用作保护零线的芯线，并应按规定接用	符合	□
			不符合	□
	8.8	电缆应采用架空或埋地敷设并应符合规范要求，严禁沿地面明设、随地拖拉或沿脚手架、树木等敷设	符合	□
			不符合	□
	8.9	施工现场配电系统应采用三级配电、二级漏电保护系统，用电设备必须有各自专用的开关箱，箱体结构、箱内电气设置及使用应符合规范要求	符合	□
			不符合	□
	8.10	配电箱必须分设工作零线端子板和保护零线端子板，保护零线、工作零线必须通过各自的端子板连接	符合	□
			不符合	□
	8.11	漏电保护器参数应匹配并灵敏可靠，箱体应设置系统接线图和分路标记，并应有门、锁及防雨措施，每周至少检查一次	符合	□
			不符合	□
	8.12	配电室的建筑耐火等级不应低于三级，应配置适用于电气火灾的灭火器材，仪表、电器元件设置应符合规范要求，配电室应采取防止风雨和小动物侵入的措施，设置警示标志	符合	□
			不符合	□
	8.13	照明用电应与动力用电分设，特殊场所和手持照明灯应采用安全电压供电，照明变压器应采用双绕组型安全隔离变压器	符合	□
			不符合	□
	8.14	灯具金属外壳应接保护零线，与地面、易燃物间的距离应符合规范要求	符合	□
			不符合	□
	8.15	地下室、楼梯间等部位在正常施工作业期间应有足够的照明	符合	□
			不符合	□

(续)

检查项目	序号	检查内容	检查结果	
9. 物料提升机、施工升降机、电动吊篮	9.1	应使用正规厂家生产的产品，使用前必须经建筑安全监管部门安全认可或检测	符合	□
			不符合	□
	9.2	起重量限制器、防坠安全器，限位等安全装置应灵敏可靠	符合	□
			不符合	□
	9.3	地面进料口应安装防护围栏和防护棚，停层平台应设置防护栏杆、挡脚板，平台脚手板应铺满、铺平，防护门要定型化、工具化，操作方便并有防止外开的措施	符合	□
			不符合	□
	9.4	附墙架结构、材质、间距应符合产品说明书要求，与建筑结构可靠连接	符合	□
			不符合	□
	9.5	缆风绳设置的数量、位置、角度应符合规范要求，并应与地锚可靠连接，地锚设置应符合规范要求	符合	□
			不符合	□
	9.6	钢丝绳磨损、断丝、变形、锈蚀量应在规范允许范围内，应设置过路保护措施，钢丝绳夹设置应符合规范要求，卷筒、滑轮应设置防止钢丝绳脱出装置	符合	□
			不符合	□
	9.7	基础的承载力和平整度应符合规范要求，周边应设置排水设施	符合	□
			不符合	□
	9.8	施工升降机的控制箱、电气线路、电气设备、绝缘状况等符合有关规定要求，电缆导向架设置应符合说明书及规范要求	符合	□
			不符合	□
	9.9	吊篮悬挂机构前梁外伸长度应符合产品说明书规定，配重块应固定可靠，重量应符合设计规定	符合	□
			不符合	□
	9.10	吊篮内的作业人员不应超过2人，吊篮内作业人员应将安全带用安全锁扣正确挂置在独立设置的专用安全绳上，作业人员应从地面进出吊篮	符合	□
			不符合	□
10. 塔式起重机	10.1	塔式起重机应每月执行月检，并保存记录	符合	□
			不符合	□
	10.2	塔式起重机基础应按产品说明书及有关规定进行设计、检测和验收，基础应设置排水措施	符合	□
			不符合	□
	10.3	主要结构件的变形、锈蚀应在规范允许范围内，平台、走道、梯子、护栏的设置应符合规范要求，高强螺栓、销轴、紧固件的紧固、连接应符合规范要求	符合	□
			不符合	□
	10.4	吊钩应安装钢丝绳防脱钩装置并应完整可靠，吊钩的磨损、变形应在规定允许范围内	符合	□
			不符合	□
	10.5	钢丝绳的磨损、变形、锈蚀应在规定允许范围内，钢丝绳的规格、固定、缠绕应符合说明书及规范要求	符合	□
			不符合	□
	10.6	塔式起重机高度超过说明书规定的自由高度时必须安装附墙装置，附墙装置应符合说明书及规范要求	符合	□
			不符合	□

（续）

检查项目	序号	检查内容	检查结果	
11. 起重吊装	11.1	起重机械荷载限制器、行程限位等装置应灵敏可靠，起重扒杆组装应符合设计要求，起重扒杆组装后应进行验收	符合	□
			不符合	□
	11.2	钢丝绳磨损、断丝、变形、锈蚀应在规范允许范围内，规格应符合起重机产品说明书要求，吊钩、卷筒、滑轮磨损应在规范允许范围内，吊钩、卷筒、滑轮应安装钢丝绳防脱装置，起重扒杆的缆风绳、地锚设置应符合设计要求	符合	□
			不符合	□
	11.3	钢丝绳采用编结连接时，编结长度不应小于15倍的绳径，且不应小于300mm，当采用绳夹连接时，绳夹规格应与钢丝绳匹配，绳夹数量、间距应符合规范要求	符合	□
			不符合	□
	11.4	高处作业应按规定设置高处作业平台，平台强度、护栏高度应符合规范要求，爬梯的强度、构造应符合规范要求，应设置可靠的安全带悬挂点	符合	□
			不符合	□
	11.5	应按规定设置作业警戒区，警戒区应设专人监护	符合	□
			不符合	□
12. 施工机具	12.1	对各种施工机具定期检查并有记录	符合	□
			不符合	□
	12.2	专人管理，执行操作规程，定期维护	符合	□
			不符合	□
	12.3	安全装置、设施齐全、完好	符合	□
			不符合	□
	12.4	钢筋加工区应搭设作业棚，并应具有防雨、防晒等功能	符合	□
			不符合	□
	12.5	电焊机应设置二次空载降压保护装置，一次线长度不得超过5m，二次线应采用防水橡皮护套铜芯软电缆，不超过30m	符合	□
			不符合	□

14.2.7 危险性较大的分部分项工程监理控制要点

1. 危险性较大的分部分项工程范围

危险性较大的分部分项工程范围见表14-12。

表14-12 危险性较大的分部分项工程范围

项　　目	序　号		分部分项工程范围
1. 危险性较大的分部分项工程	1.1	基坑工程	1. 开挖深度超过3m（含3m）的基坑（槽）的土方开挖、支护、降水工程 2. 开挖深度虽未超过3m，但地质条件和周边环境和地下管线复杂，或影响毗邻建（构）筑物安全的基坑（槽）的土方开挖、支护、降水工程

（续）

项目	序号		分部分项工程范围
1. 危险性较大的分部分项工程	1.2	模板工程及支撑体系	1. 各类工具式模板工程：包括滑模、爬模、飞模、隧道模等工程 2. 混凝土模板支撑工程：搭设高度5m及以上；施工总荷载（荷载效应基本组合的设计值，以下简称设计值）10kN/m² 及以上；集中线荷载（设计值）15kN/m 及以上；高度大于支撑水平投影宽度且相对独立无联系构件的混凝土模板支撑工程 3. 承重支撑体系：用于钢结构安装等满堂支撑体系
	1.3	起重吊装及安装拆卸工程	1. 采用非常规起重设备、方法，且单件起吊重量在10kN及以上的起重吊装工程 2. 采用起重机械进行安装的工程 3. 起重机械设备自身的安装、拆卸
	1.4	脚手架工程	1. 搭设高度24m及以上的落地式钢管脚手架工程（包括采光井、电梯井脚手架） 2. 附着式升降脚手架工程 3. 悬挑式脚手架工程 4. 高处作业吊篮 5. 卸料平台、操作平台工程 6. 异型脚手架工程
	1.5	拆除工程	可能影响行人、交通、电力设施、通信设施或其他建（构）筑物安全的拆除工程
	1.6	暗挖工程	采用矿山法、盾构法、顶管法施工的隧道、洞室工程
	1.7	其他	1. 建筑幕墙安装工程 2. 钢结构、网架和索膜结构安装工程 3. 人工挖扩孔桩工程 4. 水下作业工程 5. 装配式建筑混凝土预制构件安装工程 6. 采用新技术、新工艺、新材料、新设备可能影响工程施工安全，尚无国家、行业及地方技术标准的分部分项工程
2. 超过一定规模的危险性分部分项工程	2.1	深基坑工程	开挖深度超过5m（含5m）的基坑（槽）的土方开挖、支护、降水工程
	2.2	模板工程及支撑体系	1. 工具式模板工程：包括滑模、爬模、飞模、隧道模等工程 2. 混凝土模板支撑工程：搭设高度以8m及以上；搭设跨度18m及以上；施工总荷载（设计值）15kN/m² 及以上；线荷载（设计值）20kN/m 及以上 3. 承重支撑体系：用于钢结构安装等满堂支撑体系，承受单点集中荷载7kN及以上
	2.3	起重吊装及安装拆卸工程	1. 采用非常规起重设备、方法，且单件起吊重量在100kN及以上的起重吊装工程 2. 起重量300kN及以上；搭设总高度200m及以上；搭设基础标高在200m及以上的起重机械安装和拆卸工程

(续)

项目	序号		分部分项工程范围
2. 超过一定规模的危险性分部分项工程	2.4	脚手架工程	1. 搭设高度50m及以上落地式钢管脚手架工程 2. 提升高度150m及以上的附着式升降脚手架工程或附着式升降操作平台工程 3. 分段架体搭设高度20m及以上悬挑式脚手架工程
	2.5	拆除工程	1. 码头、桥梁、高架、烟囱、水塔或拆除中容易引起有毒有害气（液）体或粉尘扩散、易燃易爆事故发生的特殊建（构）筑物的拆除工程 2. 文物保护建筑、优秀历史建筑或历史文化风貌区控制范围的拆除工程
	2.6	暗挖工程	采用矿山法、盾构法、顶管法施工的隧道、洞室工程
	2.7	其他	1. 施工高度50m及以上的建筑幕墙安装工程 2. 跨度36m及以上的钢结构安装工程；或跨度60m及以上的网架和索膜结构安装工程 3. 开挖深度超过16m的人工挖孔桩工程 4. 水下作业工程 5. 重量1000kN及以上的大型结构整体顶升、平移、转体等施工工艺 6. 采用新技术、新工艺、新材料、新设备可能影响工程施工安全，尚无国家、行业及地方技术标准的分部分项工程

2. 危险性较大的分部分项工程控制与管理

1）要求施工单位编制危险性较大的分部分项工程辨识清单，并经企业审查和工程监理单位确认后，与工程项目开工安全生产条件审查资料一并报送建设行政主管部门或其委托的建设工程安全生产监督机构。

2）施工方案因施工图设计变更或施工条件影响发生变动的，要求施工单位将施工方案增加的重大危险源及时补充和完善，并经企业审查和工程监理单位确认后报送建设行政主管部门或其委托的建设工程安全生产监督机构。

3）督促施工单位对工程项目的施工安全重大危险源在施工现场显要位置予以公示，公示内容包括：施工安全重大危险源名录、可能导致发生的事故类别。在每一施工安全重大危险源处悬挂警示标志。

4）督促施工总包单位、分包单位分别建立施工安全重大危险源的管理台账，建立健全重大危险源的控制与管理制度。

5）督促施工总包单位、分包单位对危险性较大的分部分项工程编制安全专项施工方案。对于超过一定规模的，还应组织专家进行论证审查，并根据专家论证审查意见进行完善，经施工企业技术负责人、总监理工程师签字，通过相关部门的开工安全生产条件审查后，方可组织施工。

6）督促施工总包单位、分包单位对施工安全影响较大的环境和因素逐一制定安全防护方案和保证措施，加强动态检查管理，及时发现问题，及时排除隐患。

7) 督促施工单位定期对施工安全重大危险源进行安全检查、评估，加强重大危险源的监控，及时发现生产安全事故隐患，采取切实有效的措施督促及时整改到位，并对整改结果进行查验。

8) 督促施工总包单位每周开展一次对其责任管理范围内的施工安全重大危险源安全状况的检查，做出书面检查记录，对检查中发现的问题督促相关责任单位和责任人进行整改；分包单位的项目负责人、专项安全管理人员应按照总包单位提出的整改意见及时组织整改到位。

9) 要求项目专职安全管理人员根据施工安全重大危险源目录，坚持每天对其责任范围内的施工安全重大危险源安全状况进行检查和评估，建立个人检查、评估台账，并将隐患整改、排除情况做出书面记录。

10) 督促施工总包单位在其责任管理范围内统一编制工程项目生产安全事故应急救援预案。总包单位责任管理范围内的分包单位也应按照应急救援预案，各自建立应急救援组织或者配备应急救援人员，配备救援器材、设备，并参加总包单位定期组织的应急演练。

11) 督促施工总包单位责任管理范围以外及平行发包的专业工程承包单位也应各自编制工程项目施工安全应急救援预案，配备应急救援人员、器材、设备，并定期组织演练。

12) 督促施工单位在施工人员进入工程项目施工现场前，对其进行安全生产教育。施工单位设在工程项目的管理机构应在作业人员进行作业活动前对其进行安全技术交底，安全技术交底应明确工程作业特点和重大危险源，明确针对施工安全重大危险源的具体预防措施、相应的安全标准，以及应急救援预案的具体内容和要求。安全技术交底应形成书面交底签字记录。

3. 重大危险源安全监理监控要点

(1) 基坑施工监理监控要点

1) 基坑施工方案应按施工组织设计的要求进行。
2) 深度超过2m的基坑临边应设置防护。
3) 基坑边坡支护应按方案实施，并对边坡变形进行监测，变形最大值和日变形量不得超过规定的限值，同时应对临近建构筑物变形进行监测监控。
4) 对于一级基坑，审查第三方监测单位的监测数据。
5) 基坑施工应设置有效的截水、排水系统。
6) 坑边荷载、堆土、机械设备与坑边的距离符合方案规定要求。
7) 上下基坑必须设置防护措施。
8) 进场施工机械已经验收，司机持证上岗，作业区设警戒线。

(2) 模板支撑系统监理监控要点

1) 支撑体系钢管的材质、直径、壁厚应符合方案，必要时应进行抽样检测。
2) 立杆间距、水平杆步距、立杆顶部悬臂高度、顶部步距等参数符合方案要求；另外，架体的构造措施（如剪刀撑、刚性拉结）也应符合方案。
3) 检查模板支撑体系的层数应符合方案。
4) 应设置外防护架，作业面应设置操作平台，防护栏杆不低于作业面1.5m。

(3) 施工用电监理监控要点

1) 高压线及其他管网应编制相应的保护措施，并与管理部门进行沟通。

2）电线架设高度应确保电缆线高度大于 2.5m，架空线高度大于 4m。

3）现场照明架设高度大于 2.4m；危险场所应使用安全电压。

4）电箱应统一编号、放置高度下口高于 60cm。

5）动力开关电箱应做到"一机、一闸、一漏、一箱"。

6）用电设备、机械设备有可靠的接地装置。

7）变配电装置应符合规范要求；供电采用三相五线制；配电室设置示警牌并配置灭火机、绝缘毯、绝缘手套等。

（4）脚手架搭设监理监控要点

1）立杆基础应有排水系统。

2）架体与建筑物的拉结点按照二步三跨进行刚性拉结，拉结点到主节点的距离不超过 300mm。

3）防护栏杆及安全网应在第二步以上设置。

4）应设置连续垂直剪力撑，夹角为 45°~60°。

5）立杆间距（24m 高度脚手）不大于 1.8m；水平高度不得大于 2m。

6）脚手架应设置登高斜道；出入口应设置通道防护棚。

7）钢管脚手架四角设置保护接地及防雷接地。

（5）人工挖孔桩工程安全监理控制要点

1）井孔周边必须设置安全防护围栏，高度不低于 1.2m。

2）暂停作业或已挖好的成孔，必须设置牢固的盖孔板，非工作人员禁止入内。孔内作业时，孔口上面必须有人监护。

3）挖出的土方应及时运离孔口，不得堆放在孔口四周 1m 范围内，混凝土围圈上不得放置渣土。

4）孔内作业人员必须佩戴安全帽和安全带。

5）作业前应使用专业送风设备对井下进行送风，保持孔内不间断送风，经检测确保井下空气，同时对孔内的有毒有害气体进行检测，符合要求后方可下井作业，特殊情况下应戴上防毒、防尘面具。

6）当桩间净距小于 2.5m 时，应跳桩施工。

7）孔内使用低压照明设备，作业人员应配备绝缘靴和绝缘手套。

（6）施工设备与机具监理监控要点

1）塔式起重机监理监控要点。

① 每台塔机装、拆时配备必要的操作人员（包括司机、起重工、电工、电焊工等），操作人员必须持证上岗。

② 经政府主管部门认定的检测机构办理检测，颁发合格证方能使用。

③ 每台塔式起重机施工时应配备驾驶员 1 名，上指挥 1 名，下指挥 1 名。

④ 力矩限制器灵敏、可靠；重量限制器灵敏、可靠；回转限位器灵敏、可靠。

⑤ 行走限位器灵敏、可靠；变幅限位器灵敏、可靠；超高限位器灵敏、可靠。

⑥ 吊钩保险灵敏、可靠；卷筒保险灵敏、可靠。

2）施工升降机监理监控要点。

① 每台施工升降机装、拆时应配备必要的操作人员（包括司机、起重工、电工、电焊

工等），操作人员必须持证上岗。

② 经政府主管部门认定的检测机构办理检测，颁发合格证方能使用。

③ 吊笼底部四周设防护围栏。

④ 升降机周围三面应搭设双层防护棚。

⑤ 驾驶室与各楼层必须设置通信联系装置。

(7) 高边坡工程安全监理控制要点

① 检查施工单位的安全保障体系，检查专职安全员、特种作业人员的名单、证书及有效日期。

② 充分熟悉边坡支护设计的意图，掌握支护设计的工艺流程与要求。

③ 边坡应按设计进行逆作法施工，明确合理的施工部署，如明确水平分段与竖向分阶的划分。

④ 施工时应避免边坡上下同时作业。

⑤ 明确场地的截水、排水措施，边坡底及坡顶应设置截水、排水坑或沟。

⑥ 边坡边缘2m范围不得堆载，堆载高度不超过1.5m，或按计算确定。当有车辆行走时，应明确行走路线。

⑦ 边坡顶应设置防护栏杆，并应设置警示牌。

⑧ 边坡实施信息法施工，当现场地质条件、施工条件与环境发生变化时，建设各方应及时沟通，并及时与设计地勘单位沟通。

(8) 起重吊装作业

1) 必须按照方案确定的起吊参数及吊装工位进行吊装，当现场有高压电缆时，起重臂、吊索到电缆距离应满足要求。

2) 吊装人员应戴安全帽；高空作业人员应佩戴安全带，穿防滑鞋，带工具袋。

3) 吊装工作区应有明显标志，并设专人警戒，与吊装无关人员严禁入内。起重机工作时，起重臂杆旋转半径范围内，严禁站人或通过。

4) 运输、吊装构件时，严禁在被运输、吊装的构件上站人指挥和放置材料、工具。

5) 高空作业施工人员应站在操作平台上工作，吊装层应设临时安全防护栏杆。

6) 登高用梯子、临时操作台应绑扎牢靠；梯子与地面夹角以60°~70°为宜，操作台跳板应铺平绑扎，严禁出现挑头板。

7) 吊装物件时，不得在构件上堆放或悬挂零星物件。零星材料和物件必须用吊笼或钢丝绳、保险绳捆扎牢固后才能吊运和传递，不得随意抛掷材料物体、工具，防止滑脱伤人或意外事故。

8) 构件必须绑扎牢固，起吊点应在方案中明确，吊升时应平稳，避免振动或摆动。

9) 起吊构件时，速度不应太快，不得在高空停留过久，严禁猛升猛降，以防构件脱落。构件就位后临时固定前，不得松钩、解开吊装索具。构件固定后，应检查连接牢固和稳定情况，当连接确定安全可靠，才可拆除临时固定工具和进行下一步吊装。

10) 风雪天、霜雾天和雨天吊装应采取必要的防滑措施，夜间作业应有充分照明。

11) 起重机行驶的道路必须平整、坚实、可靠，停放地点必须平坦。

12) 起重机不得在斜坡道上工作，起重机履带或支腿地基应符合要求。

13) 起吊构件时，吊索应保持垂直，不得超出起重机回转半径斜向拖拉，以免超负荷、钢丝绳滑脱或拉断绳索而使起重机失稳。起吊重型构件时应设牵拉绳。

14）起重机臂杆提升、下降、回转应平稳，避免紧急制动或冲击振动等现象发生。未采取可靠的技术措施和未经有关技术部门批准，起重机严禁超负荷吊装。

15）起重机应尽量避免满负荷行驶；在满负荷或接近满负荷时，严禁同时进行提升与回转（起升与水平转动或起升与行走）两种动作，以免因道路不平或惯性力等原因引起起重机超负荷而导致翻车事故。

16）当两台吊装机械同时作业时，两机吊钩所悬吊构件之间应保持5m以上的安全距离，避免发生碰撞事故。

17）双机抬吊构件时，要根据起重机的起重能力进行合理的负荷分配（吊重不得超过两台起重机所允许起重量总和的75%，每一台起重机的负荷量不宜超过其安全负荷量的80%）。操作时，必须在统一指挥下，动作协调，同时升降和移动，并使两台起重机的吊钩、滑车组均基本保持垂直状态。两台起重机的司机要密切配合，防止一台起重机失重，而使另一台起重机超载。

18）吊装时，应由专人负责统一指挥，指挥人员应位于操作人员视力能及的地点，并能清楚地看到吊装的全过程。起重机司机必须熟悉信号，并按指挥人员的各种信号进行操作；指挥信号应事先统一规定，发出的信号应准确、明晰。

19）在风力等于或大于六级时，禁止起重和吊装作业。

20）起重机停止工作时，应刹住回转和行走机构，锁好司机室门。吊钩上不得悬挂构件，并应升到高处，以免摆动伤人和造成起重机失稳。

21）构件吊装应按规定的吊装工艺和程序进行，未经计算和采取可靠的技术措施，不得随意改变工艺流程和构件安装顺序。

22）构件吊装就位，应经初校和临时固定或连接可靠后方可卸钩，最后固定后方可拆除临时固定工具。高宽比较大的单个构件（如屋架），未经临时或最后固定组成稳定单元体系前，应设溜绳或斜撑拉（撑）固。

23）构件固定后不得随意撬动或移动位置，当需要重校时，必须回钩。

14.2.8 生产安全事故的处理与应急措施

1. 项目监理部职责和分工

（1）项目监理部安全应急领导小组的职责

1）督促、协调、配合施工单位实施救援活动，记录事故发生的所有情况向上级汇报事故情况，启动监理安全事故处理程序。

2）组织事故调查，总结应急救援工作经验教训。

（2）项目监理部安全应急领导小组成员的分工

1）总监理工程师：组织主持全面应急救援工作，并向上级部门进行汇报。

2）专业监理工程师：协助施工单位总指挥负责应急救援的具体指挥工作。

3）其他监理人员具体做以下分工：负责警戒、治安、疏散、保证交通顺畅及现场保护工作，提供应急救援所必需的水、电等，提供交通运输工具和保证人员、物资、器材、设施及时调动，对事故发生的全过程做好记录和拍照。

2. 生产安全事故应急救援程序

生产安全事故应急救援程序流程框图如图 14-8 所示。

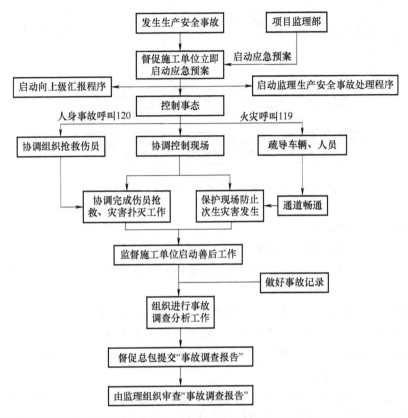

图 14-8　生产安全事故应急救援程序流程框图

3. 突发性生产安全事故的报告和处理

（1）突发性生产安全事故的报告

当项目监理部得知施工现场发生突发性生产安全事故后，项目监理部立即按照应急预案的要求，组成应急领导小组，督促、协调施工单位及时启动应急救援预案，迅速控制并保护现场，采取必要措施抢救人员和财产，防止事态发展和扩大，及时报告上级部门，对于重大事故，要求每小时上报一次。

总监理工程师了解事故情况，判断事故的严重程度，及时发出监理指令并向监理单位和监管部门主要负责人报告（图 14-9），报告内容如下：

1）发生事故的单位、时间、地点、位置。

2）事故类型（起重、火灾、坍塌、触电、爆炸、高处坠落、车辆伤害、中毒和窒息、中暑等）。

3）伤亡情况及事故直接经济损失的初步评估。

4）事故涉及的危险材料性质、数量。

5）事故发展趋势，可能影响的范围。

6）事故的初步原因判断。

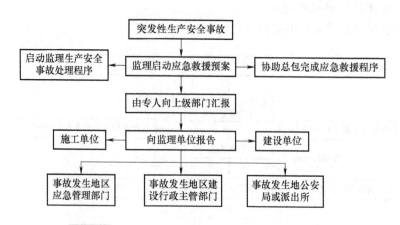

图 14-9　监理部针对突发性生产安全事故报告程序

7）采取的应急抢救措施。
8）需要有关部门和单位协助救援抢险的事宜。
9）事故的报告时间、报告单位、报告人及电话联络方式。

（2）突发性生产安全事故的处理

当现场发生伤亡事故后，总监理工程师按生产安全事故处理程序（图 14-10）签发"监理通知"，要求施工单位提交事故调查报告，提出处理方案和安全生产补救措施，经安全监理人员审核同意后实施。安全监理人员应进行复查，并在"监理通知回复单"中签署复查意见，由总监理工程师签认。

当现场发生伤亡事故后，总监理工程师应签发"工程暂停令"，并及时向监理单位、建设单位及建设行政主管部门报告；监理单位应指定本单位主管负责人进驻现场，组织安全监理人员配合事故调查组进行调查；项目监理部按照事故调查组提出的处理意见和防范措施建议，监督检查施工单位对处理意见和防范措施的落实情况；安全监理人员对施工单位填报的"工程复工报审表"进行核查，由总监理工程师签批。

4. 项目监理部的应急联络方式和应急设施

（1）应急电话

应急电话应包括：施工项目部应急电话，建设单位应急联络电话，监理公司电话，事故发生地区安全生产监督局电话，事故发生地区建委施工安全处电话，事故发生地公安局或派出所电话，以及消防救援及火警电话：119；医疗急救电话：120；报警电话：110。

（2）救援联络

相关应急设施应由总包项目部日常统一配备，项目监理部对其配备情况进行督促检查，同时了解应急设施存放的地点、数量和使用方法。主要由总包项目部配备的应急设施和工具有：口罩、急救箱、医药箱、灭火器、担架、消防水管、消防水源（或水池）、防火砂、消防锹、消毒液、喷雾器、照明灯、编织袋、雨鞋、绝缘手套及车辆。

5. 安全应急处理措施

现场出现突发性生产安全事故时，施工（总包）单位应立即组成事故应急救援小组，其组长、副组长可根据事故发生程度下达应急预案的启动命令。项目监理部安全应急救援小

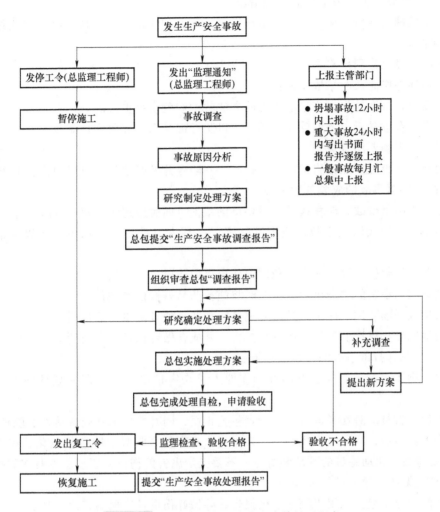

图 14-10 项目监理部生产安全事故处理程序

组将负责现场的督促和协调工作。

通常施工过程中存在以下潜在伤亡事故：①坍塌；②机械伤害；③高处坠落；④物体打击；⑤触电；⑥车辆伤害；⑦起重伤害；⑧中毒和窒息；⑨火灾；⑩淹溺；⑪中暑。

事故发生后必须采取相应的应急处理措施。

(1) 坍塌事故应急处理措施

1) 发生塌方后，不要慌张，保护好现场，并及时通知现场管理人员组织抢救工作。
2) 救援人员移除障碍物，抢救受伤人员。
3) 救护人员准备好氧气包、医用消毒药水及纱布对受伤人员进行简单处理。
4) 及时组织车辆将受伤人员就近送往医院治疗。
5) 及时疏散场内和周边的作业人员，设置警戒线。
6) 对坍塌不再发展和稳定后及时组织人员修补、处理。
7) 抢险领导小组按照报告程序逐级报告，并配合做好伤员及家属的善后工作。

(2) 发生机械伤害事故的应急处理措施

1) 发生机械伤害后，应及时停止机械运转，采取相应的救治措施，并及时逐级上报到抢险领导小组。

2) 及时逐级上报到抢险领导小组。

3) 出血性外伤应及时采取止血措施。

4) 若发生骨折性外伤，应采取正确的方法救护避免伤势扩大。

5) 若发生脊椎骨折，要使受伤者静卧，以防脊椎受伤，导致伤员瘫痪。

6) 对事故现场要注意保护。

7) 抢险领导小组按照报告程序逐级报告，并配合并做好伤员及家属的善后工作。

(3) 高处坠落事故的应急处理措施

1) 若发生坠落事故，应积极采取对伤员的救护，同时应逐级上报到抢险领导小组。

2) 如果发生两人以上事故，应视其伤害程度首先对重伤员采取抢救，以免错过抢救时机。

3) 采取正确救护手段，注意避免因内伤出血后造成死亡事故。

4) 现场应急小组的物资供应人员及时将施救药品器械供应到位。

5) 对事故现场要注意保护，并留有痕迹，为调查处理提供可靠依据。

6) 抢险领导小组按照报告程序逐级报告，并配合做好伤员及家属的善后工作。

(4) 发生物体打击事故的应急处理措施

1) 发生物体打击后，应查看和询问作业人员伤害情况，并立即向现场施工管理人员报告。

2) 保健急救员应对伤者进行紧急清理包扎止血，同时拨打120或直接送医院抢救。

3) 患者救出后，应尽量多找一些人来搬运，观察伤者呼吸和脸色的变化，如果是脊柱骨折，不要弯曲、扭动患者的颈部和身体，不要接触患者的伤口，要使患者身体放松，尽量将患者放到担架或平板上进行搬运。

4) 抢险领导小组按照报告程序逐级报告，并做好伤员及家属的善后工作。

(5) 发生触电事故的应急处理措施

1) 发生触电事故要在第一时间迅速切断电源，并及时向抢险领导小组报告事故情况。

2) 事故发生后，现场应急领导小组应立即采取对伤员的急救措施或根据情况将伤员送往医院救治。

3) 物资供应人员应及时将施救所需的医疗器械、辅助器材及时供应到现场，保证抢救顺利进行。

4) 要对有可能继续造成人员伤害或财产损失的危险源进行清除。

5) 对事故现场采取绘图或拍照等必要手段，留存重要痕迹、物证等以便为查处提供可靠依据。

6) 抢险领导小组按照报告程序逐级报告，并配合并做好伤员及家属的善后工作。

(6) 发生车辆伤害的应急处理措施

1) 施工现场可设置行车通道，做到人车分流。

2) 对于跨越式门洞两侧以及其他可能被车辆撞击的建（构）筑物，应设置防撞墩，并设置警示标牌，必要时可设置安全通道。

3）施工现场存在危险源的区域应设置安全警示标牌，并设置限速标牌。

4）加强驾驶人员教育和培训，树立文明行车意识。驾驶员应做到精力集中，认真观察路面上车辆、行人动态，做到提前准确判断。

5）车辆行驶时应根据气候、道路情况、车速等保持适当的行车间距和安全横向间距。

6）车辆行驶必须保持技术状况良好，严禁带"病"行驶。

7）倒车前应认真观察周围情况，确认安全后鸣笛起步缓慢后倒；窄路及视线不良地段倒车时，须有专人指挥。夜间机械进出场时，施工现场应保持足够的照明。

8）现场施工人员均应遵守交通规则和现场管理要求，听从指挥。

（7）发生起重伤害事故的应急处理措施

1）立即通知医疗部门，首先观察伤者的受伤情况、部位、伤害性质，尽可能不要移动患者，尽量当场施救。如果现场条件有限，必须将患者搬运到能够安全施救的地方，观察患者呼吸和脸色的变化，如果是脊柱骨折，不要弯曲、扭动患者的颈部和身体，不要接触患者的伤口，要使患者身体放松，尽量将患者放到担架或平板上进行搬运。

2）遇呼吸、心跳停止者，应立即进行人工呼吸，胸外心脏按压。处于休克状态的伤员要让其安静、保暖、平卧、少动，并将下肢抬高20°左右，尽快送医院进行抢救。

3）出现颅脑损伤，必须维持呼吸道通畅。应使昏迷者平卧，面部转向一侧，以防舌根下坠或吸入分泌物、呕吐物，发生喉阻塞。有骨折者，应初步固定后再搬运。遇有凹陷骨折、严重的颅底骨折及严重的脑损伤症状出现，创伤处用已消毒的纱布或清洁布等覆盖伤口，用绷带或布条包扎后，及时送医院治疗。

（8）发生中毒和窒息事故的应急处理措施

1）切断机械设备电源。

2）向孔内送风，风量不应小于25L/s，采用风力压管引至井底进行送风，送风时间要超过5min，并用气体检测仪进行检测，确认无有毒气体后方可派人下井救援。

3）地面需常备氧气瓶等急救设备，并且配备相应的有一定中毒和窒息抢救知识的专业人员在现场按应急救援措施实施救援和抢救。

4）及时拨打120，一旦伤者出孔后立即送往医院抢救。

（9）发生火灾事故的应急处理措施

1）实行动火批准制度，严格实施动火审批程序，经批准后动火。

2）实施动火过程中，指派专人进行监护，适时督查。

3）在施焊时，将楼层气焊点周边洞口堵塞防止焊渣掉落。

4）动火作业结束后，应设置专人清扫焊渣，消除火灾隐患。

5）制定消防责任制、管理制度，划分消防责任区，落实到人。

6）对食堂、宿舍、办公场所、电焊气割作业、涂漆、喷漆、木工操作间、配电间、沥青熬炼场所、危险品库、库房、使用喷灯卫生间防水作业，高层施工区楼层内以及可能发生火灾的危险场所，按规定配备满足防火要求的消防器材并落实到人。

（10）发生淹溺事故的应急处理措施

发现溺水情况，现场人员会游泳者立即施救；不会游泳者，则用竹竿、救生圈、木板、绳子等使溺水者握住后拖上岸。

溺水者搬运到岸上安全环境下，首先观察有无心跳、呼吸，对于存在心跳、呼吸者采取侧卧位,保持呼吸道通畅,等待专业救援人员到来;对于无心跳、呼吸者,立即进行心肺复苏,按照开放气道、清理口腔异物、胸外心脏按压、人工呼吸的程序,使溺水者心肺复苏。

(11) 发生中暑事故的应急处理措施

1) 轻度患者:现场作业人员出现头昏、乏力、目眩现象时,作业人员应立即停止作业,防止出现二次事故,其他周边作业人员应将出现症状人员安排到阴凉、通风良好的区域休息,供应其凉水、湿毛巾等,并通知项目部医疗救护人员进行观察、诊治。

2) 严重患者(昏倒、休克、身体严重缺水等):当作业现场出现中暑人员时,作业周边人员应立即通知项目部,并及时将事故人员转移至阴凉通风区域,观察其症状,以便于医疗人员掌握第一手医治资料。项目部应根据具体情况,由应急救援小组组长决定是否启动防暑降温预案,并立即组织救护人员亲临现场对事故人员进行救治。症状严重者,应第一时间转移到最近的医院进行观察、治疗,并上报施工单位。

6. 安全应急预案的终止和应急救援善后工作

(1) 安全应急预案的终止

当达到以下条件并经项目监理部同意,应急领导小组可下达应急终止令:

1) 对事故现场经过应急救援预案实施后,引起事故的危险源得到有效控制或消除。
2) 所有现场人员均得到清点。
3) 不存在其他影响应急救援预案终止的因素。
4) 应急救援行动已完全转化为社会公共救援。
5) 建设各方认为事故的发展状态必须终止。

(2) 应急救援善后工作

1) 应急救援预案实施终止后,项目监理部应要求施工单位采取有效措施或应急预案,防止事故扩大。救援完毕,经项目监理部认可后可恢复施工生产。

2) 按照上级和当地政府主管部门的要求,据实汇报事故情况。按照"四不放过"原则进行事故处理,同时认真科学地对应急救援预案实施的全过程进行总结,完善应急救援预案中的不足和缺陷,为今后的预案建立、制订、修改提供经验和完善的依据。

3) 如果已造成人员伤亡的事故,应做好伤亡事故家属安抚工作,避免扩大影响,并按《企业职工伤亡事故分类标准》进行赔付。

4) 做好受伤人员医疗救护的跟踪工作,协调处理医疗救护单位的救治工作。

5) 调查了解事故发生的主要原因及相关人员的责任,按"四不放过"的原则对相关人员进行处罚、教育。

6) 协助上级调查人员对事故进行调查。

参考文献

[1] 中国建设监理协会. 建设工程监理概论 [M]. 4 版. 北京：中国建筑工业出版社，2019.

[2] 中华人民共和国住房和城乡建设部. 建设工程监理规范：GB/T 50319—2013 [S]. 北京：中国建筑工业出版社，2013.

[3] 中华人民共和国住房和城乡建设部. 建设工程项目管理规范：GB/T 50326—2017 [S]. 北京：中国建筑工业出版社，2017.

[4] 住房和城乡建设部定额研究所. 建筑施工安全检查标准：JGJ 59—2011 [S]. 北京：中国建筑工业出版社，2011.

[5] 中国建设监理协会. 建设工程监理相关法规文件汇编 [M]. 北京：中国建筑工业出版社，2020.

[6] 李惠强，唐菁菁. 建设工程监理 [M]. 3 版. 北京：中国建筑工业出版社，2017.

[7] 廖奇云. 重庆市建设工程施工现场安全管理资料编写示例 [M]. 重庆：重庆出版社，2012.